职业教育创新教材

# 电工电子技术基础与技能
## （非电类）（通用）

王增茂　王正锋　主　编

电子工业出版社

Publishing House of Electronics Industry

北京·BEIJING

## 内 容 简 介

《电工电子技术基础与技能（非电类）》是非电类专业的一门重要基础课程，具有较强的理论性和实践性。本书在教学模式上采用项目教学法，理论与实际相结合，同时把技能训练放在首位，该书更适合中等职业学校非电类专业加强理论学习和提高技能的需要。该书共由 13 个领域构成，主要包括：相约电工实验室、直流电路、磁场及电磁感应、单相正弦交流电路、三相正弦交流电路、电机与电器、三相异步电动机的基本控制、现代控制技术、相约电子实训室、晶体二极管及其应用、晶体三极管及放大电路、数字电子技术基础、组合逻辑电路和时序逻辑电路。每个学习领域都有多个项目组成，思考与练习基本收集了大量的国家技能考试试题。

本书可作为职业学校非电类专业基础课程教材，也可用于相关培训班。

未经许可，不得以任何方式复制或抄袭本书之部分或全部内容。
版权所有，侵权必究。

图书在版编目（CIP）数据

电工电子技术基础与技能：非电类：通用 / 王增茂，王正峰主编. —北京：电子工业出版社，2015.10
职业教育创新教材

ISBN 978-7-121-14416-5

Ⅰ. ①电… Ⅱ. ①王… ②王… Ⅲ. ①电工技术－高等职业教育－教材②电子技术－高等职业教育－教材
Ⅳ. ①TM②TN

中国版本图书馆 CIP 数据核字（2011）第 169253 号

策划编辑：施玉新
责任编辑：施玉新　　文字编辑：陈晓莉
印　　刷：涿州市京南印刷厂
装　　订：涿州市京南印刷厂
出版发行：电子工业出版社
　　　　　北京市海淀区万寿路 173 信箱　邮编　100036
开　　本：787×1 092　1/16　印张：15.5　字数：396.8 千字
版　　次：2015 年 10 月第 1 版
印　　次：2015 年 10 月第 1 次印刷
定　　价：32.00 元

凡所购买电子工业出版社图书有缺损问题，请向购买书店调换。若书店售缺，请与本社发行部联系，联系及邮购电话：(010) 88254888。
质量投诉请发邮件至 zlts@phei.com.cn，盗版侵权举报请发邮件至 dbqq@phei.com.cn。
服务热线：(010) 88258888。

# 前　言

《电工电子技术基础与技能（非电类）》是职业学校非电类专业的一门基础课程。其任务是：使学生掌握非电力类专业必备的电工电子技术基础知识和基本技能，具备分析和解决生产生活中一般电工电子问题的能力，具备学习后续电类专业技能课程的能力；对学生进行职业意识培养和职业道德教育，提高学生的综合素质与职业能力，增强学生适应职业变化的能力，为学生职业生涯的发展奠定基础。

## 1. 教材编写的主要思路

(1) 坚持"以能力为本位，以职业实践为主线，以项目课程为主体的模块化专业课程体系"（简称"三以一化"）的总体设计要求，本门课程以各种基本电路的制作、安装和测试能力为基本目标，打破了传统的学科体系的思路，紧紧围绕工作任务选择和组织课程内容，突出工作任务，在任务的引领下学习理论知识，让学生在实践活动中掌握理论知识，提高职业岗位能力。

(2) 学习项目选取的基本依据是本门课程涉及的工作领域和工作任务范围，但在具体设计过程中，还根据 IT 制造类专业的典型产品或服务为载体，使工作任务具体化，产生了具体的学习项目。其编排依据是相关职业所应有的工作任务之间的逻辑关系，而不是知识关系。

(3) 依据工作任务完成的需要、职业学校学生的学习特点和职业能力形成的规律，按照"学历证书与职业资格证书嵌入式"的设计要求确定课程的知识、技能等内容。

(4) 依据各学习项目的内容总量以及在本门课程中的地位分配各学习项目的课时数。

## 2. 教材框架

《电工电子技术基础与技能（非电类）》共由十三个领域构成，主要包括：相约电工实验室、直流电路、磁场及电磁感应、单相正弦交流电路、三相正弦交流电路、电机与电器、三相异步电动机的基本控制、现代控制技术、相约电子实训室、晶体二极管及其应用、晶体三极管及放大电路、数字电子技术基础、组合逻辑电路和时序逻辑电路。

## 3. 教材实施建议

(1) 本教材力求体现项目课程的特色与设计思想，内容力求体现先进性、实用性，典型产品的选取力求科学，体现产业特点，具有可操作性。其呈现方式也力求图文并茂，文字表述力求规范、正确、科学。故教学实施过程要体现以上编写思想和特色，充分领悟项目课程的内涵，更新观念。

(2) 采取项目教学，应以工作任务为出发点来激发学生的学习兴趣，教学过程中要注重创设教育情境，采取理论——实践一体化，要充分利用多媒体教学、电子仿真软件、利用数字电路综合测试台搭建具体电路等教育教学手段和方法。

(3) 教学评价应采取阶段评价与目标评价相结合，理论与实践相结合，加强过程管理，重视动手能力，要把对学生作品的评价与知识点考核相结合。

（4）对于模块中的任务，教师可以根据各校的实际进行适当的取舍或变动。

（5）拓展性内容分为能力拓展和知识拓展，用于拓展学生视野，提高学生兴趣，不作评价要求。可根据学生实际选修。

本教材在江苏教科院职教所副所长马成荣副研究员、华东师大徐国庆博士和南京信息职业技术学院华永平主任的指导下，由南昌汽车机电学校王增茂、江苏省泰兴职业教育中心王正峰、安文倩、黄玉宇、李向军共同编写，王增茂、王正峰老师担任主编，负责全书的统稿和主要编写工作。南昌汽车机电学校张玉青校长和胡坚副校长以及江苏省泰兴职业教育中心的领导和同事为本书的编写工作给予了很大的支持和帮助。在此，谨向各位专家、领导和同事致以衷心的感谢。

由于编者水平有限，加之时间紧迫，书中的谬误与不妥之处在所难免，恳请各位专家、老师批评指正，以便我们进一步完善，不断提高。

本书编写组

2013 年 9 月于南昌

# 目　　录

**学习领域一　相约电工实训室** ································································ (1)

　项目一　熟悉电工实训室 ································································· (1)

　　第1步　观察电工实训室电源 ························································ (1)

　　第2步　认识常用电工仪器仪表 ···················································· (2)

　　第3步　认识常用电工工具 ··························································· (4)

　项目二　安全用电与触电急救 ·························································· (6)

　　第1步　认识触电 ········································································· (6)

　　第2步　做好用电安全防护 ··························································· (8)

　　第3步　学会触电预防与急救 ························································ (9)

**学习领域二　直流电路** ······································································ (12)

　项目一　简单电器的拆装与电路图的识读 ········································· (12)

　　第1步　拆装简单实物电路 ··························································· (12)

　　第2步　识读简单的电路图 ··························································· (13)

　　第3步　制作简单直流电路 ··························································· (14)

　项目二　电参数的测量 ··································································· (15)

　　第1步　理解电流 ········································································· (15)

　　第2步　理解电压、电位、电动势 ················································· (16)

　　第3步　认识电能、电功率 ··························································· (17)

　项目三　电阻的识别和测量 ···························································· (19)

　　第1步　认识电阻 ········································································· (19)

　　第2步　测量电阻 ········································································· (21)

　项目四　电路基本定律的认识与应用 ··············································· (23)

　　第1步　理解欧姆定律 ·································································· (23)

　　第2步　理解基尔霍夫定律 ··························································· (24)

　项目五　简单直流电路的安装与调试 ··············································· (28)

　　第1步　熟悉混联电路 ·································································· (28)

　　第2步　用电压表、电流表测量参数 ·············································· (29)

　　第3步　测量混联电路电阻值 ························································ (30)

**学习领域三　磁场及电磁感应** ···························································· (34)

　项目一　认识磁场 ·········································································· (34)

　　第1步　发现磁场 ········································································· (34)

  第 2 步 认识磁场的基本概念 ……………………………………………………… (35)
  第 3 步 认识电流的磁场 ………………………………………………………… (36)
 项目二 认识铁磁性物质 …………………………………………………………………… (39)
  第 1 步 认识磁性材料的类型 …………………………………………………… (39)
  第 2 步 认识磁性材料的磁化 …………………………………………………… (40)
  第 3 步 涡电流 …………………………………………………………………… (41)
 项目三 电磁感应定律 ……………………………………………………………………… (42)
  第 1 步 认识电磁感应定律 ……………………………………………………… (43)
  第 2 步 楞次定律 ………………………………………………………………… (44)

## 学习领域四 单相正弦交流电路 …………………………………………………………… (47)

 项目一 交流电认识与测试 ………………………………………………………………… (47)
  第 1 步 认识交流电 ……………………………………………………………… (47)
  第 2 步 认识交流电基本物理量 ………………………………………………… (48)
 项目二 认识纯电阻、纯电感、纯电容电路 ……………………………………………… (53)
  第 1 步 纯电阻正弦交流电路 …………………………………………………… (53)
  第 2 步 纯电感正弦交流电路 …………………………………………………… (55)
  第 3 步 纯电容正弦交流电路 …………………………………………………… (56)
 项目三 认识电感、电阻串联正弦交流电路 ……………………………………………… (58)
  第 1 步 分析电感、电阻串联电路 ……………………………………………… (58)
  第 2 步 电感、电阻串联电路的测定 …………………………………………… (59)
 项目四 单相照明电路的安装 ……………………………………………………………… (62)
  第 1 步 选用照明灯具 …………………………………………………………… (62)
 项目五 RLC 串联谐振电路制作 …………………………………………………………… (66)
  第 1 步 RLC 串联的交流电路特性 ……………………………………………… (66)
  第 2 步 串联谐振电路 …………………………………………………………… (67)

## 学习领域五 三相正弦交流电路 …………………………………………………………… (69)

 项目一 三相电路的认识 …………………………………………………………………… (69)
  第 1 步 认识三相交流电源 ……………………………………………………… (69)
  第 2 步 认识三相四线制供电 …………………………………………………… (71)
 项目二 三相负载电路连接与测量 ………………………………………………………… (73)
  第 1 步 认识三相负载星形连接 ………………………………………………… (73)
  第 2 步 认识对称负载三角形连接 ……………………………………………… (75)
  第 3 步 测定三相电路的功率 …………………………………………………… (76)

## 学习领域六 三相异步电动机的基本控制 ………………………………………………… (80)

 项目一 三相异步电动机的启动控制 ……………………………………………………… (80)
  第 1 步 认识启动控制 …………………………………………………………… (80)
  第 2 步 认识控制线路元器件 …………………………………………………… (81)

  第3步 安装自锁控制电路 ………………………………………………………（83）
 项目二 三相异步电动机正反转控制 …………………………………………………（86）
  第1步 识读三相异步电动机正反转控制电路图 …………………………………（86）
  第2步 安装接触器联锁的正反转控制电路 ………………………………………（87）
 项目三* 普通车床控制电路的认识 ……………………………………………………（89）
  第1步 认识普通车床组成部件 ……………………………………………………（90）
  第2步 识读普通车床控制电路图 …………………………………………………（91）

## 学习领域七 电机与变压器 …………………………………………………………………（93）

 项目一 用电技术 …………………………………………………………………………（93）
  第1步 认识供配电系统 ……………………………………………………………（93）
  第2步 学会节约用电 ………………………………………………………………（94）
 项目二 认识单相变压器 …………………………………………………………………（96）
  第1步 认识单相变压器的基本结构 ………………………………………………（96）
  第2步 了解变压器的工作原理 ……………………………………………………（97）
 项目三 三相变压器的认识 ………………………………………………………………（102）
  第1步 认识三相变压器的基本结构 ………………………………………………（102）
  第2步 理解三相变压器的工作原理 ………………………………………………（103）
 项目四* 特殊变压器的认识 ……………………………………………………………（105）
  第1步 认识电焊机 …………………………………………………………………（106）
  第2步 认识互感器 …………………………………………………………………（107）
  第3步 认识自耦变压器 ……………………………………………………………（109）
 项目五 特殊电动机的认识 ………………………………………………………………（110）
  第1步 认识三相绕线式异步电动机 ………………………………………………（111）
  第2步 认识直流电动机 ……………………………………………………………（113）

## 学习领域八 现代控制技术 ……………………………………………………………………（116）

 项目一 认识可编程控制器 ………………………………………………………………（116）
  第1步 认识可编程控制器 …………………………………………………………（116）
 项目二 认识变频器 ………………………………………………………………………（118）
  第1步 认识变频器 …………………………………………………………………（118）
 项目三 认识传感器 ………………………………………………………………………（120）
  第1步 认识传感器 …………………………………………………………………（120）

## 学习领域九 相约电子实训室 …………………………………………………………………（123）

 项目一 熟悉电子实训室 …………………………………………………………………（123）
  第1步 认识电子实训室 ……………………………………………………………（123）
  第2步 熟悉电子实训室操作台 ……………………………………………………（123）
 项目二 电子基本技能操作 ………………………………………………………………（124）
  第1步 学会手工焊接 ………………………………………………………………（124）

第 2 步　使用常用仪器仪表 ································································ (128)

## 学习领域十　晶体二极管及其应用 ································································ (131)

　项目一　整流电路的制作与测量 ······················································· (131)
　　　第 1 步　认识二极管 ···························································· (131)
　　　第 2 步　判断二极管的极性 ···················································· (134)
　　　第 3 步　整流电路的制作与测量 ··············································· (134)
　项目二　滤波电路的制作与测量 ······················································· (139)
　　　第 1 步　半波整流电容滤波电路的测试 ········································ (140)
　　　第 2 步　桥式整流电容滤波电路的测试 ········································ (141)
　项目三　家用调光台灯电路的制作与调试 ············································· (144)
　　　第 1 步　认识晶闸管 ···························································· (144)
　　　第 2 步　判别晶闸管的电极、性能 ············································· (146)
　　　第 3 步　制作家用调光台灯电路 ················································ (147)

## 学习领域十一　晶体管及放大电路 ································································ (150)

　项目一　共射极放大电路的安装和测试 ··············································· (150)
　　　第 1 步　认识半导体三极管 ···················································· (150)
　　　第 2 步　分析三极管的三种工作状态与连接方式 ····························· (154)
　　　第 3 步　分析放大器电路 ······················································· (155)
　项目二　集成运算放大器电路的制作 ·················································· (159)
　　　第 1 步　认识反馈电路 ························································· (159)
　　　第 2 步　认识集成运放及电路 ·················································· (162)
　项目三　低频功率放大器的制作 ······················································· (167)
　　　第 1 步　认识低频功率放大电路 ··············································· (168)
　　　第 2 步　分析 OCL 与 OTL 电路 ··············································· (168)
　项目四　谐振电路的制作与调试 ······················································· (172)
　　　第 1 步　认识正弦波振荡器 ···················································· (172)
　项目五　稳压电源的制作与调试 ······················································· (177)
　　　第 1 步　认识串联型稳压电源电路 ············································· (178)
　　　第 2 步　制作与调试串联型稳压电源 ·········································· (180)

## 学习领域十二　数字电子技术基础 ································································ (183)

　项目一　数字电路的认识 ······························································· (183)
　　　第 1 步　认识数字集成电路 ···················································· (183)
　　　第 2 步　二进制数的逻辑运算与化简 ·········································· (186)
　项目二　逻辑门电路的测试 ···························································· (189)
　　　第 1 步　逻辑门电路 ···························································· (190)
　　　第 2 步　认识 TTL 逻辑门电路 ················································· (193)

## 学习领域十三 组合逻辑电路和时序逻辑电路 (197)

### 项目一 认识组合逻辑电路 (197)
### 项目二 八路抢答器电路制作 (201)
  第1步 认识编码器 (201)
  第2步 译码器 (205)
  第3步 显示器件 (207)
### 项目三 流水灯电路的制作 (212)
  第1步 集成触发器 (213)
  第2步 时序逻辑电路 (218)
  第3步 认识计数器 (222)
### 项目四 555定时器构成振荡器 (230)
  第1步 认识555定时器 (230)
  第2步 应用555定时器 (232)

**参考文献** (238)

# 学习领域一　相约电工实训室

## 项目一　熟悉电工实训室

### 学习目标

- ◇ 了解电工实训室的电源配置；
- ◇ 了解常用电工电子仪器仪表及工具的类型及作用；
- ◇ 了解交流电压表、交流电流表、钳形电流表、单相调压器等仪器仪表。

### 工作任务

- ◇ 观察电工实训室电源；
- ◇ 认识常用电工仪表；
- ◇ 认识电工实训室的电源配置、仪器设备，学会使用电工工具进行相关操作；
- ◇ 认识常用电工工具。

电工实训室是进行电工实训的教学场所，电工实训室可进行照明电路、电力拖动线路的安装与调试实训。让我们一同走进电工实训室，认识电工实训室的电源、仪器仪表、常用的电工工具等，对这些设备进行一个充分的了解，以便于让它们为我们今后的电工知识的学习和电工技能的训练服务。

### 第1步　观察电工实训室电源

电工实训室的电源通常配备交流电源和直流电源，交流电源通常配备 380V 和 220V 两种。通常 380V 电源用于三相电器的电源，220V 电源用于单相电气设备的电源，此外还配置可调的交流电源。直流电源通常配备固定电压的多挡和连续可调的直流电源，满足电工实训中对直流电的一些需要。

观察电工实训室的电源配置，记录下电工实训室各种电源的种类及电压。

电工通用实训台的电源配置如下。

1. 电源输入

电工实训台通常设有三相四线及"地"线（共五线）输入接口，并配有漏电保护开关（电源总开关），三相指示灯，电压换相开关，电压表，电流表等，用以监督三相电源。

2. 电源输出

电工实训台通常会有多组电源输出，例如，
A组：三相四线输出接插座，输出电压为380V；
B组：单相交流市电输出220V，供外接仪器设备用；
C组：可调交流电源，电压 0～240V 连续可调；
D组：可调交流电源，电压 3～24V 可调；
E组：直流稳压电源，电压 1.25～24V 多挡可调；
F组：直流稳压可调电源，电压 1.25～24V 连续可调。

## 第2步 认识常用电工仪器仪表

（1）常用的电压表（如图1.1.1所示）。

图1.1.1 常用电压表

（2）常用的电流表（如图1.1.2所示）。

图1.1.2 常用电流表

（3）常用的电能表（如图1.1.3所示）。

图1.1.3 常用电能表

(4)常用的功率表（如图 1.1.4 所示）。

图 1.1.4　常用功率表

(5)常用兆欧表（如图 1.1.5 所示）。

图 1.1.5　常用兆欧表

(6)常用钳形电流表（如图 1.1.6 所示）。

图 1.1.6　常用钳形电流表

(7)常用单相调压器（如图 1.1.7 所示）。

图 1.1.7　常用单相调压器

## 知识链接

用来测量电流、电压、功率等电量的指示仪表称为电工测量仪表。熟悉和了解电工仪表的基本知识是正确使用和维护电工仪表的基础。

### 1. 电工仪表的分类

（1）按工作原理分类：有磁电系仪表；电磁系仪表；电动系仪表和感应系仪表等。

（2）按准确度等级分类：0.1 级、0.2 级、0.5 级、1.0 级、1.5 级、2.5 级、5.0 级等共 7 个等级。

（3）按防护性能分类：有普通、防尘、防水、防爆等类型。

（4）按被测对象分类：有电流表、电压表、电度表、功率表、兆欧表、功率因数表和相位表等。

### 2. 电工仪表的正确使用

（1）严格按说明书上的要求使用、存放。

（2）不能随意拆装和调试，以免影响准确度、灵敏度。

（3）经过长期使用后，要根据电气计量的规定，定期进行校验和校正。

（4）交流、直流电表（挡）要分清，多量程表在测量中不应带电更换挡位，严格按说明接线，以免出现烧表事故。

## 第 3 步　认识常用电工工具

常用电工工具如图 1.1.8 所示。

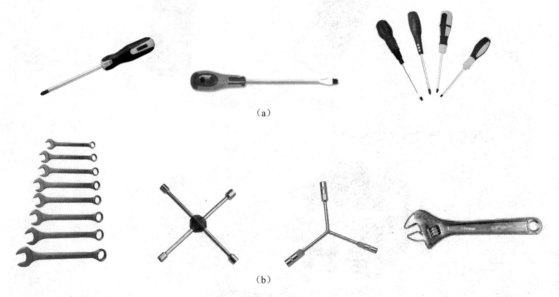

图 1.1.8　常用电工工具

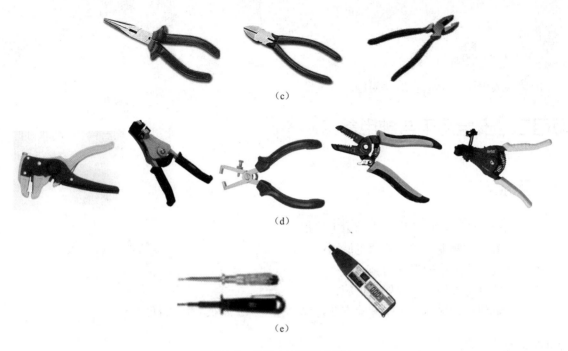

图1.1.8 常用电工工具（续）

电工工具是电气操作的基本工具，电气操作人员必须掌握电工常用工具的结构、性能和正确的使用方法。

常用电工工具基本分为三类。

（1）通用电工工具：指电工随时都可以使用的常备工具。主要有测电笔、螺丝刀、钢丝钳、活络扳手、电工刀、剥线钳等。

（2）线路装修工具：指电力内外线装修必备的工具。它包括用于打孔、紧线、钳夹、切割、剥线、弯管、登高的工具及设备。主要有各类电工用凿、冲击电钻、管子钳、剥线钳、紧线器、弯管器、切割工具、套丝器具等。

（3）设备装修工具：指设备安装、拆卸、紧固及管线焊接加热的工具。主要有各类用于拆卸轴承、联轴器、皮带轮等紧固件的拉具，安装用的各类套筒扳手及加热用的喷灯等。

练习使用常用电工工具。

（1）在图1.1.8中的哪些是你熟悉工具？你知道他们的正确名称和使用方法吗？
（2）在图1.1.8中的工具哪些是你没见过的？

简述进入电工实训室应注意问题。

## 项目二　安全用电与触电急救

### 学习目标

- 掌握实训室操作规程及安全用电的规定；
- 了解人体触电的类型及常见原因；
- 掌握防止触电的保护措施；
- 了解触电现场的紧急处理措施；
- 了解保护接地、保护接零的方法，以及漏电保护器的使用方法。

### 工作任务

- 在了解和掌握安全用电知识的基础上，进行常用触电急救方法的观察与操作训练。

### 第1步　认识触电

由于人体是导体，所以当人体接触电源或带电体而构成电流回路时，就会有电流通过人体，对人的肌体造成不同程度的伤害。通常，触电所受到的伤害程度与触电的种类、方式及条件有关。

#### 知识链接

1. 触电的种类

人体触电，有电击和电伤两种。电击是指电流通过人体内部而造成人体内部器官在生理上的反应和病变的现象，触电死亡的绝大部分是电击造成的。随着电流大小的不同，人体可产生肌肉抽搐、内部组织损伤、发热、发麻、神经麻痹，严重时引起昏迷、窒息、心脏停止跳动等而死亡。电伤则是由于电流的热效应、化学效应、机械效应对人体外部表皮造成局部伤害，表现为灼伤、烙伤和皮肤金属化等现象。

2. 电流伤害人体的因素

电流对人体伤害的严重程度一般与下面几个因素有关。
(1) 通过人体电流的大小。
(2) 电流通过人体时间的长短。
(3) 电流通过人体的部位。

(4)通过人体电流的频率。

(5)触电者的自身身体状况。

一般来说,通过人体的电流越大,时间越长,危险越大;触电时间超过人的心脏搏动周期(约为 750ms),或者触电正好开始于搏动周期的易损伤期时,危险最大;电流通过人体脑部和心脏时最为危险;40~60Hz 的交流电对人体的危害最大,直流电流与较高频率电流的危险性则小些;男性、成年人、身体健康者受电流伤害的程度相对要轻一些。

以工频电流为例,实验资料表明:1mA 左右的电流通过人体,就会使人体产生一种麻刺的不舒服感觉;10~30mA 的电流通过人体,便会使人体产生麻痹、剧痛、痉挛、血压升高、呼吸困难等症状,触电者已不能自主摆脱带电体,但通常不致有生命危险;电流达到 50mA 以上,就会引起触电者心室颤动而有生命危险;100mA 以上的电流,足以致人于死地。

### 3. 触电的方式

(1)单相触电。

在低压电力系统中,若人站在地上或其他接地体,而人的某一部位接触到一相带电体,即为单相触电,如图 1.2.1 所示。如果系统中性点接地,则加于人体的电压为 220V,流过人体的电流足以危及生命。中性点不接地时,虽然线路对地绝缘电阻可起到限制人体电流的作用,但线路对地存在分布电容、分布电阻,作用于人体的电压为线电压 380V,触电电流仍能危及生命。人体接触漏电的设备外壳,也属于单相触电。

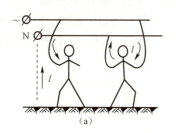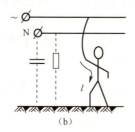

图 1.2.1 单相触电

(2)两相触电。

人体不同部位同时接触两相电源带电体而引起的触电叫两相触电,如图 1.2.2 所示。无论电网中性点是否接地,人体所承受的线电压均比单相触电时要高,危险性更大。

(3)接触电压、跨步电压触电。

这也是危险性较大的一种触电方式。当外壳接地的电气设备绝缘损坏而使外壳带电,或导线断落发生单相接地故障时,电流由设备外壳经接地线、接地体(或由断落导线经接地点)流入大地,向四周扩散,在导线接地点及周围

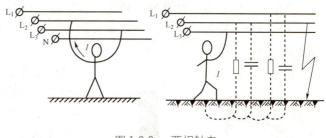

图 1.2.2 两相触电

形成强电场。其电位分布以接地点为圆心向周围扩散,一般距接地体 20m 远处电位为零。这时,人站在地上触及设备外壳,就会承受一定的电压,称为接触电压。如果人站在设备附近地面上,两脚之间也会承受一定的电压,称为跨步电压。接触电压和跨步电压的大小与接地电

流、土壤电阻率、设备接地电阻及人体位置有关。当接地电流较大时，接触电压和跨步电压会超过允许值发生人身触电事故。特别是在发生高压接地故障或雷击时，会产生很高的接触电压和跨步电压。

某老汉在大街上行走时，看到路边有一根电线，一头落在地上，一头挂在电线杆上，便好奇地上前用手捡电线，当即触电，经抢救无效死亡。该案例说明了什么问题。

## 第2步　做好用电安全防护

### 1. 安全电压

从安全的角度看，电对人体的安全条件通常不采用安全电流，而是用安全电压。因为影响电流变化的因素很多，而电力系统的电压却是较为恒定的。

所谓安全电压，是指为了防止触电事故而由特定电源供电时所采用的电压系列。

我国规定12V，24V，36V三个电压等级为安全电压级别，不同场所选用安全电压等级不同。

一般环境的安全电压为36V。在湿度大、狭窄、周围有大面积接地导体的场所（如金属容器内、矿井内、隧道内等）使用的照明电压，应采用12V的安全电压。

安全电压的规定是从总体上考虑的，对于某些特殊情况也不一定绝对安全。所以，即使在规定的安全电压下工作，也不可粗心大意。

### 2. 安全用具

电工安全用具是用来直接保护电工人员人身安全的基本用具，常用的有绝缘手套、绝缘靴、绝缘棒等三种。

（1）绝缘手套：

绝缘手套由绝缘性能良好的特种橡胶制成，有高压、低压两种，分别用于操作高压隔离开关和油断路器等设备，以及在带电运行的高压电器和低压电气设备上工作时，预防接触电压。如图1.2.3（a）所示。

使用绝缘手套要注意用前进行外观检查，检查有无穿孔、损坏；不能用低压手套操作高压设备等。

（2）绝缘靴：

绝缘靴也是由绝缘性能良好的特种橡胶制成的，用于带电操作高压电气设备或低压电气设备时，防止跨步电压对人体的伤害。如图1.2.4（b）所示。

使用绝缘靴前要进行外观检查，不能有穿孔损坏，要保持在绝缘良好的状态。

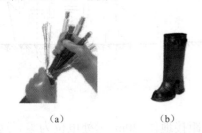

图1.2.3　绝缘手套、绝缘靴

(3) 绝缘棒：

绝缘棒又称令克棒、绝缘拉杆、操作杆等，一般用电木、胶木、塑料、环氧玻璃布棒等材料制成。绝缘棒主要用于操作高压隔离开关、跌落式熔断器，安装和拆除临时接地线，以及测量和试验等工作。常用的规格有：500V、10kV、35kV 等。

使用绝缘棒要注意下面几点：一是棒表面要干燥、清洁；二是操作时应带绝缘手套，穿绝缘靴，站在绝缘垫上；三是绝缘棒规格应符合规定，不能任意取用。

小张刚买了一套新房，这天正与未婚妻小瞿一起布置新居，准备将一幅大型挂画挂在墙上以美化居室。他在墙上用电钻钻了两个洞，第一个膨胀螺钉也打得较顺利，没想到打第二个时突然尖叫一声就倒在地上失去了知觉。站在旁边的小瞿立即想到可能是触电，赶紧拉下电闸开关，接着又携护小张至通风处，几分钟后小张苏醒了过来。该案例说明了哪些有关触电与防护的知识。

## 第3步　学会触电预防与急救

### 知识链接

（1）绝缘措施。良好的绝缘是保证电气设备和线路正常运行的必要条件，是防止触电事故的重要措施。选用绝缘材料必须与电气设备的工作电压、工作环境和运行条件相适应。不同的设备或电路对绝缘电阻的要求不同。例如：新装或大修后的低压设备和线路，绝缘电压不应低于 0.5MΩ；运行中的线路和设备，绝缘电阻要求每伏工作电压 1kΩ 以上；高压如 35kV 的线路和设备，其绝缘电阻不应低于 1 000～2 500MΩ。

（2）漏电保护。在带电线路或设备上采取漏电保护器，当发生触电事故时，在很短的时间内能自动切断电源，起到防止人身触电，在某些条件下，也能起到防止电气火灾的作用。

触电急救实例表明，触电急救对于减少触电伤亡是行之有效的。因此，对于电气工作人员和所有用电人员来说，掌握触电急救知识是非常重要的。

#### 1. 触电的现场抢救

当发现有人触电时，不可惊慌失措，首先应当设法使触电者迅速而安全地脱离电源。根据触电现场的情况，通常采用以下几种急救方法。

（1）如果触电现场远离开关或不具备关断电源的条件，只要触电者穿的是比较宽松的干燥衣服，救护者可站在干燥木板上，用一只手抓住衣服将其拉离电源，如图 1.2.4 所示。但切不可触及带电人的皮肤。也可用干燥木棒、竹竿等将电线从触电者身上挑开，如图 1.2.5 所示。

图 1.2.4　将触电者拉离电源

图 1.2.5　将触电者身上电线挑开

(2) 如果触电发生在火线与大地之间,一时又不能把触电者拉离电源,可用干燥绳索将触电者身体拖离地面,或用干燥木板将人体与地面隔离开,以切断通过人体流入大地的电流,然后再设法关断电源,使触电者脱离带电体。

(3) 如果手边有绝缘导线,可先将一端良好接地,另一端与触电者所接触的带电体相接,使该相电源对地短路,迫使电路跳闸或断开熔断丝,达到切断电源的目的。

(4) 救护者也可用手头的刀、斧、锄等带绝缘柄的工具或硬棒,在电源的来电方向将电线砍断或撬断。

### 2. 口对口人工呼吸法

人工呼吸法是帮助触电者恢复呼吸的有效方法,只对停止呼吸的触电者使用。在几种人工呼吸方法中,以口对口呼吸法效果最好,也最容易掌握。其操作步骤如下。

(1) 首先使触电者仰卧,迅速解开触电者的衣领、围巾、紧身衣服等,除去口腔中的黏液、血液、食物、假牙等杂物。

(2) 将触电者的头部尽量后仰,鼻孔朝天,颈部伸直。救护人在触电者的一侧,一只手捏紧触电者的鼻孔,另一只手掰开触电者的嘴巴。救护人深吸气后,紧贴着触电者的嘴巴大口吹气,使其胸部膨胀;之后救护人换气,放松触电者的嘴鼻,使其自动呼气。如此反复进行,吹气 2 秒,放松 3 秒,大约 5 秒一个循环。

(3) 吹气时要捏紧鼻孔,紧贴嘴巴,不使之漏气,放松时应能使触电者自动呼气。其操作示意如图 1.2.6 至图 1.2.9 所示。

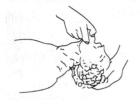  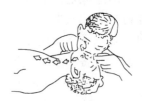 

图 1.2.6　头部后仰　　图 1.2.7　捏鼻掰嘴　　图 1.2.8　贴紧吹气　　图 1.2.9　放松换气

(4) 如果触电者牙关紧闭,一时无法撬开,可采取口对鼻吹气的方法。

(5) 对体弱者和儿童吹气时用力应稍轻,不可让其胸腹过分膨胀,以免肺泡破裂。当触电者自己开始呼吸时,人工呼吸应立即停止。

### 3. 胸外心脏挤压法

胸外心脏挤压法是帮助触电者恢复心跳的有效方法。当触电者心脏停止跳动时,有节奏地在胸外廓加力,对心脏进行挤压,代替心脏的收缩与扩张,达到维持血液循环的目的。其操作要领如图 1.2.10 至图 1.2.13 所示,其步骤如下。

   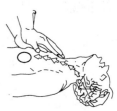

图 1.2.10　正确压点　　图 1.2.11　叠手姿势　　图 1.2.12　向下挤压　　图 1.2.13　迅速放松

(1) 将触电者衣服解开，使其仰卧在硬板上或平整的地面上，找到正确的挤压点。通常是，救护者伸开手掌，中指尖抵住触电者颈部凹陷的下边缘，手掌的根部就是正确的压点。

(2) 救护人跪跨在触电者腰部两侧的地上，身体前倾，两臂伸直，两手相叠，以手掌根部放至正确压点。

(3) 掌根均衡用力，连同身体的重量向下挤压，压出心室的血液，使其流至触电者全身各部位。压陷深度为成人 3~5cm，对儿童用力要轻。太快太慢或用力过轻过重，都不能取得好的效果。

(4) 挤压后掌根突然抬起，依靠胸廓自身的弹性，使胸腔复位，血液流回心室。

重复（3）、（4）步骤，每分钟 60 次左右为宜。

总之，使用胸外心脏挤压法要注意压点正确，下压均衡、放松迅速、用力和速度适宜，要坚持做到心跳完全恢复。如果触电者心跳和呼吸都已停止，则应同时进行胸外心脏挤压和人工呼吸。一人救护时，两种方法可交替进行；两人救护时，两种方法应同时进行，但两人必须配合默契。

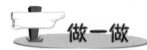

1. 组织学生观看口对口人工呼吸法和胸外心脏挤压法的教学录像。
2. 以上模拟训练两人一组，交换进行，认真体会操作要领。

## 习 题

1. 简述触电的方式，并简要分析各方式区别。
2. 在实际生活中如何预防触电，出现触电应如何解决？

# 学习领域二 直流电路

## 项目一 简单电器的拆装与电路图的识读

### 学习目标

- ◇ 认识简单的实物电路；
- ◇ 了解电路的基本组成；
- ◇ 识读基本的电气符号和简单的电路图。

### 工 作 任 务

- ◇ 搭建简单电路，识读电气符号及电路图。

### 第1步 拆装简单实物电路

观察图 2.1.1 所示简单的实物电路，然后拆装该电路。通过拆装了解电路的基本组成。

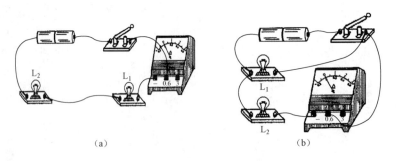

图 2.1.1 几种简单的实物电路

通过前面的实验我们了解电路的基本组成。下面我们开始学习这方面的知识。

1. 电路

由电源、用电器、导线和开关等组成的闭合电路，叫做电路。

2. 电路的组成

（1）电源（供能元件）：为电路提供电能的设备和器件（如电池、发电机等）。

(2) 用电器（耗能元件）：使用（消耗）电能的设备和器件（如白炽灯等用电器）。
(3) 导线：将电气设备和元器件按一定方式连接起来（如各种铜、铝电缆线等）。
(4) 开关：控制电路工作状态的器件或设备（如开关等）。

3．电路的状态

(1) 通路（闭路）：电源与负载接通，电路中有电流通过，进行能量转换。
(2) 开路（断路）：电路中没有电流通过，又称为空载状态。
(3) 短路（捷路）：电源两端的导线直接相连接，输出电流过大对电源来说属于严重过载，如没有保护措施，电源或电器会被烧毁或发生火灾，所以通常要在电路或电气设备中安装熔断器等保护装置，以避免发生短路时出现不良后果。

根据以上实验回答以下问题：
1. 图 2.1.1 中电流表各测量的是哪个电阻（用电器）的电流。
2. 电流表应如何连接到实际电路中去。

## 第 2 步　识读简单的电路图

观察图 2.1.2 所示简单的电路图，识读基本的电气符号。

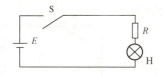 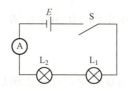 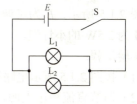

图 2.1.2　几种简单的电路图

1．电路图

用规定的图形符号表示电路连接情况的图。
图形符号要遵守国家标准。

2．几种常用的标准图形符号

如图 2.1.3 所示。

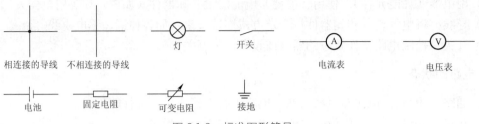

图2.1.3 标准图形符号

观察图2.1.4所示手电筒：
（1）按下手电筒的开关按钮，观察电灯的发光情况。

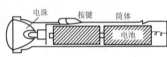

图2.1.4 手电筒示意图

（2）打开手电筒的后盖（或前端）进行观察，电池是怎样安放的？后盖与电池是怎样连接的？观察开关按钮的结构，了解它的作用。
（3）旋开手电筒的前部进行观察，电灯是怎样安装的？
（4）画出手电筒的电路图。

## 第3步　制作简单直流电路

图2.1.5所示，$E$ 为可调直流稳压电源（0~30V），$R$ 为 $2k\Omega$ 的电阻，$H$ 为 2.5W 的小灯泡。

实验步骤：
（1）按图2.1.5所示电路连接，经复查确定连接正确后再通电。
（2）调节直流稳压电源，使输出电压为15V电压，通电后灯泡_____（发光/不发光），电流表指针_____（偏转/不偏转）。

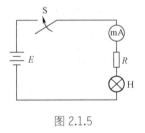

图2.1.5

电路的三种工作状态。
（1）通路（闭路）：灯泡_____（发光/不发光），电流表指针_____（偏转/不偏转）。
（2）开路（断路）：灯泡_____（发光/不发光），电流表指针_____（偏转/不偏转）。
（3）短路（捷路）：灯泡_____（发光/不发光），电流表指针_____（偏转/不偏转）。

（1）电路由_____、_____、_____和_____组成。

（2）电源是把_____转化为_____的设备。
（3）用电器能将_____转化为我们所需要的能量。几种常见用电器如电灯主要将电能转化为_____，手电筒主要将电能转化为_____，收音机主要将电能转化为_____，电饭锅主要将电能转化为_____。

## 项目二　电参数的测量

### 学习目标

◆ 理解电路中电流、电压、电位、电动势、电能、电功率等常用物理量的概念；
◆ 能对直流电路的常用物理量进行简单的分析与计算。

### 工作任务

◆ 对直流电路的常用物理量进行简单的分析与计算。

### 第1步　理解电流

如图 2.2.1 所示，$E$ 为直流稳压电源 15V，$R$ 为 2kΩ的电阻，H 为 2.5W 的小灯泡。

合上开关（通电）后，观察到灯泡发光，电流表指针偏转，记录电流表的读数：$I = $_____mA。

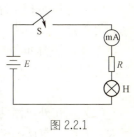

图 2.2.1

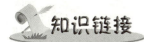

（1）电流的定义：电荷的定向移动形成电流。
注意：电荷的定向移动和热运动的区别，热运动是无规则的运动。
（2）产生持续电流的条件：导体两端保持有电压。
（3）电流强度：
① 定义：电流的大小称为电流强度（简称电流，符号为 I），是指单位时间内通过导线某一截面的电荷量，每秒通过 1 库仑的电量称为 1 安培（A）。
② 公式：
$$I = \frac{q}{t} \tag{2.1}$$
③ 单位：安培（A）是国际单位制中的基本单位。常用的单位还有毫安（mA）、微安（μA）。
④ 方向：与正电荷的移动方向相同，与负电荷的移动方向相反。
注意：电流强度虽有大小和方向但是标量。公式（2-1）中，$q$ 为通过导体横截面的电量，不是单位面积的电量。
（4）直流电：方向不随时间而改变的电流（方向不变，但大小可变）。
（5）恒定电流：方向和大小都不随时间改变的电流。

使用电流表测量电流时应注意什么？在不知道电流极性的条件下如何正确测量？

## 第 2 步　理解电压、电位、电动势

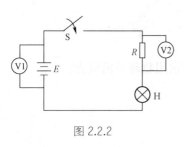

图 2.2.2

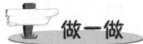

如图 2.2.2 所示，$E$ 为直流稳压电源 15V，$R$ 为 2kΩ 的电阻，$H$ 为 2.5W 的小灯泡。

合上开关（通电）后，观察到灯泡发光，用电压表测量直流稳压电源 $E$ 和电阻 $R$ 两端的电压，并记录：$E=$ _____ V，$U_R=$ _____ V。

### 知识链接

（1）电压是指电路中两点之间的电位差，其大小等于单位正电荷因受电场力作用从一点移动到另一点所做的功，电压的方向规定为从高电位指向低电位的方向。

电压的国际单位制为伏特（V），常用的单位还有毫伏（mV）、微伏（μV）、千伏（kV）等，它们与伏特的换算关系为

$$1\text{mV}=10^{-3}\text{ V}, \qquad 1\mu\text{V}=10^{-6}\text{ V}, \qquad 1\text{kV}=10^{3}\text{ V}$$

（2）加在外电路两端的电压称为端电压，端电压将随外电路的电阻而改变。负载电阻 $R$ 值越大，其两端电压 $U$ 也越大；当 $R\gg R_0$（电源内阻）时（相当于开路），则 $U=E$；当 $R\ll R_0$ 时（相当于短路），则 $U=0$，此时电流很大，电源容易烧毁。

（3）电位（$V$）：

电路中每一点都应有一定的电位，每点的电位就是该点相对于零电位点的电压。

由此可见，要确定电路中各点的电位，首先要确定零电位点的电位。

原则上讲，零电位点可以任意选定，但习惯上常规定，接地点的电位为零电位点，或电路中电位最低点的电位为零电位点。

电位零点选取不同，则电路中同一点的电位也会不同，即电位是相对的，其大小与零电位点的选取有关。电位零点选取不同，但电路中任两点的电压却是不变的，$U_{AB}=V_A-V_B$。即电压是绝对的。

（4）电动势的大小等于电源力（非静电力）把单位正电荷从电源的负极，经过电源内部移到电源正极所做的功。如设 $W$ 为电源中非静电力把正电荷量 $q$ 从负极经过电源内部移送到电源正极所做的功，则电动势大小为

$$E=\frac{W}{q} \tag{2.2}$$

电动势的方向规定为从电源的负极经过电源内部指向电源的正极，即与电源两端电压的方向相反。

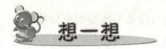

使用电压表测电流时应注意什么？在不知道电流极性的条件下如何正确测量？

## 第3步 认识电能、电功率

### 知识链接

（1）电能是指在一定的时间内电路元件或设备吸收或发出的电能量。电能的计算公式为 $W = Pt = UIt$。电能的国际单位制为焦耳（J），通常电能用度（kW·h）来表示：1度（电）= 1kW·h = $3.6×10^6$J，即功率为1 000W 的耗能元件，在1小时的时间内所消耗的电能量为1度（电）。

（2）电功率是指电路元件或设备在单位时间内吸收或发出的电能。
电功率的计算公式为

$$P = \frac{W}{t}, 或 P = UI \tag{2.3}$$

功率的国际单位制单位为瓦特（W），常用的单位还有毫瓦（mW）、千瓦（kW），它们与W的换算关系是：$1 mW = 10^{-3} W$，$1 kW = 10^3 W$。

（3）电路中发出功率的器件叫电源（供能元件），吸收功率的器件叫负载（耗能元件）。
通常把耗能元件吸收的功率写成正数 $P>0$，把供能元件发出的功率写成负数 $P<0$，而储能元件（如理想电容、电感元件）既不吸收功率也不发出功率，其功率 $P = 0$。
通常所说的功率 $P$ 又叫做有功功率或平均功率。

1. 焦耳定律

电流通过导体时产生的热量：

$$Q = I^2Rt \tag{2.4}$$

式中：$I$ 为通过导体的直流电流或交流电流的有效值；$R$ 为导体的电阻值；$t$ 为通过导体电流持续的时间；$Q$ 为焦耳热。

2. 电气设备的额定值

为了保证电气设备和电路元件能够长期安全地正常工作，规定了额定电压、额定电流、额定功率等铭牌数据。

额定电压——电气设备或元器件在长期正常工作条件下允许施加的最大电压。
额定电流——电气设备或元器件在长期正常工作条件下允许通过的最大电流。
额定功率——在额定电压和额定电流下消耗的功率，即允许消耗的最大功率。
额定工作状态——电气设备或元器件在额定功率下的工作状态，也称满载状态。

轻载状态——电气设备或元器件在低于额定功率的工作状态,轻载时电气设备不能得到充分利用。

过载(超载)状态——电气设备或元器件在高于额定功率的工作状态,过载时电气设备很容易被烧坏或造成严重事故。

### 生活中的电流值

电子手表的电流为 1.5～2μA,电子计算器的电流为 150μA,移动电话:待机电流为 15～50mA、开机电流为 60～300mA、发射电流为 200～400mA,日光灯约 150mA,电冰箱约 1A,微波炉约 2.8～4.1A,电饭煲约 3.2～4.5A,柜式空调约 10A,高压输电线约 200A,闪电约$(2\sim 20)\times 10^4$A。

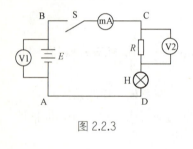

图 2.2.3

如图 2.2.3 所示,$E$ 为直流稳压电源 15V,$R$ 为 2kΩ 的电阻,H 为 2.5W 的小灯泡。

实验步骤:

(1)按图 2.2.3 所示电路连接,假设电源负极为零电位点。

(2)断开开关,电流表读数 $I$=_____,电压表读数 $U_1$=_____、$U_2$=_____,说明电源两端的电压为_____,电阻两端的电压为_____,电路中 A、B、C、D 各点电位分别为_____、_____、_____、_____。

(3)闭合开关,电流表读数 $I$=_____,电压表读数 $U_1$=_____、$U_2$=_____,说明电源两端的电压为_____,电阻两端的电压为_____,电路中 A、B、C、D 各点电位分别为_____、_____、_____、_____。

1. 电压与电位的关系?
2. 电动势与端电压的关系?
3. 电能与电热的关系?

### 习 题

一、填空题

1. 电荷的_____移动就形成了电流,规定_____电荷移动的方向为电流的方向,电路中形成电流的条件为_____、_____。

2．若1分钟内通过某一导线截面的电荷量是6C，则通过该导线的电流是＿＿＿A，合＿＿＿＿＿＿mA；合＿＿＿＿＿＿＿＿μA。

3．电路中某点的电位，就是该点与零电位之间的＿＿＿＿＿＿＿＿＿＿。计算某点的电位，可以从这点出发通过一定的路径绕到该点，此路径上＿＿＿＿＿＿＿＿＿＿的代数和。

4．已知：$U_{AB}$=－20V，$V_B$=30V，则$V_A$=＿＿＿＿＿＿＿ 。

5．一只220V、40W的白炽灯。当它接在110V的电路上，它的实际功率是＿＿＿＿＿＿＿。

6．一度电可以使标有"220V、25W"的白炽灯正常工作＿＿＿＿＿＿＿＿＿＿小时。

7．外电路的电阻＿＿＿＿＿＿电源内阻时，电源的输出功率＿＿＿＿＿＿。此时称负载与电源匹配。

二、是非题

1．电路中，电流的方向总是由高电位流向低电位。

2．电路中，电压的方向总是由高电位指向低电位的。

3．电源电动势大小由电源本身的性质决定，与外电路无关。

4．我们规定自负极通过电源内部指向正极的方向为电动势的方向。

5．电路处于开路状态时，端电压等于电源的电动势。

6．电路中，负载电阻值越大，其端电压就越高。

7．若选择不同的零电位点时，电路中各点的电位将发生变化，但电路中任意两点间的电压却不会改变。

## 项目三　电阻的识别和测量

### 学习目标

◇　了解电阻器和电位器的外形、结构、作用、主要参数，会计算导体的电阻；
◇　了解电阻与温度的关系；
◇　能区别线性电阻和非线性电阻。

### 工作任务

◇　认识电阻，了解电阻的测量方法。

### 第1步　认识电阻

观察图2.3.1所示几种实物电阻。

图 2.3.1　电阻实物图

## 知识链接

（1）电阻 $R$ 是表示物体阻碍自由电子定向移动作用的物理量。

导体的电阻是由它本身的物理条件决定的，如导体的长短、粗细、材料、温度。

在温度不变（$t=20℃$）的情况下，电阻的大小为 $R=\rho\dfrac{l}{S}$，其国际单位制为欧姆（Ω）。

（2）电阻器的种类有很多，通常分为三大类：固定电阻，可变电阻，特种电阻，其元件图形符号如图 2.3.2 所示。

图 2.3.2　电阻的图形符号

（3）电阻与温度的关系通常表现在以下几个方面。

温度对电阻的影响：①自由电子受到的阻碍增加；②带电粒子数目增加，更容易导电。

温度对不同材料电阻的影响：①一般导体，温度升高，电阻增大；②少数合金，不受温度的影响；③特殊合金和金属的化合物，在极低温状态下电阻突然为零（超导现象）。

温度对同一材料导体电阻的影响：电阻元件的电阻值大小一般与温度有关，衡量电阻受温度影响大小的物理量是温度系数。其定义为温度每升高 1℃ 时，电阻值发生变化的百分数。如果设任一电阻元件在温度 $t_1$ 时的电阻值为 $R_1$，当温度升高到 $t_2$ 时电阻值为 $R_2$，则该电阻在 $t_1 \sim t_2$ 温度范围内的（平均）温度系数为

$$\alpha = \frac{R_2 - R_1}{R_1(t_2 - t_1)} \tag{2.5}$$

（4）伏安特性曲线：曲线描述的是通过电阻的电流 $I$ 和它两端电压 $U$ 之间的关系。

线性电阻：电阻值 $R$ 与通过它的电流 $I$ 和两端电压 $U$ 无关（即 $R=$ 常数）的电阻元件，其伏安特性曲线在 $I$-$U$ 平面坐标系中为一条通过原点的直线。

非线性电阻：电阻值 $R$ 与通过它的电流 $I$ 和两端电压 $U$ 有关（即 $R \neq$ 常数）的电阻元件，其伏安特性曲线在 $I$-$U$ 平面坐标系中为一条通过原点的曲线。

通常所说的"电阻"，如不作特殊说明，均指线性电阻。

图 2.3.1 所示几种实物电阻用在家用电器的那部分电路，举例说明。

## 第2步　测量电阻

电阻的测量在电工测量技术中占有十分重要的地位，工程中所测量的电阻值，一般是在 $10^{-6}\,\Omega \sim 10^{12}\,\Omega$ 的范围内。为减小测量误差，选用适当的测量电阻方法。电阻按其阻值的大小分成三类，即小电阻（1 Ω 以下）、中等电阻（1 Ω ~ 0.1 MΩ）和大电阻（0.1 MΩ 以上）。

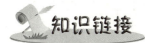

电阻的测量方法分类。

### 1．按获取测量结果方式分类

（1）直接测阻法；

（2）间接测阻法。

### 2．按被测电阻的阻值的大小分类

（1）小电阻的测量：一般选用毫欧表。要求测量精度比较高时，则可选用双臂电桥法测量。

（2）中等电阻的测量：一般用欧姆表进行测量，它可以直接读数，但这种方法的测量误差较大。中等电阻的测量也可以选用伏安法，其测量误差比较大。若需精密测量可选用单臂电桥法。

（3）大电阻的测量：一般选用兆欧表法，可以直接读数，但测量误差也较大。

### 3．伏安法测电阻

如图 2.3.3 所示，被测电阻为 $R=\dfrac{U}{I}$。

图 2.3.3（a）是电流表外接的伏安法，这种测量方法适用于 $R \ll R_V$ 情况，即用于测量阻值较小的电阻。

图 2.3.3（b）是电流表内接的伏安法，这种测量方法适用于 $R \gg R_A$ 的情况，即用于测量阻值较大的电阻。

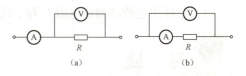

图 2.3.3　伏安法测电阻

### 4．惠斯通电桥法

惠斯通电桥法可以比较准确的测量电阻，如图 2.3.4 所示。$R_1$、$R_2$、$R_3$ 为可调电阻，并且是阻值已知的标准精密电阻。$R_x$ 为被测电阻，当检流计的指针指示到零位置时，称为电桥平衡。此时，B、D 两点为等电位，被测电阻为

$$R_x = \dfrac{R_2}{R_1} R_3 \tag{2.6}$$

惠斯通电桥有多种形式，常见的是一种滑线式电桥，如图 2.3.5 所示，被测电阻为

$$R_x = \dfrac{l_2}{l_1} R \tag{2-7}$$

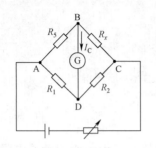

图 2.3.4　惠斯通电桥法测电阻

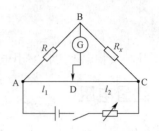

图 2.3.5　滑线式电桥

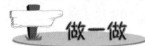

如图 2.3.6 所示，$E$ 为直流稳压电源 15V，$R$ 为被测电阻。

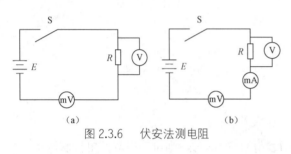

图 2.3.6　伏安法测电阻

实验步骤：

（1）按图 2.3.6（a）所示电路连接，闭合开关，电流表读数 $I=$ _____，电压表读数 $U=$ _____，计算被测电阻 $R=$ _____。

（2）按图 2.3.6（b）所示电路连接，闭合开关，电流表读数 $I=$ _____，电压表读数 $U=$ _____，计算被测电阻 $R=$ _____。

结论：因为 $R$_____，所以用电流表的伏安法比较准确。

1. 惠斯通电桥的原理。
2. 为了减小测量误差，应用伏安法测量电阻时应采取哪些措施？
3. 怎样用电桥法测量电阻？为了减小测量误差，在测量中应采取哪些措施？

## 习　题

### 一、填空题

1. 电阻是表示 _____ 的物理量。在一定温度下，导体的电阻和它的 _____ 成正比，而和它的 _____ 成反比。

2. 电阻的测量可采用 _____、_____、_____，其中采用 _____ 能准确测量电阻。

3. 一根实验用的铜导线，它的横截面积为 $1.5\times10^{-6}\text{m}^2$，长度为 0.5m，该导线的电阻（温度为 20℃，铜的电阻率为 $1.7\times10^{-8}\text{m}\cdot\Omega$）为 _____。

4. 有段电阻为 16Ω 的导线，把它对折起来作为一条导线用，电阻是 _____。

5. 两种同种材料的电阻丝，长度之比为 1:5，横截面积之比为 2:3，则它们的电阻之比为 _____。

6. 一电阻的伏安特性曲线如图 2.3.7 所示，则该电阻为_____
_____。

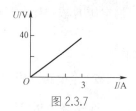

图 2.3.7

二、是非题

1. 电阻率的大小反映了物质导电性能的好坏，电阻率越大，表示导电性能越差。
2. 金属导体的电阻由它的长短、粗细、材料的性质和温度决定的。
3. 一般金属导体的电阻随温度的升高而降低。
4. 电阻两端电压为 10V 时，电阻值为 10Ω，电压升至 20V 时，电阻值将为 20Ω。
5. 导体的长度和截面都增大一倍，其电阻值也增大一倍。

三、分析计算题

1. 常见的电阻器有几大类？从外形来看各有什么特征？
2. 用长为 1.5m、截面积为 $0.2mm^2$ 的金属丝绕制成的电阻阻值为 3Ω，该金属丝的电阻率是多少？
3. 铜导线长 100m，横截面积为 $0.1mm^2$，试求该导线在 50℃时的电阻值。

## 项目四　电路基本定律的认识与应用

### 学习目标

◇ 理解欧姆定律的概念，能利用其对电路进行分析与计算；
◇ 理解基尔霍夫定律，能应用 KCL、KVL 列出电路方程。

### 工作任务

◇ 能利用电路基本定律对电路进行分析与计算。

### 第 1 步　理解欧姆定律

如图 2.4.1 所示，$E$ 为直流稳压电源 15V，$R_1$ 为 5kΩ 的电阻，$R_2$ 为 10kΩ 的可调电阻。

合上开关，移动滑动头 P，使得 P 分别在 a 点（中点）、b 点（最右端），观察电流（电压）表指针的偏转情况，记录电流表的读数：$I_{1a}$=_____mA，$I_{2a}$=_____mA，$V_a$=_____V；
$I_{1b}$=_____mA，$I_{2b}$=_____mA，$V_b$=_____V。

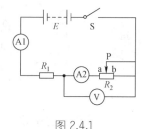

图 2.4.1

### 知识链接

**1. 欧姆定律**

部分电路欧姆定律，也称做外电路欧姆定律。电路中，流过电阻的电流 $I$，与加在电阻两端

的电压 $U$ 成正比，与电阻的阻值 $R$ 成反比。

$$I = \frac{U}{R} \tag{2-8}$$

### 2. 全电路欧姆定律

全电路是指电源以外的电路（外电路）和电源（内电路）之总和。

全电路欧姆定律：电路中的电流 $I$，与电源的电动势 $E$ 成正比，与外电路的电阻 $R$ 与内电路的电阻 $r$ 之和成反比。即

$$E = IR + Ir \quad \text{或} \quad I = \frac{E}{R+r} \tag{2-9}$$

应该注意的是：欧姆定律适用于金属导体和通常状态下的电解质溶液，对气态导体和其他一些导电元件（电子管，热敏电阻）不适用。

## 第 2 步  理解基尔霍夫定律

如图 2.4.2 所示，合上开关 $S_1$、$S_2$（电路通电），观察 $A_1$、$A_2$、$A_3$ 三表读数之间的关系。

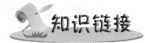

### 1. 基尔霍夫定律

（1）支路：电路中每个分支视为一条支路，且分支上的电流都相同。每条分支上电流和电压分别称为支路电流和支路电压。

在图 2.4.3 中：abc、adc、ac 为三条支路。其中：abc、adc 支路包含电源，称为有源支路，ac 支路无电源称为无源支路。

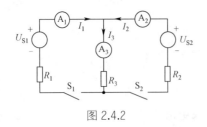

图 2.4.2

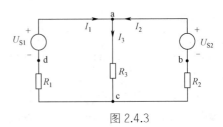

图 2.4.3

（2）节点：三条或三条以上的支路的连接点称为节点。

在图 2.4.3 中：a、c 为节点；b、d 不是节点。

（3）回路：由支路组成的任一闭合路径称为回路。如图 2.4.3 中：adca、abca、abcda 为回路。

（4）网孔：将电路画在平面上内部不含有支路的回路称为网孔。如图 2.4.3 中，adca、abca 组成的回路为网孔。

（5）网络：在电路分析范围内，网络是指包含较多元件的电路。

## 2. 基尔霍夫电流定律（节点电流定律）

基尔霍夫电流定律（简写为 KCL），它反映了电路中任一节点所连接的各支路电流之间的约束关系。

基本内容：任意时刻，流入电路中任一节点的电流之和恒等于流出该节点的电流之和。

或陈述为：任意时刻，流入电路中任一节点的电流的代数和恒为零。即

$$\Sigma I_{流入}=\Sigma I_{流出} \quad 或 \quad \Sigma I = 0$$

如图 2.4.3 所示，在节点 a 上：$I_1 + I_2 = I_3$ 或 $I_1 + I_2 - I_3 = 0$。

在使用 $\Sigma I = 0$ 公式时，一般可在流入节点的电流前面取"+"号，在流出节点的电流前面取"−"号，反之亦可。

**例 2.4.1** 图 2.4.4 所示电路中的 a、b、d 节点写出的 KCL 方程分别为：

a 节点　$-i_1-i_2-i_3=0$
b 节点　$i_3-i_4-i_5=0$
d 节点　$i_1+i_2+i_4+i_6=0$

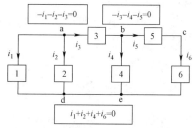

图 2.4.4　例 2.4.1 电路图

在使用电流定律时，必须注意：

① 对于含有 $n$ 个节点的电路，只能列出（$n-1$）个独立的电流方程。

② 列节点电流方程时，只需考虑电流的参考方向，然后再带入电流的数值。

为分析电路的方便，通常需要在所研究的一段电路中事先选定（即假定）电流流动的方向，叫做电流的参考方向，通常用"→"号表示。

电流的实际方向可根据数值的正、负来判断，当 $I > 0$ 时，表明电流的实际方向与所标定的参考方向一致；当 $I < 0$ 时，则表明电流的实际方向与所标定的参考方向相反。

**例 2.4.2** 如图 2.4.5 所示电桥电路，已知 $I_1 = 25$ mA，$I_3 = 16$ mA，$I_4 = 12$ mA，试求其余电阻中的电流 $I_2$、$I_5$、$I_6$。

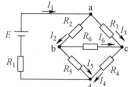

图 2.4.5　例 2.4.2 电路图

**解**：在节点 a 上：$I_1 = I_2 + I_3$，则 $I_2 = I_1 - I_3 = 25 - 16 = 9$ mA；

在节点 d 上：$I_1 = I_4 + I_5$，则 $I_5 = I_1 - I_4 = 25 - 12 = 13$ mA；

在节点 b 上：$I_2 = I_6 + I_5$，则 $I_6 = I_2 - I_5 = 9 - 13 = -4$ mA。

电流 $I_2$ 与 $I_5$ 均为正数，表明它们的实际方向与图中所标定的参考方向相同，$I_6$ 为负数，表明它的实际方向与图中所标定的参考方向相反。

## 3. 基夫尔霍电压定律（回路电压定律）

基尔霍夫电压定律（简写为 KVL）：在任意时刻沿电路中任意闭合回路内各段电压的代数和恒为零。其数学表达式为：$\Sigma U = 0$。

以图 2.4.6 电路为例，说明基尔霍夫电压定律。

沿着回路 abcdea 绕行方向，有

$U_{ac} = U_{ab} + U_{bc} = R_1I_1 + E_1$，　$U_{ce} = U_{cd} + U_{de} = -R_2I_2 - E_2$，

$U_{ea} = R_3I_3$

则　　　　　　$U_{ac} + U_{ce} + U_{ea} = 0$

即　　　　　　$R_1I_1 + E_1 - R_2I_2 - E_2 + R_3I_3 = 0$

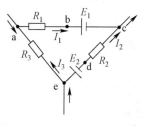

图 2.4.6

上式也可写成

$$R_1I_1 - R_2I_2 + R_3I_3 = -E_1 + E_2$$

对于电阻电路来说，任何时刻，在任一闭合回路中，各段电阻上的电压降代数和等于各电源电动势的代数和，即：$\sum RI = \sum E$。

利用 $\sum RI = \sum E$ 列回路电压方程的原则：

① 标出各支路电流的参考方向并选择回路绕行方向（既可沿着顺时针方向绕行，也可沿着反时针方向绕行）；

② 电阻元件的端电压为 $\pm RI$，当电流 $I$ 的参考方向与回路绕行方向一致时，选取"+"号；反之，选取"−"号；

③ 电源电动势为 $\pm E$，当电源电动势的标定方向与回路绕行方向一致时，选取"+"号，反之应选取"−"号。

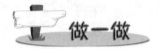

基尔霍夫定律验证电路如图 2.4.7 所示。

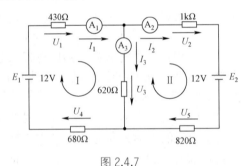

图 2.4.7

### 1. 验证基尔霍夫电流定律（KCL）

电压源 $E_1$、$E_2$ 共同作用于电路，用直流电流表分别测量电流 $I_1$、$I_2$ 和 $I_3$，注意电流的参考方向，将测量结果记入表 2-4-1 中，并计算各电流之和 $\sum I$。

表 2-4-1

| 电压源：$E_1$=12V；$E_2$=12V | $I_1$ | $I_2$ | $I_3$ | $\sum I$ |
|---|---|---|---|---|
| 测量值（A） | | | | |

### 2. 验证基尔霍夫电压定律（KVL）

用直流电压表分别测量各电阻电压 $U_1$、$U_2$、$U_3$、$U_4$ 及 $U_5$，注意电压的参考方向，将测量结果记入表 2-4-2 中，并计算各电压之和 $\sum U_\text{I}$ 及 $\sum U_\text{II}$。

表 2-4-2

| 电压源：$E_1$=12V；$E_2$=12V | $U_1$ | $U_2$ | $U_3$ | $U_4$ | $U_5$ | $\sum U_\text{I}$ | $\sum U_\text{II}$ |
|---|---|---|---|---|---|---|---|
| 测量值（V） | | | | | | | |

1. $\sum I$ 是否为零？为什么？
2. $\sum U_I$ 及 $\sum U_{II}$ 是否为零？为什么？

## 一、填空题

1. 基尔霍夫第一定律指出：流过电路中任一节点_____为零，基尔霍夫第二定律指出：在任一闭合回路，_____为零。

2. 如图 2.4.8 所示电路中，有_____个节点，有_____个回路，用支路电流法求各支路电流时，可以列_____个独立的节点电流方程和_____个独立的回路电压方程。

3. 如图 2.4.9 所示电路中，有_____条支路，有_____个节点，有_____个回路。

4. 如图 2.5.10 所示电路，已知：$I_1=25mA$，$I_3=16mA$，$I_4=10mA$，则 $I_2=$_____，$I_5=$_____，$I_6=$_____。

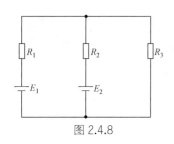

图 2.4.8

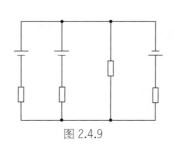

图 2.4.9

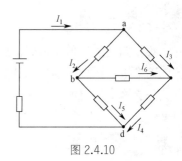

图 2.4.10

## 二、是非题

1. 电路中任意一个节点上，流入节点的电流之和，一定等于流出该节点的电流之和。（　）
2. 基尔霍夫电流定律是指沿任意回路绕行一周，各段电压的代数和一定等于零。（　）
3. 在支路电流法中，用基尔霍夫电流定律列节点电流方程时，若电路有 $n$ 个节点，则一定要列出 $n$ 个方程来。（　）
4. 任意的封闭电路都是回路。（　）
5. 同一条支路中，电流是处处相等的。（　）

## 三、计算题

1. 在图 2.4.11 所示的电路中，已知 $E_1=E_2=17V$，$R_1=1\Omega$，$R_2=5\Omega$，$R_3=2\Omega$，在图中标出各支路假设的电流方向，再用支路电流法求各支路的电流。

2. 在图 2.4.11 所示的电路中，已知 $E_1=12V$，$E_2=6V$，$R_1=3\Omega$，$R_2=6\Omega$，$R_3=10\Omega$，用支路电流法求各支路的电流。

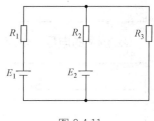

图 2.4.11

## 项目五　简单直流电路的安装与调试

### 学习目标

- ◇ 会使用直流电流表、直流电压表、万用表；
- ◇ 会测量直流电路的电流、电压（电位）；
- ◇ 会使用万用表的电阻挡测量电阻，并能正确读数。

### 工作任务

- ◇ 对混联电路中的电流、电压进行测量；
- ◇ 用万用表的电阻挡测量电阻并正确读数。

### 第 1 步　熟悉混联电路

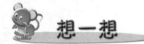

观察图 2.5.1 所示电阻混联电路。通过自行设计电路参数，运用所学知识计算出各电阻两端的电压及各支路中的电流大小。

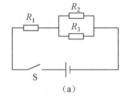
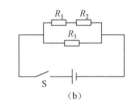

图 2.5.1　混联电路

在下面的表中填写自己设计的参数及各项数据。

1. 设计参数

| 电源电压 | $R_1$ 电阻值 | $R_2$ 电阻值 | $R_3$ 电阻值 |
| --- | --- | --- | --- |
|  |  |  |  |

2. 测量的电压、电流值

|  | $R_1$ | $R_2$ | $R_3$ |
| --- | --- | --- | --- |
| 电压 |  |  |  |
| 电流 |  |  |  |

3. 测量的电阻值

|  | $R_1$ | $R_2$ | $R_3$ |
| --- | --- | --- | --- |
| 电阻值 |  |  |  |

## 第2步　用电压表、电流表测量参数

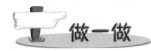

根据图 2.5.2 所示电路图连接实际电路，并测量相关参数。

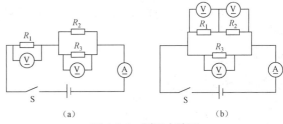

图 2.5.2　测量电路图

### 1. 电工仪表常用的测量法

（1）直接测量法：直接测量是指测量结果可以从一次测量的实验数据中得到，如用交流电压表测交流电压。此测量法简便、迅速，但准确度较低。

（2）比较测量法：比较测量法是将被测的量与度量器在比较仪器中进行比较，从而测得被测量数值的一种方法，如用单臂电桥测电阻。此法准确度和灵敏度高，但操作麻烦。

（3）间接测量法：间接测量法是指测出与被测量有函数关系的物理量，然后经过计算求得被测量，如伏安法测电阻。此法的误差较大，一般在估算中使用。

### 2. 电流表和电压表的使用

电流表、电压表都有交、直流两种，分别用于交、直流电压和电流的测量。从结构原理上讲，以磁电系和电磁系的电流表和电压表为主。

直流电流表、电压表的面板示意图如图 2.5.3 所示。直流电流表是用来测量直流电路中的电流值的；直流电压表是用来测量直流电路中的电压值的。

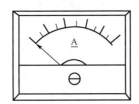 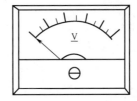

图 2.5.3　直流电流、电压表面板示意图

直流电流表、电压表的正确使用注意事项：

（1）接线要正确。直流电流表串接在电路中，直流电压表并接在待测电路两端。表上的正极性接线柱接待测电路的高电位处，表上的负极性接线柱接待测电路的低电位处。在不知正、负极的电路中，可将表置于最大量程上，采用"试测"的方法，来判断正负极。如果电源接地，测量电压时应将电压表接在近地端。

（2）防止仪表过载。在测未知量时，应预选大量程的仪表，或在多量程的仪表中选用最大量程来测试，以防仪表过载造成机械损坏和电器烧毁事故。

（3）测前需调零。使用前观察仪表指针是否偏移了零位刻度线，可通过机械调零螺钉，使仪表的指针准确指在零位刻度线上。

（4）电流表、电压表在使用中，不要受到剧烈振动，不宜放在潮湿、曝晒之处。在进行读数时，操作者的视线尽量与标尺保持垂直，以减小测量中的误差。

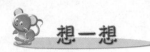

在图 2.5.2 所示连接实际电路中，设定不同的参数时测出其相对应的参数并将其与表格的形式填写记录。

测量一下手电中干电池的电压及工作时的电流。

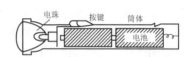

1. 思考一下电动车电池工作的电压和电流的测量方法及大小。
2. 思考一下手机电池工作的电压。

## 第3步　测量混联电路电阻值

分析图 2.5.4 所示电路。使用万用表电阻挡测量各电阻值。

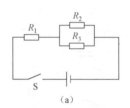
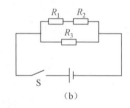

图 2.5.4　混联电路

### 知识链接

测量电阻大多采用万用表，万用表的种类很多，其表面板上的旋钮、开关的布局也各有差异。图 2.5.5 所示为 MF47 型万用表的外形，所以，在使用万用表之前，必须弄清楚各部件的作用，同时，也要分清表盘上各标度尺所对应测量的数值。使用万用表时按以下步骤操作。

1. **测量以前，首先检查测试棒接在什么位置上**

万用表上有几个插孔，如 "+"、"-"、"2500V"、"10A" 等。规定红色测试棒应插 "+" 孔内或接正极性接线柱，黑色测试棒插在 "-" 孔内或接负极性接线柱，不得接反。

图 2.5.5　MF47 型万用表

2. **将旋转开关调到相应的位置**

在进行测量电压时，万用表应并接在电路中。测直流电压时，要使万用表红色测试棒接被测部分的高电位端，而黑色测试棒接被测部分的低电位端。如果不知道被测部分的电位高低，可以用以下方法判断测量：先将万用表转换开关置于直流电压最大量程挡，然后将一测试棒接于被测部分的一端，再将另一测试棒在被测部分的另一端轻轻地一触，立即拿开，同时观察万用表指针的偏向，若万用表挡的指针朝正方向偏转，则红色测试棒所接触的一端为正极；若万用表指针朝反向偏转，则红色测试棒所接触的一端为负极。

MF47 型万用表面板上的"2500V"插孔，是为测量高电压使用的，测量时将红测试棒插入"2500V"接线孔中，黑测试棒插入"-"极孔中，将万用表放在绝缘良好的物体上，方能正确测量。"10A"插孔则是用于测量大电流的，测量时将红测试棒插入"10A"接线孔中，黑测试棒插入"-"极孔中，这样就可以测量 500mA～5A 的电流。

### 3. 正确选择转换开关的位置

例如，要测交流电压，则将转换开关旋至标有交流电压挡的区间；若需要测量电阻，则将转换开关旋至标有"Ω"的区间，其他需要测量的物理量以此类推。

在转换开关位置的调定中，要注意旋钮准确到位，否则，将会损坏甚至烧毁表头。如需测量电压，而误选了测量电流或电阻的种类，就会在测量时将表头严重损伤，甚至烧毁。所以在测量之前，必须仔细核对选择的挡位。

### 4. 正确选择量程

量程的正确选择，将减少测量中的误差。测量时应根据被测物理量的大约数值，先把转换开关旋到该种类区间的适当量程上，在测量电流或电压时，最好使指针指示在满刻度的 2/3 以上，这样测量的结果比较准确。例如，要测量 220V 的交流电压，就可选用"V"区间 250V 的量程挡上，如果被测量的数值不能预先知道，则在测量前将转换开关旋到该区间最大量程挡，然后进行测量。如果读数太小，再逐步缩小量程。

### 5. 在相应标度尺上读数

在万用表的表盘上有很多条标度尺，如图 2.5.6 所示，它们分别在测量各种不同的被测量对象时使用，因此在进行测量时，要在相应的标度尺上读数。例如：标有"Ω"的标度尺是欧姆挡，在测量直流电阻时用；标有"V"的标度尺是测交流电压时用；标有"V"的标度尺为测直流电压时用。所读的标度尺必须与万用表的转换开关的量程相符。

图 2.5.6　MF47 型万用表表盘

### 6. 使用万用表应注意的事项

（1）在使用万用表时，一般都是手握测试棒进行测量，因此，要注意手不要触及测试棒的金属部分，以保证人身安全和测量数据的准确度。

（2）用万用表测量较高电压和较大电流时，不能带电旋动开关旋钮。例如，测量大于 0.5A 的直流电流，高于 220V 的电压时，带电旋动旋钮开关，必然会在开关触头上产生电弧，严重的会使开关烧毁。

（3）当转换开关置于测电流或测电阻的位置上时，切勿用来测电压，更不能将两个测棒跨接在电源上，因为此时表头内阻很小，当用来测电压时，表头通过大电流，致使万用表立刻烧毁。

（4）万用表使用完毕，一般应将转换开关旋转到空挡或交流电压最高的一挡，防止转换开关在欧姆挡时，测试棒短路耗电，更重要的是可以防止在下一次测量时，不注意转换开关所在位置，立即使用万用表去测量交流电压而将万用表烧坏。

**7．用万用表测量直流电阻**

（1）估测电阻值

观察电阻器的标称值或根据电阻器的外观特点，凭经验估计电阻值的大概数值。

（2）选择适当的倍率挡

面板上"×1、×10、×100、×1k、×10k"的符号表示倍率数，表头的读数乘以倍率数就是所测电阻的阻值。在使用万用表进行测量直流电阻时，要根据所测量的范围，选择适当的倍率数，使指针指示在靠近刻度盘的中间位置，即图 2.5.7 所示标度尺的中心偏右的位置。在进行测量直流电阻时，越是接近刻度盘中心点，量出来的数值越准确，指针所指的越是往左，所得出的读数准确度越差。例如，测 100Ω的电阻，可用"R×1"挡来测，但没有用"R×10"这一挡测量的数值更准确。

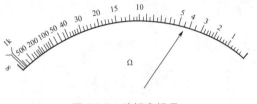

图 2.5.7　欧姆表标尺

（3）进行欧姆"调零"

为减小测量中的误差，在测量电阻之前，首先将两根测试棒"短接"（即碰在一起），并同时旋转"欧姆挡调零旋钮"，使指针正好指在"Ω"标度尺上的零位。

如果旋动"欧姆调零旋钮"无法使指针达到零位，这证明万用表电池的电压过低，已不符合要求，应立即更换新电池。

（4）不能带电进行测量

测量电阻时，必须切断电路中的电源，确保被测电阻中没有电流。因为带电测量，不但影响测量的准确度，还可能烧坏表头。

（5）被测量的对象不能有并联支路存在

这样测得的电阻将不是被测电阻真实阻值，而是某一等效电阻值。如图 2.5.8 电路中，万用表测得 $R_3$ 两端的电阻值为：$(R_1+R_2) /\!/ R_3$。若有这种电路，应把被测电阻的一端焊下来，然后进行测量。

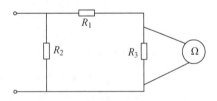

图 2.5.8　被测电阻有并联支路的情况

另外，不允许用欧姆挡去直接测量本应用微安表、检流计去测量耐压低、电流小的半导体元件，以免损害被测元件。此外，在使用万用表欧姆挡的间歇中，不要让两根测试棒短接，以免浪费电池。

图 2.5.9 为测量电阻的电路。$R_x$ 为待测电阻，$R$ 的阻值已知，$R'$ 为保护电阻，阻值未知。电源 E 的电动势未知。$S_1$、$S_2$ 均为单刀双掷开关。A 为电流表，其内阻不计。

（1）按图 2.5.9 所示的电路，在图 2.5.10 的实物图上连线。

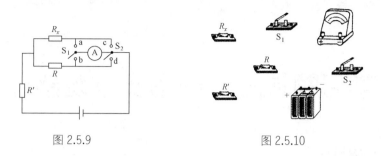

图 2.5.9　　　　　　　　图 2.5.10

（2）测量 $R_x$ 的步骤为：将 $S_2$ 向 d 闭合，$S_1$ 向_____闭合，记下电流表读数 $I_1$。再将 $S_2$ 向 c 闭合，$S_1$ 向_____闭合，记电流表读数 $I_2$。计算 $R_x$ 的公式是 $R_x=$_____。

### 惠斯通电桥

惠斯通电桥（又称单臂电桥）是一种可以精确测量电阻的仪器。图 2.5.11 所示是一个通用的惠斯通电桥。电阻 $R_1$，$R_2$，$R_3$，$R_4$ 叫做电桥的 4 个臂，G 为检流计，用以检查它所在的支路有无电流。当 G 无电流通过时，称电桥达到平衡。平衡时，4 个臂的阻值满足一个简单的关系，利用这一关系就可测量电阻。

平衡时，检流计所在支路电流为零，则有：①流过 $R_1$ 和 $R_3$ 的电流相同（记做 $I_1$），流过 $R_2$ 和 $R_4$ 的电流相同（记做 $I_2$）。②B，D 两点电位相等，即 $U_B=U_D$。因而有 $I_1R_1=I_2R_2$；各阻值已知，便可求得第 4 个电阻。测量时，选择适当的电阻作为 $R_1$ 和 $R_2$，用一个可变电阻作为 $R_3$，令被测电阻充当 $R_4$，调节 $R_3$ 使电桥平衡，而且可利用高灵敏度的检流计来测零，故用电桥测电阻比用欧姆表精确。电桥不平衡时，G 的电流 $I_G$ 与 $R_1$，$R_2$，$R_3$，$R_4$ 有关。利用这一关系也可根据 $I_G$ 及三个臂的电阻值求得第 4 个臂的阻值，因此不平衡电桥原则上也可测量电阻。在不平衡电桥中，G 应从"检流计"改称为"电流计"，其作用而不是检查有无电流而是测量电流的大小。可见，不平衡电桥和平衡电桥的测量原理有原则上的区别。利用电桥还可测量一些非电学量。

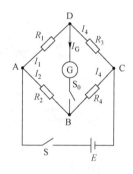

图 2.5.11　惠斯通电桥

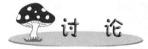

1. 怎样测量表头的内阻？
2. 用万用表来检测在路电阻时应注意什么？

1. 电压、电流表的正负极如何正确与电路连接？
2. 电压表测量开路电压时的测量值比真实值偏大还是偏小？

# 学习领域三 磁场及电磁感应

## 项目一 认识磁场

### 学习目标

- ✧ 了解磁场及电流的磁场；
- ✧ 了解安培力的大小及方向；
- ✧ 掌握电磁感应定律及其应用。

### 工作任务

- ✧ 磁场及电流的磁场及安培力的判别；
- ✧ 电磁感应定律的应用。

## 项 目 实 施

### 第1步 发现磁场

图 3.1.1 所示在导线通了电流时可观察到导线下方的小磁针发生了偏转。小磁针和导线为什么会发生偏转呢？

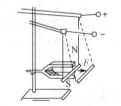

（a）电流产生磁场　　　　　　　　　　（b）磁场对通电导线产生力的作用

图 3.1.1

### 知识链接

磁体周围存在磁场。磁场是一种既看不见，又摸不着的特殊物质，磁体间的相互作用就是以磁场作为媒介的。由于磁体的磁性来源于电流，电流是电荷的运动，因而概括地说，磁场是由运动电荷或变化电场产生的。

在实际的工业生产中，平面磨床的电磁工作台在加工完毕后，应采取什么措施才能将工件轻便取下？

## 第2步　认识磁场的基本概念

观察图 3.1.2 所示电流的磁场。通过认识电流的磁场了解磁场的基本概念。

（a）通电螺线管的磁场　　　　　　（b）直线电流产生的磁场

图 3.1.2　常见电流产生的磁场

### 知识链接

磁场的特性可以用以下几个物理量来表示。

#### 1. 磁场的方向与磁感线

在磁场中小磁针 N 极在某点所受磁场力的方向，就是该点的磁场方向。也就是磁感应强度 $B$ 的方向，如图 3.1.3 所示。

在磁场中画出一些曲线，使曲线上每一点的切线方向都与这点的磁感应强度的方向一致，这样的曲线叫做磁感线。

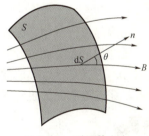

图 3.1.3　磁场的方向

#### 2. 磁感应强度（$B$）

磁感应强度用字母 $B$ 表示，它是表示磁场内某点的磁场强弱和方向的物理量。在磁场中垂直于磁场方向的通电导线，所受的力（安培力）$F$ 与电流 $I$ 和导线长度 $L$ 的乘积 $IL$ 的比值称为磁感应强度。定义式为

$$B=\frac{F}{IL} \qquad (3.1)$$

磁感应强度的单位在国际单位制中是特斯特，简称特，用 T 表示，其中（1T=N/A·m）。磁感应强度是矢量，磁场中某点磁感应强度的方向，即该点的磁场方向。如果磁场强弱和方向处处相同，它的磁感线是一系列疏密间隔相同的平行直线，则该磁场为匀强磁场。如图 3.1.4 所示，图（a）为相隔很近的两个异名磁极之间的磁场，图（b）为通电螺线管内部的磁场。

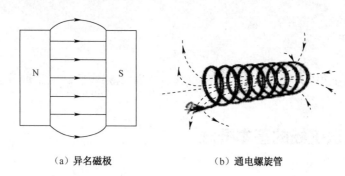

(a) 异名磁极　　　　　　　(b) 通电螺旋管

图 3.1.4　匀强磁场

### 3. 磁场强度（H）

磁场强度用符号 H 表示，其表达式为

$$H = B/\mu_0 - M \tag{3.2}$$

式中：B 为磁感应强度；M 为磁化强度；$\mu_0$ 为真空磁导率。在国际单位制（SI）中，磁场强度的单位是安【培】每米（A/m），也有用奥斯特（Oe）为单位的。

注意事项：磁场强度 H 与磁感应强度 B 的名称很相似，切忌混淆。H 是为计算的方便引入的物理量。

### 4. 磁通（Φ）

设在磁感应强度为 B 的匀强磁场中，有一个面积为 S 且与磁场方向垂直的平面，磁感应强度 B 与面积 S 的乘积，叫做穿过这个平面的磁通量，简称磁通，用符号 Φ 表示，即

$$\Phi = BS \tag{3.3}$$

适用条件是 B 与 S 平面垂直。当 B 与 S 存在夹角 θ 时，有

$$\Phi = BS\sin\theta \tag{3.4}$$

在国际单位制中，磁通量的单位是韦伯，符号是 Wb。

磁通量的意义可以用磁感线形象地加以说明。我们知道在同一磁场的图示中，磁感线越密的地方，也就是穿过单位面积的磁感线条数越多的地方，磁感应强度 B 越大。因此，B 越大，S 越大，穿过这个面的磁感线条数就越多，磁通量就越大。

磁感应强度 B 和磁场强度 H 有什么区别，在使用时应注意什么？

## 第 3 步　认识电流的磁场

奥斯特实验表明，通电直导线周围存在磁场。直线电流、环形电流，以及通电螺线管周围的磁场方向都可以用右手螺旋定则来判断。右手螺旋定则又叫安培定则。

如图 3.1.5 所示，取一根直导线垂直穿过一块硬纸板，在纸板上均匀撒上一层铁屑。

然后给导线通电，轻敲硬纸板，说明硬纸板上铁屑的排列情况。

如图 3.1.6 所示，在纸板上放几个小磁针，说明导线通电时小磁针北极的指向，然后改变电流方向再做一次。

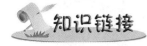

## 知识链接

### 1. 直线电流的磁场

著名的奥斯特实验表明通电直导线周围存在着磁场，这个磁场是由电流产生的。直线电流的磁感线分布如图 3.1.7 所示。电流方向和磁感线的方向之间的关系可以用安培定则（右手螺旋定则）来判定。如图 3.1.8 所示，用右手握住导线，让伸直的大拇指所指的方向与电流方向一致，弯曲的四指所指的方向就是磁感线的环绕方向。

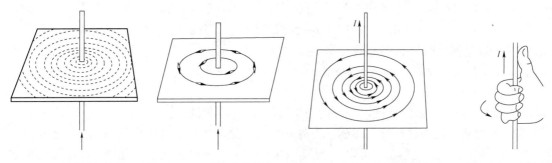

图 3.1.5　硬纸板上的铁屑排列情况　　图 3.1.6　小磁针北极指向　　图 3.1.7　直线电流磁感线分布　　图 3.1.8　安培定则

### 2. 环形电流和通电螺线管产生的磁场

环形电流的磁感线分布如图 3.1.9 所示，其方向也可以用右手螺旋定则来判断。具体方法如图 3.1.10 所示，用右手握住单匝线圈，让四指指向电流的环绕方向，拇指则指向单匝线圈内部磁感线的方向。

由于通电螺线管可以看成由多个单匝线圈组成，并且这些单匝线圈中电流的环绕方向相同，那么它产生的磁场磁感应线的方向也可以用右手螺旋定则来判断，判断方法和单匝线圈磁感线的判断方法完全相同，如图 3.1.11 所示。

较长的通电螺线管内部磁场近似匀强磁场，外部磁感线的分布与条形磁铁的磁感线分布相似。

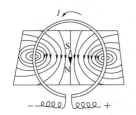 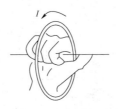 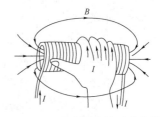

图 3.1.9　环形电流的磁感线分布　　图 3.1.10　右手定则　　图 3.1.11　通电螺线管磁感应线

### 3. 左手定则

磁感应强度是矢量，磁感应强度 $B$ 的方向、导线中电流的方向、导体所受磁场力的方向，三者互相垂直，且遵循左手定则：伸开左手，使大拇指与其余四指垂直，并且都与手掌在一个平面内，把手放入磁场中，让磁力线垂直穿入手心，并使伸开的四指指向电流的方向，那么，大拇指所指的方向，就是通电导线所受的安培力的方向，如图 3.1.12 所示。

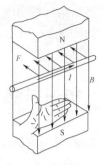

图 3.1.12　左手定则

### 铁磁性物质的磁化

关于铁磁性物质的磁性能，我们应该有直观的体会。磁铁能吸引铁块，而被吸引的铁块又会吸引其他铁磁性物质，也就是说，此时被吸引的铁块就与一般的磁铁一样，具有很多一般磁铁所具有的特征，这实际上就是铁磁性物质的磁化。所谓铁磁性物质的磁化，即原来不具有磁性的物质在外磁场作用下而具有磁性的现象，其作用就是导磁。可以将分散的磁场集中到铁磁性物质（通常称做铁芯）中来，按照我们的意愿引导到需要的地方，为我所用。

根据物质的导磁性能，我们将物质分为三大类，即顺磁性物质、反磁性物质和铁磁性物质。由于顺磁性物质和反磁性物质的导磁性能很差，所以在实际生产生活中所用的导磁材料一般都是指铁磁性物质。

根据磁化后所表现出来的特征，铁磁性物质又被分为下面几类：

① 软磁性材料，这种材料容易被磁化，外磁场撤去后其磁性又几乎全部消失，即剩磁几乎为零。由于其剩磁小、磁化容易，所以在反复磁化过程中由于磁极反复"翻转"而损耗的能量（即磁滞损耗）也就小。这种材料常用来制作电机和变压器的铁芯。

② 硬磁性材料，这种材料磁化比较困难，但磁化后，若外磁场撤去，其磁性能会很大程度地被保留，即剩磁较大。正是由于这一特征，常用的磁铁（即永久磁铁）都是由这种材料制成的。

③ 矩磁性材料，这种材料磁化很难，但一旦被磁化，外磁场撤去后，其磁场会全部保留，即百分之百的剩磁。正是由于它的这一特征，在现代信息技术中，常用矩磁性物质来制作储存元件。

### 一、选择题

1. 下列单位与磁感强度的单位"特斯拉"相当的是（　　）。
　　A. 韦伯/米$^2$　　　　　　　　　B. 千克/（安培·秒$^2$）
　　C. 牛·秒/（库·米）　　　　　D. 伏·秒/米$^2$

2. 首先发现通电导线周围存在磁场的物理学家是（　　）。
　　A. 安培　　　　B. 法拉第　　　　C. 奥斯特　　　　D. 特斯拉

3. 磁场中某点磁感强度的方向是（　　）。
　　A. 正电荷在该点的受力方向　　　　B. 运动电荷在该点的受力方向
　　C. 静止小磁针 N 极在该点的受力方向　　D. 一小段通电直导线在该点的受力方向

二、填空题

1. 我们把物体能够吸引铁、钴、镍等物质的性质叫做_____；磁体上磁性最强的部分叫做_____。

2. 当两个磁体的 S 极相互靠近时，它们将互相_____，当一个磁体的 N 极靠近另一磁体的 S 极时，它们将互相_____。

3. 1820 年，丹麦科学家_____把连接电池组的导线放在与磁针平行的位置上，当导线通电时，磁针立即偏转一角度，这个实验表明通电导体周围存在着_____。

4. 磁感线可以形象而又方便地表示磁体周围各点的_____方向。磁铁周围的磁感线都是从磁铁_____极出来，回到磁铁的_____极。

5. 地球本身是一个巨大的磁体。地磁的南极在地理_____极附近。

## 项目二　认识铁磁性物质

### 学习目标

- ◇ 了解铁磁性物质的磁化现象；
- ◇ 了解常用磁性材料的种类及其用途；
- ◇ 掌握涡流产生的原因及其在工程技术上的应用。

### 工作任务

- ◇ 磁性物质的磁化现象的应用；
- ◇ 涡流在工程技术上的应用。

## 项 目 实 施

### 第 1 步　认识磁性材料的类型

磁性材料是由铁磁性物质或亚铁磁性物质组成的，其在实际的应用如图 3.2.1 所示。

（a）滤油器采用高强度的铁磁体　　　　（b）电磁炉用的铁磁体

图 3.2.1　磁性材料在实际的应用

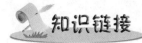

磁性材料主要是指铁、钴、镍及合金材料，一般分为以下三大类。

#### 1. 软磁材料

软磁材料是具有低矫顽力和高磁导率的磁性材料，其磁滞回线如图 3.2.2（a）所示。软磁材料易于磁化，也易于退磁，广泛用于电工设备和电子设备中。应用最多的软磁材料是铁硅合金（硅钢片），以及各种软磁铁氧体等。

#### 2. 硬磁材料

硬磁材料是指磁化后不易退磁而能长期保留磁性的一种铁氧体材料，也称为永磁材料或恒磁材料，其磁滞回线如图 3.2.2（b）所示。硬磁铁氧体的晶体结构大致是六角晶系磁铅石型，其典型代表是钡铁氧体 $BaFe_{12}O_{19}$。这种材料性能较好，成本较低，不仅可用做电讯器件，如录音器、电话机及各种仪表的磁铁，而且已在医学、生物和印刷显示等方面也得到了应用。硬磁材料常用来制作各种永久磁铁、扬声器的磁钢和电子电路中的记忆元件等。

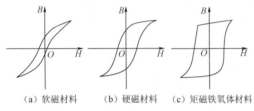

图 3.2.2　三类材料的磁滞回线

在电学中硬磁材料的主要作用是产生磁力线，然后让运动的导线切割磁力线，从而产生电流。

#### 3. 矩磁材料

矩磁材料是磁滞回线接近矩形（剩磁与最大磁感应强度的比值大于 0.8）和矫顽力较小的磁性材料，其磁滞回线如图 3.2.2（c）所示。要求剩磁比高、矫顽力低、开关时间（存取信息时的磁化和反磁化所需时间）短、信噪比高、抗干扰性强。矩磁材料分为金属和铁氧体两类：金属主要是坡莫合金（Fe-Ni 合金），优点是矫顽力小、矩形好、温度稳定性好，但涡流损耗大、对应力敏感、不耐腐蚀；铁氧体有镁锰、锰铜等铁氧体，优点是电阻率高、抗腐蚀、信息记录可靠性好，但磁感应强度小、温度稳定性差、速度慢。利用其矩磁性，可制造快速随机存储器，用于计算机、自动控制、磁放大器、磁调制器等。

不同磁性材料构成的磁体主要应用在哪些设备中？

### 第 2 步　认识磁性材料的磁化

磁化是指使原来不具有磁性的物质获得磁性的过程。一些物体在磁体或电流的作用下会获得磁性，这种现象叫做磁化。

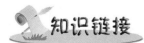

磁性材料里面分成很多微小的区域，每一个微小区域就叫一个磁畴，每一个磁畴都有自己

的磁矩（即一个微小的磁场）。一般情况下，各个磁畴的磁矩方向不同，磁场互相抵消，所以整个材料对外就不显磁性。当各个磁畴的方向趋于一致时，整块材料对外就显示出磁性。

所谓的磁化就是要让磁性材料中磁畴的磁矩方向变得一致。当对外不显磁性的材料被放进另一个强磁场中时，就会被磁化，但是，不是所有材料都可以磁化的，只有少数金属及金属化合物可以被磁化。

## 第3步　涡电流

当线圈中的电流随时间变化时，由于电磁感应，附近的另一个线圈中会产生感应电流。实际上这个线圈附近的任何导体中都会产生感应电流。如果用图表示这样的感应电流，看起来就像水中的漩涡，所以我们把它叫做涡电流。

涡流在实际生活中有许多应用，如发电机、电动机和变压器等。当然涡流也有利和弊两个方面，我们如何去加以利用？如何去防止呢？

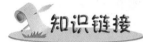

### 1. 涡流

涡流是块状金属在变化的磁场中或在磁场中运动时，金属块内产生的感应电流，如图3.2.3所示。涡流是在整块金属内产生的感应电流，涡流是整块导体发生的电磁感应现象，同样遵守电磁感应定律。

### 2. 在实际中应用

涡流在工程技术上有广泛应用，图3.2.4所示为在实际的一些常用家电与工程设备。

（1）真空冶炼炉。

（2）电磁炉，其工作原理是在炉盘下的线圈中通入交流电，使炉盘上的金属中产生涡流，从而生热。

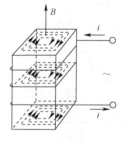

图3.2.3　涡流

图3.2.4　涡流的应用

（3）金属探测器、探雷器、安检门等。

### 3. 危害

电动机，变压器的线圈都绕在铁芯上。线圈中流过变化的电流，在铁芯中产生的涡流使铁芯发热，浪费了能量，还可能损坏电器。因此，我们要想办法减小涡流。途径之一是增大铁芯材料的电阻率，常用的铁芯材料是硅钢。如果我们仔细观察发电机、电动机和变压器，就可以看到，它们的铁芯都不是整块金属，而是用许多很薄的硅钢片叠合而成，如图3.2.5所示。

图 3.2.5　变压器硅钢片

#### 一、选择题

1. 下列物质中，由磁畴组成的是（　　）。
   A．铁磁性物质　　　B．非铁磁性物质　　　C．非金属
2. 从整个磁化过程看，铁磁性物质的 $B$ 和 $H$ 的关系是（　　）。
   A．线性关系　　　B．非线性关系　　　C．$B$ 不随 $H$ 变化
3. 真空或空气的 $B$ 和 $H$ 的关系是（　　）。
   A．线性关系　　　B．非线性关系；　　　C．$B$ 不随 $H$ 变化
4. 铁磁性物质的磁导率 $\mu$ 与外磁场 $H$（　　）。
   A．无关　　　B．成线性关系；　　　C．成非线性关系
5. 真空或空气的磁导率大小与磁场强度大小（　　）
   A．无关　　　B．成线性正比关系；　　　C．成非线性关系

#### 二、填空题

1. 铁磁性物质是由许多叫做_____的天然磁化区域组成的。这种天然磁化区域内部的_____排列整齐，因此每个这种天然区域就像一个永久磁铁，具有很强的_____性。
2. 铁磁性物质的磁状态，一般由_____曲线决定。这种曲线表明了铁磁性物质中的_____和_____的函数关系。

## 项目三　电磁感应定律

### 学习目标

- ◆ 了解电磁感应现象及定律；
- ◆ 理解楞次定律和右手定则；
- ◆ 掌握电磁感应定律的应用。

### 工作任务

- ◆ 电磁感应现象及定律的应用；
- ◆ 楞次定律和右手定则的应用；
- ◆ 电磁感应定律的应用。

# 项 目 实 施

## 第1步　认识电磁感应定律

电磁感应现象是电磁学中最重大的发现之一，它显示了电、磁现象之间的相互联系和转化，对其本质的深入研究所揭示的电、磁场之间的联系，对麦克斯韦电磁场理论的建立具有重大意义。电磁感应现象在电工技术、电子技术以及电磁测量等方面都有广泛的应用。

如图3.3.1所示，将条形磁铁按如下操作：
（1）将条形磁铁快速的插入螺线管中，记录表针的最大摆幅。
（2）将条形磁铁缓慢的插入螺线管中，记录表针的最大摆幅。

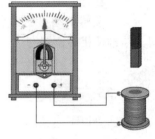

图 3.3.1

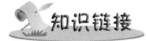

### 1. 电磁感应定律

法拉第电磁感应定律：电路中感应电动势的大小，与穿过这一电路的磁通量的变化率成正比。感应电动势的大小与穿过闭合电路的磁通量改变快慢有关系，$n$ 匝线圈中的感应电动势的表达式为

$$E = n\Delta\Phi/\Delta t \tag{3.5}$$

式中：$E$ 为感应电动势（V）；$n$ 为感应线圈匝数；$\Delta\Phi/\Delta t$ 为磁通量的变化率。

长度为 $L$ 的导体，以速度 $v$ 在磁感应强度为 $B$ 的匀强磁场中做切割磁感线运动时，导产生的感应电动势的大小与磁感强度、导体的长度、导体运动的速度，以及运动方向和磁感线方向的夹角 $\theta$ 的正弦成正比，即

$$E = BLv\sin\theta \tag{3.6}$$

$E = BLv$ 中的 $v$ 和 $L$ 不可以与磁感线平行，但可以不与磁感线垂直；式中 $\sin\theta$ 为 $v$ 或 $L$ 与磁感线的夹角，$L$ 为有效长度（m）。

### 1. 自感电动势

由于导体本身电流的变化而产生的电磁感应现象称作自感现象，自感现象属于一种电磁感应现象，在自感现象中产生的感应电动势称作自感电动势。

（1）自感电动势的方向：自感电动势总是阻碍导体中原来电流的变化。当电流增大时，自感电动势与原来电流方向相反；当电流减小时，自感电动势的方向与原来电流方向相同。"阻碍"不是"阻止"，"阻碍"其实是"延缓"，使回路中原来的电流变化得缓慢一些。

（2）自感电动势的大小：由导体本身及通过导体的电流改变快慢程度共同决定．在恒定电流电路中，只有在通、断电的瞬间才会发生自感现象。

（3）自感电动势计算公式：

$$\varepsilon_L = -\frac{dI}{dt} \qquad (3.7)$$

式中，$L$ 为自感系数，简称自感。它只与组成回路的导体形状、大小、匝数和磁介质有关，与回路是否通电无关。公式中的负号表示自感电动势总是反抗回路中电流的变化。

### 2. 互感电动势

由于一个回路中电流变化，引起另一个回路中磁通量变化并激起感应电动势的现象称为互感现象。

（1）互感电动势的方向：可由楞次定律来确定。

（2）互感电动势的大小：互感电动势与电流变化的线圈的电流变化快慢有关，也与线圈之间的结构及相对位置有关。

试回答以下问题：

（1）在 3.3.1 实验中，电流表指针偏转原因是什么？

（2）电流表指针偏转程度跟感应电动势的大小有什么关系？

（3）该实验中，将条形磁铁从同一高度插入线圈中，快插入和慢插入有什么相同和不同？

## 第 2 步　楞次定律

楞次定律（Lenz law）是一条电磁学的定律，其可确定由电磁感应而产生的电动势的方向。它是由德国物理学家海因里希·楞次（Heinrich Friedrich Lenz）在 1834 年发现的。楞次定律是能量守恒定律在电磁感应现象中的具体体现。

1. 用一个接通灵敏电流计的螺线管，当磁铁 S 极移近或远离螺线管（如图 3.3.2 所示）时，回答以下问题：

（1）当磁铁 S 极移近螺线管时

① 螺线管磁场方向＿＿＿＿＿＿＿＿＿＿＿＿；

② 螺线管磁通量是＿＿＿＿＿＿＿＿＿＿＿＿；

③ 螺线管感应电流的磁场方向为＿＿＿＿＿＿＿＿＿＿＿＿；

④ 螺线管感应电流方向为＿＿＿＿＿＿＿＿＿＿＿＿。

（2）当磁铁 S 极远离螺线管时：

① 螺线管磁场方向＿＿＿＿＿＿＿＿＿＿＿＿；

② 螺线管磁通量是＿＿＿＿＿＿＿＿＿＿＿＿；

③ 螺线管感应电流的磁场方向为＿＿＿＿＿＿＿＿＿＿＿＿；

④ 螺线管感应电流方向为＿＿＿＿＿＿＿＿＿＿＿＿。

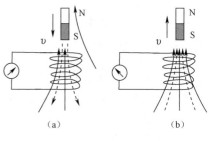

图 3.3.2

2. 如图 3.3.3 所示，根据磁铁的运动方向，将结果填入表 3.3.1 中。

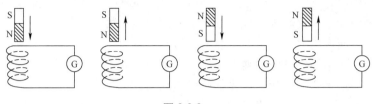

图 3.3.3

表 3.3.1 实验数据

| 动 作 | 原磁场 $B$ 方向（向上、向下） | 原磁通量 $\Phi$ 变化情况（增大、减小） | 感应电流方向（俯视：顺、逆时针） | 感应电流磁场 $B$ 方向（向上、向下） | $B$ 与 $H$ 方向的关系（相同、相反） |
|---|---|---|---|---|---|
| N 极向下插入 | | | | | |
| N 极不动 | | | | | |
| N 极向上抽出 | | | | | |
| S 极向下插入 | | | | | |
| S 极不动 | | | | | |
| S 极向上抽出 | | | | | |

1．楞次定律：感应电流的效果总是反抗引起感应电流的原因。闭合回路中感应电流的方向，总是使得它所激发的磁场来阻碍引起感应电流的磁通量的变化．

2．楞次定律的理解

（1）阻碍的是原磁场的变化，而不是原磁场；

（2）原磁场增强，则"我"不让你增强；"我"要削弱你，所以"我"的磁场与你相反；

（3）原磁场减弱，则"我"不让你减弱；"我"要增强你，所以"我"的磁场与你相同。

3．判断感应电流方向的步骤：

（1）确定原磁场方向；

（2）判断穿过闭合电路磁通量的变化情况；

（3）根据楞次定律判断感应电流的磁场方向；

（4）根据安培定则判断感应电流的磁场方向。

**想一想**

如图 3.3.4 所示，判断自由下落的条形磁铁在靠近正下方水平桌面上的金属圆环过程中，环中的感应电流方向怎样？磁铁是否做自由落体运动？环对桌面的压力还等于重力吗？

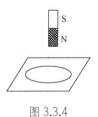

图 3.3.4

一、选择题

1．关于感应电动势大小的下列说法中，正确的是（　　）。

A．线圈中磁通量变化越大，线圈中产生的感应电动势一定越大

B．线圈中磁通量越大，产生的感应电动势一定越大

C．线圈放在磁感强度越强的地方，产生的感应电动势一定越大

D．线圈中磁通量变化越快，产生的感应电动势越大

2．磁悬浮列车在行进时会"浮"在轨道上方，从而可高速行驶。可高速行驶的原因是列车浮起后（　　）。

A．减小了列车的惯性　　　　　　B．减小了地球对列车的引力

C．减小了列车与铁轨间的摩擦力　D．减小了列车所受的空气阻力

## 二、填空题

1．电磁感应现象是指_____它是由英国科学家_____首先发现的。

2．自感现象是指_____。

3．如图3.3.5所示，当开关S接通后，通过线圈L的电流方向是_____，通过灯泡的电流方向是_____，当开关S断开瞬间，通过线圈L的电流方向是_____，通过灯泡的电流方向是_____。

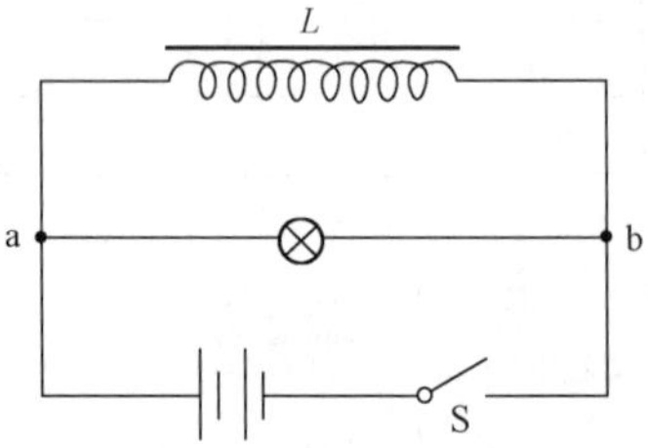

4．录音机录音时的工作原理是_____；放音时的工作原理是_____。动圈式话筒的工作原理是_____；电容式话筒的工作原理是_____。话筒将_____信号转化为_____信号的传感器。电动式扬声器的工作原理是_____。它是将_____信号转化为_____信号的传感器。

图 3.3.5

## 三、综合题

1．宇航员飞到一个不熟悉的星球上，想用一只灵敏电流表和一个线圈测量周围是否有磁场，应当怎样操作？

2．在研究电磁感应现象时，可以用如图3.3.6所示的实验装置来模仿法拉第的实验，请你根据实验情景，按要求回答下列问题：

（1）请用笔画线代替导线补全实验电路；

（2）将螺线管A插入B中，若在闭合开关键的瞬时，发现电流表指向左偏转，则当断开开关时电流表指针_____偏转（填"向左"、"向右"或"不"）；

（3）开关保持闭合，滑动变阻器滑片不动时，线圈B中_____感应电流（填"有"或"没有"）；

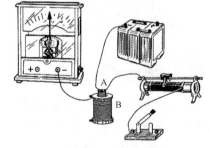

图 3.3.6

（4）实验结论是：_____。

# 学习领域四　单相正弦交流电路

## 项目一　交流电认识与测试

### 学习目标

- ✧ 了解正弦交流电的产生过程，掌握交流电波形图；
- ✧ 掌握频率、角频率、周期的概念及其关系；
- ✧ 掌握最大值、有效值的概念及其关系；
- ✧ 了解初相位与相位差的概念，会进行同频率正弦量相位的比较；
- ✧ 掌握示波器的使用。

### 工作任务

- ✧ 交流电的产生、交流电波形图；
- ✧ 交流电波形及基本量测试；
- ✧ 示波器的使用。

## 项 目 实 施

### 第1步　认识交流电

在现代工农业生产和日常生活中，广泛地使用着交流电，工业中的电力大部分也是交流的，即便需要直流电，也是以交流电的形式传输到用电现场，再转换成直流电。如工业中的大部分电动机都是由交流电来驱动的。在远距离输电时，采用较高的电压可以减少线路上的损失，但对于用户来说，采用较低的电压既安全又可降低电气设备的绝缘要求。这种电压的升高和降低，在交流供电系统中可以很方便而又经济地由变压器来实现。

图 4.1.1 是交流电在实际生活中应用的一些用电设备。

交流电适配器

汽车用 220V 交流电适配器

交流电动机

图 4.1.1　交流电在实际生活中应用

## 1. 交流电的基本概念

交流电也称"交变电流",简称"交流"用 AC 表示。一般指大小和方向随时间做周期性变化的电压或电流。它的最基本的形式是正弦电流。我国交流电供电的标准频率规定为 50Hz,日本等国家为 60Hz。其表达式为

$$i=I_m\sin(\omega t+\varphi_0) \qquad (4.1)$$

现在使用的交流电,一般是电流方向和强度每秒改变 50 次。我们常见的电灯、电动机等使用的电都是交流电。在实用中,交流电用符号"～"表示。

## 2. 交流电与直流电的区别

(1) 交流电是大小和方向都随时间变化的一种电,交流电是用交流发电机发出的。

(2) 直流电的方向则不随时间而变。

(3) 交流电与直流电最直观的区别是方向变不变;直流电的电流方向是不随时间变化的,但大小可能变化,在图 4.1.2 中,图(a)(b)为直流电,而图(c)(d)为交流电。

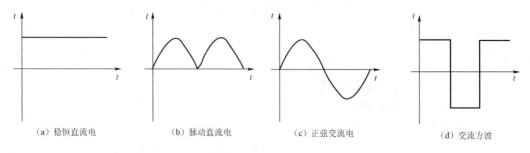

图 4.1.2　直流电与交流电的波行对比

1. 实际生活生产中的交流电有哪些基本来源,为什么实际生活、生产中大多用交流电源?
2. 试举例说明交流电在实际生活、生产中的应用。

**交流电的火线和零线**

零线始终和大地是等电位的,因此交流电的火线的一个完整周期就是:如果在零秒时与零线电位相同,火线上对地电压为零;过 0.005 秒后,火线上对地电压达到最大,为高于大地 318V;再过 0.005 秒,火线上对地电压又降为零;再过 0.005 秒,火线上对地电压又降为最低点,低于大地 318V;再过 0.005 秒,又重新上升到与零线电位相同,火线上对地电压为零。

可以看出,交流电虽然周期地改变电流方向,但零线对地电压始终是相同的,为零。接用电器后零线有电流,电流变化规律与电压相同。

## 第 2 步　认识交流电基本物理量

描述交流电的基本物理量方法有公式法和图像法,下面将介绍这两种方法如何正确使用。

从图4.1.3中同学们可以看出与描述电压有关的哪些基本物理量？

图4.1.3

### 想一想

两个电炉烧水，设壶材料相同、水质量相等、水的初温相同。若3A的直流电源用10分钟把水烧开，而第二次用3A的交流电时也用10分钟把水烧开。该现象与描述电压有关的哪些基本物理量有关？

### 知识链接

**1. 交流电的频率、角频率和周期**

频率是表示交流电随时间变化快慢的物理量。即交流电每秒钟变化的次数叫频率，用符号 $f$ 表示。它的单位为周/秒，也称赫兹，常用"Hz"表示，简称周或赫。例如市电是50周的交流电，其频率即为 $f=50$ 周/秒。对较高的频率还可用千周（kC）和兆周（MC）作为频率的单位，如图4.1.4是正弦交流电波形。

图4.1.4 交流电正弦波

1千周（kC）=$10^3$周/秒，1兆周（MC）=$10^3$千周（kC）=$10^6$周/秒。

交流电正弦电流的表示式为

$$i=A\sin(\omega t+\varphi) \tag{4.2}$$

式中的 $\omega$ 称为角频率，它也是反映交流电随时间变化快慢的物理量。角频率与频率的关系为

$$\omega=2\pi f \tag{4.3}$$

交流电随时间变化的快慢还可以用周期这个物理量来描述。交流电变化一次所需要的时间

叫周期，用符号 $T$ 表示。周期的单位是秒。显然，周期与频率互为倒数，即 $T=1/f$。由此可见，交流电随时间变化越快，其频率 $f$ 越高，周期 $T$ 越短；反之，频率 $f$ 越低，周期 $T$ 越长。

### 2. 瞬时值、峰值、有效值、平均值

（1）瞬时值

正弦交流电随时间按正弦规律变化某时刻的数值不一定和其他时刻的数值相同。我们把任意时刻正弦交流电的数值称为瞬时值。

（2）峰值

简谐函数（又称简谐量）是时间的周期函数。其简谐电流

$$i=I_m\sin(\omega t+\varphi) \tag{4.4}$$

式中的 $I_m$ 叫做电流的峰值；$i$ 为瞬时值。应该指出，峰值和位相是按上式中 $I_m$ 为正值的要求定义的。

（3）有效值

在交流电变化的一个周期内，交流电流在电阻 $R$ 上产生的热量相当于多大数值的直流电流在该电阻上所产生的热量，此直流电流的数值就是该交流电流的有效值。有时也把有效值称为"平均根值"。对正弦交流电，有

$$i=I_m\sin\omega t \tag{4.5}$$

故正弦交流电的有效值等于峰值的 0.707 倍。通常，交流电表都是按有效值来刻度的。一般不做特别说明时，交流电的大小均是指有效值。如市电 220V，就是指其有效值为 220V。

（4）平均值

对正弦交流电流，即 $i=I_m\sin\omega t$，正弦交流电的平均值等于其峰值的 0.637 倍。

在一个周期内，流经导体横截面的总电量等于零，所以在一个周期内正弦交流电的电流平均值等于零。

### 3. 相位、初相位、相位差

（1）相位和初相位

在交流电中

$$i=I_m\sin（\omega t+\varphi） \tag{4.6}$$

式中的（$\omega t+\varphi$）叫做相位（相位角）。它表征函数在变化过程中某一时刻达到的状态。例如，在初始阶段，当 $\omega t+\varphi=0$ 时达到取零值的阶段。$\varphi$ 是 $t=0$ 时的位相，叫初相。

（2）相位差

相位差指的是两个同频率正弦量之间的相位之差，由于同频率正弦量之间的相位之差实际上就等于它们的初相之差。因此，相位差就是两个同频率正弦量的初相之差。不同频率的正弦量之间是没有相位差的概念而言的。

同相，即两个同频率的正弦量初相相同；反相，表示两个同频率正弦量相位相差 180°。注意，180° 在解析式中相当于等号后面的负号；正交，表示两个同频率正弦量之间的相位差是 90°。

例：求 $u=10\sin(314t+45°)\text{V}$ 和 $i=20\sin(314t-20°)\text{A}$ 的相位差。

解：$\varphi=\varphi_u-\varphi_i=45°-(-20°)=65°$，即 $u$ 超前 $i$ 相位 65°。

1. 我国第一颗人造地球卫星发出的信号频率是 20.009 兆周，那么它发出的是每秒钟变化多少次的交变信号。
2. 两个正弦交流电压 $u_1=U_{1m}\sin(\omega t+60°)$V，$u_2=U_{2m}\sin(2\omega t+45°)$V。比较哪个超前，哪个滞后？
3. 如果直接用磁电式电表来测量交流电流，电表指针有何变化，为什么？

### 相位表简介

我们经常使用的相位表有指针式和数字式，如图 4.1.5 所示。下面简单介绍相位表的使用。相位表的面板说明如图 4.1.6 所示。

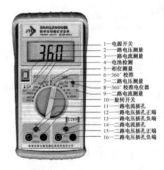

图 4.1.5　常用的相位表　　　　　　　　　图 4.1.6

#### 1. 相位表的相位测量

（1）相位表的相位满度校准

在使用相位表测量相位前，先进行相位的满度校准。具体方法如下：按下"电源"键，将旋转开关旋至"360 校"挡，调节相位校准电位器 W，使显示屏显示 360。

（2）用相位表测量两路电压之间的相位

旋转开关旋至"$\varphi$"挡，将两路电压分别从 $U_1$ 和 $U_2$ 端输入，注意电压的假设正方向由左端到右端。示值即为 $U_1$ 超前 $U_2$ 的相位角。

（3）用相位表测量两路电流之间的相位

将旋转开关旋至"$\varphi$"挡，将两路电流信号通过卡钳的钳口，从 $I_1$ 和 $I_2$ 插孔输入，此时注意假设电流正方向时从卡钳"*"（红点）端流入，示值为 $I_1$ 超前 $I_2$ 的相位角。

（4）用相位表测量电压与电流之间的相位

用相位表测量电压与电流之间的相位时，将电压从 $U_1$ 端输入，电流从 $I_2$ 插孔输入或将电压从 $U_2$ 端输入，而电流从 $I_1$ 插孔输入，注意电压假设正方向由左端到右端；电流假设正方向从卡钳"*"（红点）端流入，将旋转开关拨至"$\varphi$"挡，示值为Ⅰ路超前Ⅱ路的相位角。

#### 2. 相位表测量电压

将旋转开关旋至 $U_1$（或 $U_2$）500V、（或 200V）量程挡，电压信号从电压端 $U_1$（或 $U_2$）

输入,示值为所测电压值。注意:如果不知测量电压范围,应将旋转开关先拨至 500V 挡。

### 3．相位表测量电流

将旋转开关旋至 $I_1$(或 $I_2$)10A(或 2A、200mA)挡,电流信号通过卡钳互感器从电流插孔 $I_1$(或 $I_2$)输入,被测电流线置于卡钳窗口中心位置,示值即为所测电流值。

### 4．自身电池工作电压的测量

(1)将旋转开关分别拨至 BAT1、BAT2 挡,示值即为对应电池工作时电压值,注意:显示值为工作电压,不是开路电压。如果显示结果低于 8.3V,则应更换电池。

(2)机内具有电池电压自动检测功能,当显示器左下角出现电池符号"+ −"时,提示应更换电池。

### 5．电池更换

更换电池时应在 OPEN 处下压前推,以打开电池盖,更换电池。

## 一、填空题

1．交流电流是指电流的大小和____都随时间做周期变化,且在一个周期内其平均值为零的电流。

2．正弦交流电路是指电路中的电压、电流均随时间按____规律变化的电路。

3．正弦交流电的瞬时表达式为_____。

4．角频率是指交流电在_____时间内变化的电角度。

5．正弦交流电的三个基本要素是_____、_____和_____。

6．我国工业及生活中使用的交流电频率_____,周期为_____。

7．如图 4.1.7 所示的正弦交流电流,其流瞬时值的表达式为_____。

8．如图 4.1.8 所示的交流电,电流的瞬时值的表达式为_____,已知时间 $t=0.0025$ 秒时交流电电流的值为 14.14A。

9．$i=5\sin314t$(A)的最大值为_____,有效值为_____,周期为_____。

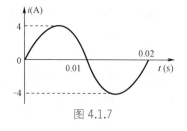

图 4.1.7

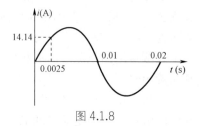

图 4.1.8

## 二、选择题

1．关于交变电流的几种说法正确的是( )。

    A．使用交变电流的电气设备上所标的电压电流值是指峰值

    B．交流电流表和交流电压表测得的值是电路中的瞬时值

    C．跟交变电流有相同热效应的直流电的值是交流的有效

D．通常照明电路的电压是 220V，指的是峰值

2．如图 4.1.9 所示，是一个交变电流的电流强度 $i$ 随时间 $t$ 变化的规律。此交变电流的有效值是（　　）。

A．$5\sqrt{2}$ A　　　　　　　　B．5A

C．$3.5\sqrt{2}$ A　　　　　　　D．3.5A

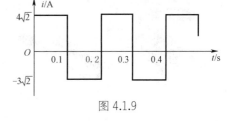

图 4.1.9

3．一正弦式电流的有效值为 3A 频率为 50Hz 则此交流电路的瞬时值表达式可能是（　　）。

A．$i=3\sin 314t$（A）　　　　B．$i=3\sqrt{2}\sin 314t$（A）

C．$i=3\sin 50t$（A）　　　　　D．$i=3\sqrt{2}\sin 50t$（A）

三、综合题

一交流电压 $U=537.4\sin 100t$（V），求它的最大值，有效值、周期并以 $t$ 为横坐标轴画出它的图像。

# 项目二　纯电阻、纯电感、纯电容电路

## 学习目标

- 了解纯电路的基本判断方法；
- 掌握纯电路的电压与电流的关系；
- 了解其感抗、有功功率和无功功率，掌握其计算方法。

## 工作任务

- 纯电路的基本判断方法；
- 纯电路的电压与电流的关系；
- 纯电路的感抗、有功功率和无功功率的计算方法。

# 项 目 实 施

### 第1步　纯电阻正弦交流电路

在直流电路中，电压 $U$、电流 $I$ 和电阻 $R$ 的关系遵从欧姆定律，在交流电路中，如果电路中只有电阻，如白炽灯、电炉等，实验和理论分析都表明，欧姆定律仍适用。但是如果电路中包括电感、电容，情况就要复杂了。

观察以下图 4.2.1 所示用电器，想一想哪些是纯电阻电路，哪些是非纯电阻电路。

图 4.2.1

除了以上的实例外，你还能举出哪些例子来吗？

## 知识链接

纯电阻电路：只由电阻和交流电源构成的电路叫纯电阻电路，如图 4.2.2 所示。

### 1. 电压 $u$ 和电流 $i$ 之间关系

实验证明：任意时刻流过电阻 $R$ 的电流 $i$ 与它两端的电压 $u$ 符合欧姆定律，即

$$u = iR \tag{4.7}$$

设加在电阻 $R$ 两端的电压为

$$u = U_m \sin\omega t \tag{4.8}$$

则

$$i = U_m/R \cdot \sin\omega t = I_m \sin\omega t \tag{4.9}$$

可见，电压、电流最大值满足欧姆定律，等式 $U_m = I_m R$ 两边同除以 $\sqrt{2}$，得 $U=IR$，即电压、电流有效值也满足欧姆定律。

用示波器观察发现（如图 4.2.3 所示），电压 $i$ 和电流 $u$ 同时达到最大值和最小值，即电压和电流同相位，如图 4.2.4 所示。电压和电流同相位也可以用图像法和相量法描述。

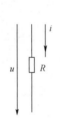 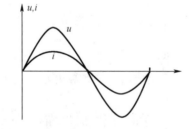 

图 4.2.2　纯电阻电路　　图 4.2.3　$U,I$ 波形图　　图 4.2.4　$U,I$ 相量图

### 2. 纯电阻电路的功率

（1）瞬时功率

$$p = ui = U_m \sin\omega t \cdot I_m \sin\omega t = UI - UI\cos 2\omega t \tag{4.10}$$

瞬时功率波形如图 4.2.5 所示。

由式（4-10）可以看出，电阻所吸收的功率在任一瞬时总是大于零的，说明电阻是耗能元件。

（2）有功功率

瞬时功率无实用意义，通常所说的功率是指一个周期内电路所

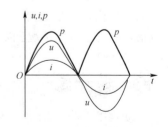

图 4.2.5　瞬时功率

消耗（吸取）功率的平均值，称为平均功率或有功功率，简称功率，用 $P$ 表示。

$$P=UI=I^2R=U^2/R \tag{4.11}$$

综上所述，电阻电路中的电压与电流的关系可用相量形式的欧姆定律（$\dot{U}=\dot{I}R$）来表示，电阻消耗的功率与直流电路有相似的公式，即

$$P=UI=I^2R=\frac{U^2}{R} \tag{4.12}$$

**例**：把一个 100Ω 的电阻元件接到频率为 50Hz，电压有效值为 10V 的正弦电源上，问电流是多少？如保持电压值不变，而电源频率改变为 5000 Hz，这时电流将为多少？

**解**：因为电阻与频率无关，所以电压有效值保持不变时，频率虽然改变，但电流的有效值不变。
即
$$I=U/R=(10/100)\text{A}=0.1=100\text{mA}$$

## 第2步　纯电感正弦交流电路

在交流电路中，如果只有电感线圈作负载，而且线圈的电阻和分布电容均可忽略不计，这样的电路就叫纯电感电路。

### 知识链接

纯电感电路：由电感线圈和交流电源构成的电路，线圈的电阻忽略不计，叫纯电感电路。如图 4.2.6 所示。

**1. 电压电流之间关系**

设加在电感两端的电压为 $u$ 时，流过的电流 $i$ 为 $\sqrt{2}I_m\sin\omega t$，经数学推导，得

$$u=I_m\omega L\sin(\omega t+90°)=U_m\sin(\omega t+90°) \tag{4.13}$$

可见，则 $U_m=\omega L \cdot I_m$，这一公式也叫欧姆定律，$\omega L$ 叫感抗，用符号 $X_L$ 表示，即

$$X_L=\omega L=2\pi fL \tag{4.14}$$

它表示线圈自感电动势对交变电流的阻碍作用，由公式可知，感抗 $X_L$ 与 $\omega$ 和 $L$ 成正比，因此，电感具有通直流阻交流通低频阻高频的特性，比较 $u$ 和 $i$，可见，电流和电压瞬时值不符合欧姆定律，电压超前电流 90°，这一现象也可从示波器上观察到，如图 4.2.7 所示。

电压和电流的相位关系也可用波形图和相量图表示，如图 4.2.8 所示。

图 4.2.6　电路图

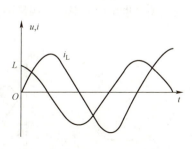

图 4.2.7　波形图

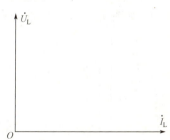

图 4.2.8　相量图

## 2. 电路的功率

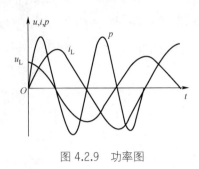

图 4.2.9 功率图

瞬时功率为

$$p = ui = U_m I_m \sin\omega t \cdot \sin(\omega t + 90°)$$
$$= U_m I_m \sin\omega t \cdot \cos\omega t = \frac{U_m I_m}{2}\sin 2\omega t = UI\sin 2\omega t \quad (4.15)$$

平均功率为零,但存在着电源与电感元件之间的能量交换,所以瞬时功率不为零如图 4.2.9 所示。为了衡量这种能量交换的规模,取瞬时功率的最大值,即电压和电流有效值的乘积,称为无功功率,用大写字母 $Q$ 表示,即

$$Q = UI = I^2 X_L = U^2/X_L \quad (4.16)$$

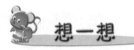

日光灯镇流器是绕在铁芯上的线圈,自感系数很大。日光灯启动后灯管两端所需的电压低于 220V,灯管和镇流器串联起来接到电源上,用镇流器对交流的阻碍作用,就能保护灯管不致因电压过高而损坏。

### 第 3 步 纯电容正弦交流电路

在交流电路中,如果只有电容做负载,而且电容的电阻和分布电感均可忽略不计,这样的电路就叫纯电容电路。

**知识链接**

纯电容电路:由电容器和交流电源构成的电路,忽略介质损耗时,叫纯电容电路。如图 4.2.10 所示。

#### 1. 电压电流之间关系

设加在电容器 $C$ 两端的电压为 $u = U_m\sin\omega t$ 时,流过的电流为 $i$,经数学推导计算,得 $i = \omega C U_m \sin(\omega t + 90°) = I_m \sin(\omega t + 90°)$,可见 $I_m = \omega C U_m$,$U_m = I_m \cdot 1/\omega C$,这一公式也叫欧姆定律,$1/\omega C$ 叫容抗 $X_C$,它表示电容器 $C$ 对交变电流的阻碍作用,由公式 $X_C = 1/\omega C$ 可知,容抗 $X_C$ 与电容量 $C$ 和角频率成反比,因此,电容器具有"通交流阻直流,通高频阻低频"的特性,比较 $i$ 和 $u$,可见,电流和电压瞬时值不符合欧姆定律,电流 $i$ 超前电压 $u$ 了 $90°$,这一现象也可从示波器上观察到,如图 4.2.11 所示。电压和电流的相位关系也可用波形图和相量图描述,如图 4.2.12 所示。

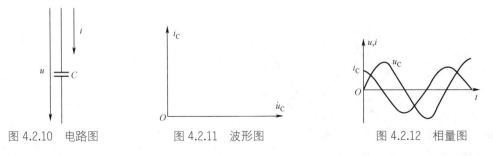

图 4.2.10 电路图　　图 4.2.11 波形图　　图 4.2.12 相量图

## 2. 电路的功率

瞬时功率

$$p = ui = U_m I_m \sin\omega t \cdot \sin(\omega t + 90°)$$
$$= U_m I_m \sin\omega t \cdot \cos\omega t = \frac{U_m I_m}{2}\sin2\omega t = UI\sin2\omega t \quad (4.17)$$

平均功率 $P=0$，在电容元件电路中，在相位上电流比电压超前 90°；电压的幅值（或有效值）与电流的幅值（或有效值）的比值为容抗 $X_C$；电容元件是储能元件，瞬时功率的最大值（即电压和电流有效值的乘积），称为无功功率，如图 4.2.13 所示。为了与电感元件的区别，电容的无功功率取负值，用大写字母 $Q$ 表示，即

$$Q = -UI = -I^2 X_C = -U^2/X_C \quad (4.18)$$

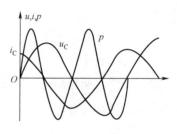

图 4.2.13 功率图

使用 220V 交流电源的电气设备和电子仪器，金属外壳和电源之间都有良好的绝缘，但是有时候用手触摸仪器的外壳仍会感到"麻手"，用试电笔测试时，氖管发光，这是为什么？

### 一、填空题

1．在纯电阻交流电路中，电流与电压的相位关系是＿＿＿＿＿，在纯电感的交流电路中，电压比电流＿＿＿＿ 90°。

2．额定值为 220V、40W 的灯泡，接在 110V 的电源上，其输出功率为＿＿＿W。

3．在纯电阻交流电路中，电压与电流的相位关系是＿＿＿。

4．把 110V 的交流电压加在 55Ω 的电阻上，则电阻上 $U=$＿＿V，电流 $I=$＿＿A。

5．在纯电感交流电路中，电压与电流的相位关系是电压＿＿电流 90°，感抗 $X_L=$＿＿，单位是＿＿。

### 二、选择题

1．如图 4.2.14 所示，正弦电流通过电容元件时，下列关系式中正确的是（　　）。

A．$u = \dfrac{1}{\omega C} i$　　　B．$I = \dfrac{U}{C}$　　　C．$\dot{I} = j\omega C \dot{U}$

图 4.2.14

2．在正弦交流电路中，感性器件的阻抗可表示为（　　）。

A．$|Z| = \sqrt{R^2 + X_L^2}$　　　B．$|Z| = R + X_L$　　　C．$|Z| = \sqrt{R^2 - X_L^2}$

3．如图 4.2.15 所示，表示纯电阻上电压与电流相量的是图（　　）。

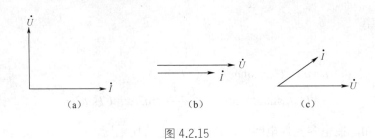

图 4.2.15

4. 在纯电感电路中，电流应为（　）。
   A. $i = U/X_L$　　　　B. $I = U/L$　　　　C. $I = U/(\omega L)$

5. 在纯电感电路中，电压应为（　）。
   A. $\dot{U} = LX_L$　　　　B. $\dot{U} = jX_L \dot{I}$　　　　C. $\dot{U} = -j\omega L\dot{I}$

### 三、综合题

加在一个感抗是 20Ω 的纯电感两端的电压是 $u = 10\sin(\omega t + 30°)\text{V}$，则通过它的电流瞬时值为多少？

## 项目三　认识电感、电阻串联正弦交流电路

### 学习目标

- ◇ 了解 RL 串联交流电路的分析方法，功率的计算；
- ◇ 了解电压三角形、阻抗三角形的应用；
- ◇ 掌握 RL 串联交流电路在实际中的应用；
- ◇ 了解功率因数在实际应用的意义，学会使用功率因数表。

### 工作任务

- ◇ RL 串联交流电路的分析方法，功率的计算；
- ◇ 电压三角形、阻抗三角形的应用；
- ◇ RL 串联交流电路在实际中的应用；
- ◇ 功率因数在实际应用的意义，功率因数表的使用。

## 项 目 实 施

### 第 1 步　分析电感、电阻串联电路

**知识链接**

镇流器是荧光灯电路的重要元件。它是一个有铁芯的线圈，可以看成一个电阻与电感的串联电路。镇流器在荧光灯工作时有什么作用，电阻与电感串联电路有什么特点？

### 1. 电压与电流关系

一个实际线圈在它的电阻不能忽略不计时,可以等效成电阻与电感的串联电路,如图 4.3.1 所示。RL 串联电路中,电阻上的电压 $U_R$ 与总电流 $I$ 同相位,电感上的电压 $U_L$ 超前总电流 $I$ 有 90°,总电压 $U$ 超前总电流 $I$,如图 4.3.2 所示。

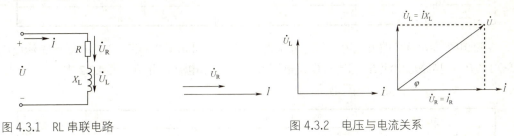

图 4.3.1 RL 串联电路　　　图 4.3.2 电压与电流关系

### 2. RL 串联电路

RL 串联电路中,各电压、阻抗、功率关系可以根据"电压三角形、阻抗三角形、功率三角形"推出,如图 4.3.3 所示。

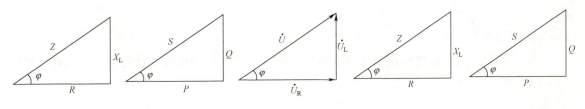

图 4.3.3 参数三角形

图 4.3.4 所示的功率三角形表明了正弦交流电路中有功功率 $P$、无功功率 $Q$ 和视在功率 $S$ 之间的数量关系,也满足勾股定理。

在交流电路中,只有 $R$ 是耗能元件,故电路的有功功率为 $P=IUR=I^2R$。

由电压三角形可知,$UR=U\cos\varphi$。所以有功功率为 $P=UI\cos\varphi$。式中的 $\cos\varphi$ 就是电路中的功率因数,它是表征交流电路工作状况的重要技术数据之一。电感 $L$ 只与电源交换能量,其无功功率为 $Q=UI\sin\varphi$。

视在功率,用字母"$S$"表示,视在功率的单位为伏安(V·A)或千伏安(kV·A),定义式为 $S=UI$。

## 第2步　电感、电阻串联电路的测定

在工农业生产和现实生活中,一般感性负载很多,如电动机、变压器等,其功率因数较低。

RL 电路最具代表性的设备是日光灯电路,为了研究方便,我们选取日光灯作为典型来叙述日光灯电路。

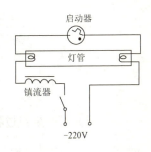

图 4.3.4 日光灯电路

1. 按照图 4.3.4 所示将各点连线连接好,打开电源开关点亮日光灯。

2. 测量日光电路中电流 $I_{RL}$，总电压 $U$，镇流器电压 $U_{RL}$，灯管两端电压 $U_R$，电路总功率 $P$ 总和日光管功率 $P_R$ 填入表 4.3.1 中。

表 4.3.1

| $P_总$（W） | $P_R$（W） | $I_{RL}$（A） | $U_{RL}$（V） | $U_R$（V） | $U$（V） | |
|---|---|---|---|---|---|---|
| | | | | | | |

3. 接上电容器，逐步改变电容量使之分别为 0.47μF、1.4μF、3.4μF、7.4μF 记录电源电压 $U$，电路总功率 $P_总$，电路总电流 $I$，日光灯电路电流 $I_{RL}$，电容器电流 $I_C$ 并填入表 4.3.2 中。

表 4.3.2

| | 测量值 | | | | | 计算值 |
|---|---|---|---|---|---|---|
| $C$（μF） | $P_总$（W） | $I$（A） | $I_{RL}$（A） | $I_C$（A） | $U$（V） | |
| 0.47 | | | | | | |
| 1.4 | | | | | | |
| 3.4 | | | | | | |
| 7.4 | | | | | | |

从实验结果看出，总电压或电流（有效值）不等于分电压或电流（有效值）的代数和试用所学的原理解释。

## 日 光 灯

### 1. 日光灯的结构

日光灯电路由灯管、镇流器和启动器三部分组成。如图 4.3.5 所示，灯管是一根内壁均匀涂有荧光物质的细长玻璃管，在管的两端装有灯丝电极，灯丝上涂有受热后易于发射电子的氧化物，管内充有稀薄的惰性气体和水银蒸气。镇流器是一个带有铁芯的电感线圈。启动器由一个辉光管和一个小容量的电容器组成，它们装在一个圆柱形的外壳内，如图4.3.6所示。

图 4.3.5 日光灯管

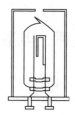

图 4.3.6 启辉器

### 2. 日光灯的启点过程

当接通电源时，由于日光灯没有点亮，电源电压全部加在启动器辉光管的两个电极之间，使辉光管放电，放电产生的热量使得"U"形电极受热趋于伸直，两电极接触，这时日光的灯丝通过电极与限流器及电源构成一个回路，如图 4.4.5 所示。灯丝因有电流（称为启动电流或预热电流）通过而发热，从而使氧化物发射电子。同时，辉光管两个电极接通时，电极间电压为零，辉光放电停止，使"U"形双金片因温度下降而复原，两电极脱开，回路中的电流突然被切断，于是在镇流器两端产生一个比电源电压高得多的感应电压。这个感应电压连同电源电压在一起加在灯管的两端，使灯管内的惰性气体电离而产生弧光放电。随着管内温度的逐渐升高，水银蒸气游离，并猛烈地碰撞惰性气体分子而放电。水银蒸气弧光放电时，辐射出不可见的紫外线，紫外线激发灯管内壁的荧光粉后发出可见光。

正常工作时，灯管两端的电压较低（40W 灯管的两端电压约为 110V，15W 的灯管约为 50V），此电压不足以使启辉器再次产生辉光放电。因此，启辉器仅在启动过程中起作用，一旦启动完成，它便处于断开状态。

灯管正常工作时的电流路径如图 4.3.4 所示。由于镇流器与灯管串联，并且感抗值很大，因此可以限制和稳定电路的工作电流。

## 一、填空题

1. 在 RL 串联的交流电路中，若 $R=8\Omega$，$X_L=6\Omega$，则电路的功率因数 $\cos\varphi=$（　　）。
   A. 0.6　　　　　B. 0.75　　　　　C. 0.8　　　　　D. 无法确定
2. 日光灯启辉器的作用是（　　）。
   A. 消除镇流器的振动　　　　　B. 提高日光灯的功率因数
   C. 保护灯管　　　　　　　　　D. 自动切断触点和启动日光灯

## 二、综合题

1. 画出如图 4.3.7 所示日光灯电路的工作原理图（用线将各元件连接起来），并简述镇流器在日光灯电路工作时所起的作用。

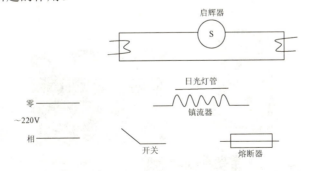

图 4.3.7　日光灯电路工作原理图

2. 线圈电阻为 $30\Omega$，电感为 200mH，接于电压 $U=200V$，$\omega=200\,\text{rad/s}$ 的正弦交流电源上。求：
   （1）线圈的感抗和阻抗；
   （2）通过线圈的电流有效值；

（3）有功功率 $P$、无功功率 $Q$、视在功率 $S$ 和功率因数 $\cos\varphi$。

## 项目四　单相照明电路的安装

### 学习目标

- 了解常见照明灯具，了解节能新型电光源及其应用，会根据照明需要，合理选用灯具；
- 了解照明电路配电板的组成；
- 能安装照明电路配电板，会单相电能表接线；
- 会按照图纸要求安装荧光灯电路，并能排除荧光灯电路的简单故障。

### 工作任务

- 节能新型电光源的应用，合理选用灯具；
- 照明电路配电板的组成；
- 安装照明电路配电板，单相电能表接线；
- 安装荧光灯电路且排除荧光灯电路的简单故障。

## 项 目 实 施

### 第 1 步　选用照明灯具

图 4.4.1 所示是我们生活中常用的发光灯具，这些照明灯具都应用在不同的地方，它们有各自特点。现在市场上有很多不同类型的照明灯，我们该如何去选择？

图 4.4.1　常用的发光灯具

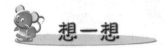

你能说明图 4.4.1 中的灯具用在哪里吗？它们发光的原理相同吗？

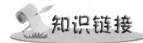

1. 照明电光源的基本要求

照明电光源的基本要求有：光效高，寿命长，光色好。

2. 照明设备的主要指标

（1）光通量：表示灯泡发光的多少，流明是光通量的单位。
（2）照度（勒克斯 Lux）：表示工作面上被照明的程度，勒克斯是照度的单位。
（3）单位面积内的光通量。

3. 照明灯的分类

照明电光源一般分为白炽灯、气体放电灯和其他电光源三大类。
（1）白炽灯：普通照明白炽灯，即一般常用的白炽灯泡。
（2）卤灯：填充气体内含有部分卤族元素或化物的充气白炽灯。具有普通照明白炽灯的全部特点，光效和寿命比普通照明白炽灯提高一倍以上，且体积小。

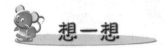

根据图回答以下问题：
1．检查照明电路时，用试电笔去接触灯头上的两个铜柱，氖泡都发光，把开关拉动一下后灯亮了，你想一想这是什么原因？
2．灯泡忽亮忽暗或有时熄灭，这是什么原因？

用户电器一般就是白炽灯、插座、开关和日光灯等，其他电器都是通过插座二次连接的。白炽灯和日光灯一般通过开关接在电源上，这些开关都是单刀单掷开关，且要求一定接在火线的一侧。白炽灯又有卡口式和螺口式之分（如图 4.4.2 所示），使用螺口式灯泡时要当心安全问题，灯泡的螺纹底座就是一个电极，安装时要将该电极与零线相接，如图 4.4.3 所示。

图 4.4.2　白炽灯

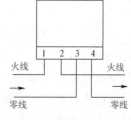

图 4.4.3

电度表是用于测量电能的仪表，其种类很多，本实验安装的是感应式电度表，如图 4.4.4 所示，其结构和原理将在以后学习，在此仅了解一下其使用方法。其接线如图 4.4.5 所示，下方的 4 个接线端子中，①和③接进线，②和④接出线，即"①、③进，②、④出"，且接①的线必须是电源的火线，这样出线中接②的线也是火线。

图 4.4.4　电度表图

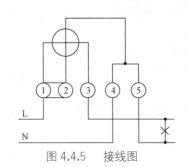

图 4.4.5　接线图

按图 4.4.6 安装配电板和简单照明电路。

（1）根据图 4.4.6 所示并结合实际器件和基板的大小，规划电路的布局。

（2）对照电路图安装电路，并简要记录安装步骤和安装情况。

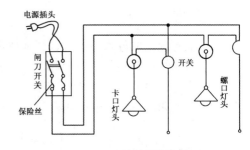

图 4.4.6　简单照明电路

单相交流电路应有两根电源线，它们是相线和中性线，也就是我们俗称的火线和零线。我们怎样区分火线与零线？

调查所住小区居民楼的照明系统的控制电路情况，结合实际分析，提交一份调查报告（要求：画出电路图；现有的电路有无可改善的地方，尝试给出合理化建议等）。

### 日光灯使用应注意事项及维修

1. 由于照明电路的工作电压是 220V，实际操作时，严格遵守以下规则：

（1）实验中严禁带电操作，连接线路时务必切断电源。

（2）安装完毕后先自查，然后必须经教师检查确认无误后，才能接入电源。

（3）导线连接后，不允许有裸露的带电金属。

（4）保险丝型号规格配备要合适，且应串接在照明电源火线的最前端。

（5）开关与用电器串联，且应控制火线的接通或断开。

（6）用电器（包括电路中的插座）要跨接在火、零两线间。

（7）火线、零线要分清，保持走线整齐。

2．常见现象分析：

（1）日光灯不亮。

① 断电检查：按顺序检查各导线接点是否正确与牢固，保险丝是否完好。

② 万用表检查整流器是否坏（在教师指导下进行）。

（2）白炽灯灯不亮。

① 断电检查：按顺序检查各导线接点是否正确与牢固，保险丝是否完好。

② 单联双控开关接线是否接错。

③ 灯泡是否烧坏。

## 习 题

### 一、填空题

1．家用电器是通过插头插入插座而接入电路的，插座的两孔，一孔接____线，一孔接____线，两线间电压为____V。有的插座有三个孔如图 4.4.7（a）所示，多加的那个孔与____连接，目的是将家用电器的____与大地接通。图（b）是_____的警示标志。

2．图 4.4.8 所示是家庭中常用的两地控制电路，图中状态下白炽灯____（能/不能）发光；若将 $S_1$ 合向"2"，则白炽灯_____（能/不能）发光；若再将 $S_2$ 合向"3"，则白炽灯____（能/不能）发光。由此可见，不论 $S_1$ 还是 $S_2$，其中任一个拨动一下，都_____（可以/不可以）实现对白炽灯的通、断控制。

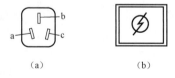

图 4.4.7 三孔插座示意图及警示标志

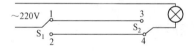

图 4.4.8 常用的两地控制电路

3．家庭照明电路有两根供电线，一根叫_____，一根叫_____，这两条电线间的电压是_____。

4．测电笔是用来辨别_____的工具。测电笔的正确使用方法是：用手接触笔尾的_____，笔尖接触电线或与电线连通的导体。如果接触的是火线，则氖管_____，若接触的是零线，则氖管_____。

5．家庭电路中电流过大的原因主要是：_____。

6．安全电压是_____。安全用电的原则是_____和_____。

7．安装照明电路时，电灯的开关必须接在_____线上，螺丝口灯座的螺旋套只准接在_____线上。

8．家庭电路中电能表的作用是_____。

9. 家用保险丝能起到保险作用是因为_____。
10. 家庭电路中千万不要用铁丝、铜丝代替保险丝，因为_____。

二、问答题

1. 电光源的种类及主要性能有哪些？
2. 常用灯具的形式有哪些？

## 项目五　RLC 串联谐振电路制作

### 学习目标

- ◇ 了解 RLC 串联电路的特性与谐振的概念；
- ◇ 掌握 RLC 串联电路在实际中的应用；
- ◇ 掌握 RLC 谐振电路的制作。

### 工作任务

- ◇ RLC 串联电路的特性与谐振的概念的理解；
- ◇ RLC 串联电路在实际中的应用；
- ◇ RLC 谐振电路的制作。

### 第 1 步　RLC 串联的交流电路特性

**知识链接**

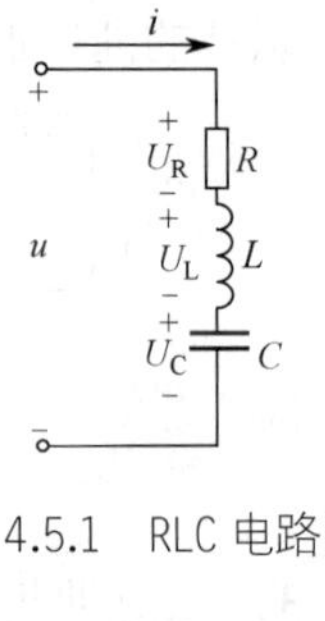

**1. 电路形式**

RLC 电路如图 4.5.1 所示。

**2. 在频率一定时，可得到三种情况**

图 4.5.1　RLC 电路图

（1）如果 $X_L>X_C$，即 $\varphi>0$，则在相位上，电流 $i$ 比电压 $u$ 滞后 $\varphi$ 角，这种电路是感性的。

（2）如果 $X_L<X_C$，即 $\varphi<0$，则在相位上，电流 $i$ 比电压 $u$ 超前 $\varphi$ 角，这种电路是容的。

（3）如果 $X_L=X_C$，即 $\varphi=0$，则电流 $i$ 与电压 $u$ 同相，这种电路是电阻性的。

**3. 电路的功率**

（1）瞬时功率为 $P=ui=U_mI_m\sin\omega t\sin(\omega t+\varphi)=UI\cos\varphi-UI\cos(2\omega t+\varphi)$；　　　（4.19）

（2）平均功率为 $P=UI\cos\varphi$；　　　（4.20）

（3）无功功率为 $Q=UI\sin\varphi$；　　　（4.21）

（4）视在功率为 $S=UI=|Z|I^2=\sqrt{P^2+Q^2}$。　　　（4.22）

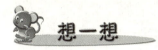

已知有一 RLC 串联电路,其中 $R=30\Omega$,$L=382\text{mH}$,$C=39.8\mu\text{F}$,外加电压 $u = 220\sqrt{2}\sin(314t + 60°)\text{V}$,求:

(1) 复阻抗 $Z$,并确定电路的性质。

(2) $\dot{I}$、$\dot{U}_R$、$\dot{U}_L$、$\dot{U}_C$。

(3) 画出相量图。

## 第 2 步　串联谐振电路

### 1. 串联谐振的定义与条件

(1) 定义:在电阻、电感、电容串联的电路中,当电路端电压和电流相同时,电路呈电阻特性,电路的这种状态叫做串联谐振。

(2) 条件:RLC 串联电路谐振的条件为

$$X_L = X_C,\quad 即\ \omega_0 = \frac{1}{\sqrt{LC}} \tag{4.23}$$

### 2. 串联谐振的特点

串联谐振的交流电压 $U$ 与交流电流 $I$(均为有效值)的关系为

$$U = I\sqrt{k^2 + (X_L + X_C)^2} = I\sqrt{k^2 + X^2} = IZ$$

其中 $Z$ 称为交流电路的阻抗,电压与电流的位相差 $\varphi$ 为

$$\varphi = \arctan\frac{X_C - X_C}{k} = \arctan\frac{\omega L - \dfrac{1}{\omega C}}{R} \tag{4.24}$$

$Z$ 和 $\varphi$ 都是角频率 $\omega$ 的函数,当 $\omega L - \dfrac{1}{\omega C} = 0$ 时,$\varphi = 0$ 即电压和电流间的位相差为零,此时的圆频率称为谐振角频率 $\omega_0 = \dfrac{1}{\sqrt{LC}}$,如图 4.5.2 所示。

当电压 $U$ 保持不变时,电流 $I$ 随 $\omega$ 的变化情况,当 $\omega = \omega_0$ 时,$Z$ 有一个极小值,$I$ 有一个极大值,绘 $I$-$f$ 曲线图,就可得到有一尖锐峰的谐振曲线,如图 4.5.3 所示。

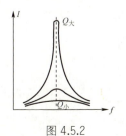

图 4.5.2

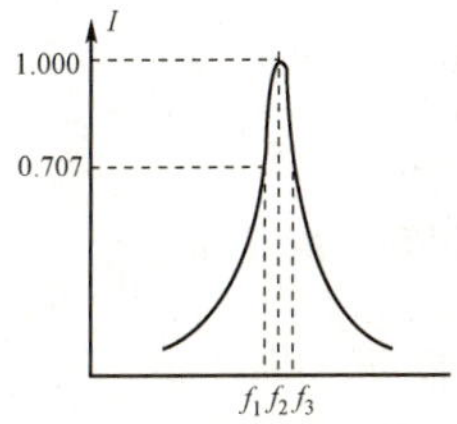

图 4.5.3

电路谐振时，比较输出电压 $U_R$ 与输入电压 $U$ 是否相等？$U_L$ 和 $U_C$ 是否相等？试分析原因。

### 一、选择题

1. 一 RLC 串联电路，谐振时电路阻抗（　　）。
   A．最大　　　　B．最小　　　　C．无限大　　　D．视电源电压大小而定
2. 一 RLC 串联电路，谐振时电路电流（　　）。
   A．最大　　　　B．最小　　　　C．无法判定　　　D．0
3. 一串联 RLC 谐振电路，当 R 值越大，其选择性（　　）。
   A．越佳　　　　B．越差　　　　C．不变　　　　D．无法判定
4. 有一 RLC 串联电路，$R=10\Omega$，$L=2H$，$C=50\mu F$，其谐振频率为（　　）。
   A．100kHz　　　B．50kHz　　　C．15.9kHz　　　D．12.4kHz
5. 一串联 RLC 电路，当输入频率 $f_i$ 小于谐振频率 $f_0$ 时，电路呈（　　）。
   A．电感性　　　B．电容性　　　C．电阻性　　　D．视电源大小而定

### 二、填充题

1. 一串联 RLC 电路，$R=2\Omega$、$L=2mH$、$C=0.2\mu F$，此电路之谐振频率 $f_0=$ ＿＿＿＿ Hz，品质因子 $Q_S=$ ＿＿＿＿。
2. 某串联谐振电路，其谐振频率 $f_0=1kHz$，$R=5\Omega$，$X_L=200\Omega$，则频宽为＿＿＿＿Hz。
3. 一交流电压 $v(t)=100\sqrt{2}\sin100t$ V 加在 $R=10\Omega$ 及 $L=10H$ 的串联电路，为改善功率因子使其值为 1，须再串联一电容器 $C$，其值应为 ＿＿＿＿。

### 三、计算题

如下图 4.5.4 所示电路，若电压频率为 100Hz，试求：（1）$L$、$C$；（2）电路电流 $I$；（3）电路平均功率 $P$；（4）功率因子；（5）电感电压 $V_L$、电阻电压 $V_R$；（6）品质因子 $Q_S$。

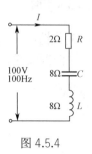

图 4.5.4

# 学习领域五　三相正弦交流电路

## 项目一　三相电路的认识

### 学习目标

- 了解三相交流电的产生、优点及应用；
- 了解三相正弦交流电三相间电压、电流关系；
- 理解相序的意义、相序的判断；
- 掌握实际生活中的三相四线供电制方法；
- 掌握三相电源绕组的连接方法。

### 工作任务

- 三相交流电的产生、优点及应用；
- 三相正弦交流电三相间电压、电流关系；
- 理解相序的意义与相序的判断；
- 实际生活中的三相四线供电制的应用；
- 三相电源绕组的连接方法。

## 项 目 实 施

### 第1步　认识三相交流电源

三相交流电源是由三个频率相同、振幅相等、相位依次互差120°的交流电势组成的电源。

三相交流电较单相交流电有很多优点，它在发电、输配电，以及电能转换为机械能方面都有明显的优越性。例如，制造三相发电机、变压器都比制造单相发电机、变压器省材料，而且构造简单、性能优良。又如，用同样材料所制造的三相发电机，其容量比单相发电机大 50%；在输送功率相同的情况下，三相输电线较单相输电线，可节省有色金属材料 25%，而且电能损耗也较单相输电时少。由于三相交流电具有上述优点，所以获得了广泛应用。

**三相交流电压的测量**

测量如图 5.1.1 所示插座各端口之间的电压：$U_{ab}$、$U_{ac}$、$U_{ad}$、$U_{bc}$、$U_{bd}$、$U_{cd}$，并将测量数据

填入表 5.1.1 中。

图 5.1.1

表 5.1.1

| $U_{ab}$ | $U_{ac}$ | $U_{ad}$ | $U_{bc}$ | $U_{bd}$ | $U_{cd}$ |
| --- | --- | --- | --- | --- | --- |
|  |  |  |  |  |  |

### 想一想

测量结果的分析

（1）在表 5.1.1 中，线电压有_____、_____、_____。
（2）在表 5.1.1 中，相电压有_____、_____、_____。
（3）线电压大致等于_____倍的相电压。

### 知识链接

**1. 三相电动势的产生**

三相电动势是由三相交流发电机产生的。图 5.1.2 为三相交流发电机的示意图，它主要由定子和转子构成。在定子中嵌入了三个绕组，每一个绕组为一相，合称三相绕组。三相绕组的始端分别用 $U_1$、$V_1$、$W_1$ 表示，末端用 $U_2$、$V_2$、$W_2$ 表示。转子是一对磁极的电磁铁，它以匀角速度沿逆时针方向旋转。若各绕组的几何形状、尺寸、匝数均相同，安装时三个绕组彼此相隔 120°，磁感应强度沿转子表面按正弦规律分布，则在三相绕组中可以分别感应出最大值相等、频率相同、相位互差 120° 的三个正弦电动势。这种三相电动势称为对称三相电动势，图 5.1.3 是其波形图。

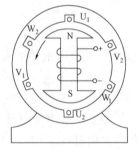

图 5.1.2 三相交流发电机示意图

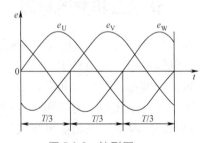

图 5.1.3 波形图

每相绕组始端与末端之间的电压（即相线与中性线之间的电压）叫相电压，通常用符号 $U_p$ 表示；任意两个始端之间的电压（即相线与相线之间的电压）叫线电压，通常用符号 $U_L$ 表示。采用星形连接的三相电源，其线电压是相电压的 $\sqrt{3}$ 倍。通常所说的 380V、220V，就是指三相电源连接成星形时的线电压和相电压的有效值。

## 2. 三相正弦交流电动势的表示方法

当转子按逆时针方向旋转时，各绕组产生的正弦电动势 $e_U$、$e_V$、$e_W$ 瞬时表达式分别为

$$E_U = E_m \sin\omega t \qquad (5.1)$$
$$E_V = E_m \sin(\omega t - 120°) \qquad (5.2)$$
$$E_W = E_m \sin(\omega t + 120°) \qquad (5.3)$$

## 3. 三相正弦电动势的相序

三相电动势随时间按正弦规律变化，它们到达最大值（或零值）的先后次序，叫做相序。三个电动势按顺时针方向的次序到达最大值（或零值），即按 U→V→W→U 的顺序，称为正序或顺序；若按逆时针方向的次序到达最大值（或零值），即按 U→W→V→U 的顺序，称为负序或逆序，调换三根相线中的任意两根，就可以改变它们的相序。

# 第2步　认识三相四线制供电

2007 年 7 月 11 日下午，平凉市崆峒区白水镇打虎村二社的农民正在打辗晾晒麦子，突然 148 户农户用电中断。与此同时，部分农户发现电视机等家用电器不同程度损坏。

两天后，崆峒区消协等部门收到村民投诉，在消协、工商所等部门的调查、协调下，村民最终得到了当地供电所的赔偿，由当地供电所承担 28 户村民家电损坏的修理费 1953 元，无法修理的折旧赔偿费 1640 元，共 3593 元。

经查实，这次电力突然中断是由于地埋线破损，导致零线接地，造成用电中断，烧损家用电器。

通过以上案例，相一想：
什么是三相四线制供电？三相四线制供电系统中，零线的作用是什么？为什么不允许零线断线？（家电烧损的原因是什么？）

## 1. 三相四线制

三相四线制是指从变压器 Y 形的中性点 "O" 引出一根中性线，也叫零线，Y 形的三个端引出三根相线。一般三相电源都采用星形连接方式，图 5.1.4 所示就是将发电机三相绕组的末端 $U_2$、$V_2$、$W_2$ 连接成一点 N，称为中性点或零点，从该点引出的一根线叫做中性线（简称中线）或零线。从三相绕组的始端 $U_1$、$V_1$、$W_1$ 引出的三根线称为端线或相线（俗称火线），三相线的颜色为：相线黄绿红、零线蓝色。由三根相线和一根中线所组成的输电方式称为三相四线制（通常在低压配电中采用）；只由三根相线所组成的输电方式称为三相三线制（在高

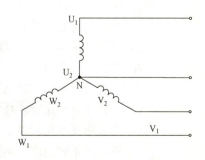

图 5.1.4　三相电源星形连接

压输电工程中采用)。

### 2. 三相四线制低压配电线路的运行

在三相四线制低压配电线路的运行要注意的事项：

(1) 三相负荷要尽量平衡，无论主干线或分支线，其负荷的不平衡度都不宜超过 20%，否则，电压和功率的损失都会大大增加。

(2) 中性线要连接好，其上不能装设熔断器；应防止发生接触不良或断线事故，否则，接于电路上的单相用电设备可能因电压过高而烧坏，或因电压过低而发挥不了作用。

(3) 相线和中性线要正确连接，不能接错。若相线与中性线颠倒了，其结果是：单相用电设备上会因为加上 380V 电压而烧坏；三相电动机会因为由两相三线制线路供电，转矩变小，甚至可烧坏；采用接零保护的设施，其外壳就会带电，从而危及人身安全，或造成相线对地短路事故。

电力系统用三相四线制低压供电主要原因：

(1) 实际上，普遍适用于动力和照明等单相负载混合用电方便。三相电动机为对称三相负载，需要有三相电源，而采用三相四线制就好像有三个单独电源（每一相电源可单独对每相负载供电）。

(2) 单相负载接在三相电路上时，虽然力求每相均布，但在实际使用时不可能同时进行，这就事实上成为三相不对称电路，为使照明等单相负载两端取得电压基本不变，能正常工作必须要有中线作回路，流过不平衡电流。

(3) 为了在低压供电中当发生单相接地时防止非接地两相对地上升为线电压危及人身安全的"高压"（250V 以上），就需有中线接地这就采用 A、B、C 三根相线与接地中线构成的 380/220V 三相四线制供电方式。

### 一、选择题

1. 三相四线制交流电路中的中线作用是（　　）。
   A. 保证三相负载对称　　　　　　B. 保证三相电压对称
   C. 保证三相电流对称　　　　　　D. 保证三相功率对称
2. 在三相四线制电路的中线上，不准安装开关和保险丝的原因是（　　）。
   A. 中线上没有电流
   B. 开关接通或断开对电路无影响
   C. 安装开关和保险丝会降低中线的机械强度
   D. 开关断开或保险丝熔断后，三相不对称负载承受三相不对称电压的作用，无法正常工作，严重时会烧毁负载
3. 当流过电感线圈的电流瞬时值为最大值时，线圈两端的瞬时电压值为（　　）。

  A. 零      B. 最大值      C. 有效值      D. 不一定

4. 对称三相交流电路，下列说法正确的是（   ）。

  A. 三相交流电各相之间的相位差为 $\dfrac{2\pi}{3}$    B. 三相交流电各相之间周期互差 $\dfrac{2T}{3}$

  C. 三相交流电各相之间的频率互差 $\dfrac{2f}{3}$    D. 三相交流电各相的数值是相同的

5. 日常生活中，照明线路的接法为（   ）。

  A. 星形连接三相三线制；     B. 星形连接三相四线制；     C. 三角形连接

## 二、填空题

1. _____和_____随时间做周期性变化的电压和电流称为交流电，按_____规律变化的电量称为正弦交流电，正弦量的一般表达式为_____。

2. 正弦量的三要素是指_____、_____和_____。

3. 正弦交流电 $i=14.14\sin(314t+30°)$A 的有效值为_____，频率为_____，初相位为_____。

4. 如果对称三相交流电路的 U 相电压 $u_U = 220\sqrt{2}\sin(314t + 30°)$V，那么其余两相电压分别为：$u_V =$ _____V，$u_W =$ _____V。

5. 三相照明负载必须采用_____接法，且中性线上不允许安装_____和_____，中线的作用是_____。

6. 三相照明负载必须采用_____接法，且中性线上不允许安装_____和_____，中线的作用是_____。

# 项目二   三相负载电路连接与测量

## 学习目标

  ◇   了解负载接到电源上的方法；
  ◇   掌握不同接法时电压、电流间的关系。

## 工作任务

  ◇   负载接到电源上的方法；
  ◇   不同接法时电压、电流间的关系。

## 项 目 实 施

### 第1步   认识三相负载星形连接

  将三相负载的一端分别接在三相电源的 A、B、C 上，另一端连在一起接在中点上，即为星形连接。将一相绕组的末端与邻相绕组的始端顺序连接起来，构成一个三角形回路，再从三个连接点引出三根端线,供给三角形连接的负载,便形成了三角形连接的三相电路。

三相电路中,负载的连接分为星形连接和三角形连接两种。一般认为电源侧提供的是对称三相电压。

## 星形连接的负载

### 1. 星形连接的负载电路图

星形连接的负载如图 5.2.1 所示,A、B、C 表示电源端,N 为电源的中性点(简称中点),N′为负载的中性点。

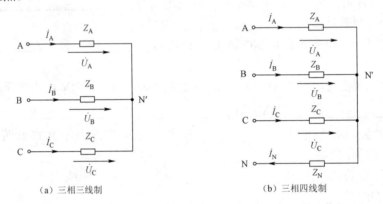

(a)三相三线制　　　　　　　　　　　(b)三相四线制

图 5.2.1　星形连接的三相电路

### 2. 星形连接的负载电压、电流关系

无论是三线制或四线制,流过每一相负载的相电流恒等于与之相连的端线中的线电流,即

$$\dot{I}_l = \dot{I}_p \tag{5.4}$$

在四线制情况下,中线电流等于三个线电流的相量之和,即

$$\dot{I}_N = \dot{I}_A + \dot{I}_B + \dot{I}_C \tag{5.5}$$

端线之间的电位差(即线电压)与每一相负载的相电压之间有下列关系

$$\dot{U}_{AB} = \dot{U}_A - \dot{U}_B \tag{5.6}$$

$$\dot{U}_{BC} = \dot{U}_B - \dot{U}_C \tag{5.7}$$

$$\dot{U}_{CA} = \dot{U}_C - \dot{U}_A \tag{5.8}$$

当三相电路对称时,线、相电压和线、相电流都对称,中线电流等于零,而线、相电压满足

$$\dot{U}_l = \sqrt{3}\dot{U}_p \angle 30° \tag{5.9}$$

如图 5.2.2 所示,A、B、C 是三相交流电源的三根相线,O 是中性线,电源的相电压为 220 V,$L_1$、$L_2$、$L_3$ 是三个"220 V 60 W"的灯泡。开关 $S_1$ 断开,$S_2$、$S_3$ 闭合。由于某种原因,电源中

性线在图 O′处断了，那么 L₂ 和 L₃ 两灯泡将（ ）。
A. 立刻熄灭  B. 变得比原来亮一些
C. 变得比原来暗一些  D. 保持亮度不变。

很多工厂中供电电压为 380V，家庭中使用 220V 交流电，实际三相交流电供电系统如何提供该两种电压？

## 第 2 步  认识对称负载三角形连接

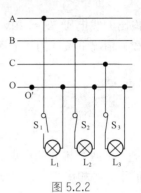

图 5.2.2

### 三角形连接的负载

**1. 三角形连接的负载电路图**

三角形连接的负载如图 5.2.3 所示。

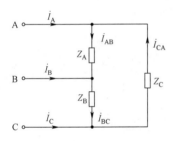

图 5.2.3  三角形连接的三相电路

**2. 三角形连接的负载电压、电流关系**

三角形连接的特点是相电压等于线电压，即

$$\dot{U}_l = \dot{U}_p \tag{5.10}$$

线电流和相电流之间的关系如下：

$$\dot{I}_A = \dot{I}_{AB} - \dot{I}_{CA} \tag{5.11}$$

$$\dot{I}_B = \dot{I}_{BC} - \dot{I}_{AB} \tag{5.12}$$

$$\dot{I}_C = \dot{I}_{CA} - \dot{I}_{BC} \tag{5.13}$$

当三相电路对称时，线、相电压和线、相电流都对称，此时线、相电流满足

$$\dot{I}_l = \sqrt{3}\,\dot{I}_p \angle{-30°} \tag{5.14}$$

### 三相负载的三角形连接测试

**1. 目的**

（1）验证三相负载做三角形连接时，$I_l = \sqrt{3} I_p$。
（2）进一步了解三相调压器的作用及使用方法。
（3）进一步熟悉电压表及电流表的使用方法。

**2. 步骤**

按三相负载的三角形连接原理如图 5.2.4 所示原理电路接线，检查接线无误后，将三相调压器手柄旋转到输出电压为零的位置，闭合三相电源闸刀开关 QS₁ 和 QS₂；调节三相调压器的输出手柄，使

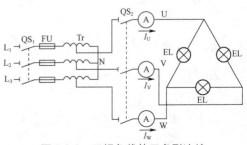

图 5.2.4  三相负载的三角形连接

输出的线电压 $U_L$=220V。用电流表分别测量负载对称（采用三个均为 60W 的灯泡作为对称负载）情况下负载的线电流，观察灯泡的亮度，并列表进行记录。

**三相电源相序的测定**

由两个相同的白炽灯泡和一个电容组成的相序指示器如图 5.2.5 所示。当相序指示器和电源相连接时，根据白炽灯泡的亮度就可判断出电源的相序。对电路进行分析，明确电源相序和灯泡亮度的关系。为简化分析，假设白炽灯电阻 $R = 1/\omega C$，对电路列写结点方程得

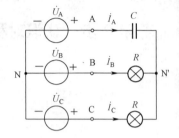

图 5.2.5 相序指示器

$$\dot{U}_{N'N} = \frac{j\omega C \dot{U}_A + \dfrac{\dot{U}_B}{R} + \dfrac{\dot{U}_C}{R}}{j\omega C + \dfrac{1}{R} + \dfrac{1}{R}} = \frac{j\dot{U}_A + \dot{U}_B + \dot{U}_C}{2+j}$$

$$= \frac{j\dot{U}_A + \dot{U}_A e^{-j120°} + \dot{U}_A e^{j120°}}{2+j} = (-0.2 + j0.6)\dot{U}_A \tag{5.15}$$

那么 B 相和 C 相的电压分别为

$$\dot{U}_{BN'} = \dot{U}_B - \dot{U}_{N'N} = 1.5\dot{U}_A e^{-j102°} \tag{5.16}$$

$$\dot{U}_{CN'} = \dot{U}_C - \dot{U}_{N'N} = 0.4\dot{U}_A e^{j133°} \tag{5.17}$$

## 第 3 步　测定三相电路的功率

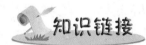

### 1. 三相电路的平均功率

在三相电路中，三相电源发出的有功功率等于三相负载吸收的有功功率，即等于各相有功功率之和。设 A、B、C 三相负载相电压的有效值分别为 $U_A$、$U_B$、$U_C$，三相负载电流有效值为 $I_A$、$I_B$、$I_C$，A、B、C 三相负载相电压与相电流的相位差分别 $\varphi_A$、$\varphi_B$、$\varphi_C$，则三相电路的平均功率表示为

$$P = P_A + P_B + P_C = U_A I_A \cos\varphi_A + U_B I_B \cos\varphi_B + U_C I_C \cos\varphi_C \tag{5.18}$$

在对称三相电路中，$U_A = U_B = U_C = U_p$，$I_A = I_B = I_C = I_p$，$\varphi_A = \varphi_B = \varphi_C = \varphi$，所以

$$P = 3U_p I_p \cos\varphi \tag{5.19}$$

如果负载为星形连接，则 $U_P = U_l/\sqrt{3}$，$I_p = I_l$；如果负载为三角形联接，则 $U_p = U_l$，$I_p = I_l/\sqrt{3}$，所以

$$P = \sqrt{3} U_l I_l \cos\varphi \tag{5.20}$$

值得注意的是，上式中 $U_l$、$I_l$ 是线电压和线电流，$\varphi$ 是相电压与相电流之间的相位差。

## 2. 三相电路的无功功率

在三相电路中，三相电源的无功功率也等于三相负载的无功功率，即等于各相无功功率之和。表示如下：

$$Q = Q_A + Q_B + Q_C = U_A I_A \sin\varphi_A + U_B I_B \sin\varphi_B + U_C I_C \sin\varphi_C \qquad (5.21)$$

同平均功率分析过程一样，不管接受以哪种方式连接，都有

$$Q = \sqrt{3} U_l I_l \sin\varphi \qquad (5.22)$$

## 3. 三相电路的视在功率

与单相电路相同，三相电路的视在功率可以表示为

$$S = \sqrt{P^2 + Q^2} \qquad (5.23)$$

而在对称三相电路中，有

$$S = 3 U_p I_p = \sqrt{3} U_l I_l \qquad (5.24)$$

**例1**：有一台三相电动机，每相阻抗为 $Z = 29 + j21.8$，绕组为星形连接，接于线电压为 $U_l = 380V$ 的三相电源上。试求电动机的相电流、线电流，以及电源的输入功率。

解：

$$U_p = U_l / \sqrt{3} = 220V$$

$$I_l = I_p = \frac{U_p}{|Z|} = \frac{220}{\sqrt{29^2 + 21.8^2}} = 6.1A$$

输入功率：$P_l = \sqrt{3} U_l I_l \cos\varphi = \sqrt{3} \times 380 \times 6.1 \times \dfrac{29}{\sqrt{29^2 + 21.8^2}} = 3200W$

**例2**：线电压为 $U_l = 380V$ 的三相电源上接有一对称三角形连接的负载，每相负载阻抗为 $Z = 36.3\angle 37°$，试求相电流、线电流、三相功率。

解：由于为三角形连接，所以 $I_P = \dfrac{U_l}{|Z|} = \dfrac{380}{36.3} = 10.47A$

$$I_l = \sqrt{3} I_p = 18.13A$$

$$P_l = \sqrt{3} U_l I_l \cos\varphi = \sqrt{3} \times 380 \times 18.13 \times \cos 37° = 9546W$$

### 三相负载的星形连接测定

#### 1. 目的

（1）使学生了解三相负载的星形连接的电路结构；
（2）使学生掌握三相负载的星形连接电路的测定。

## 2. 器材

电路板，导线，仪表等。

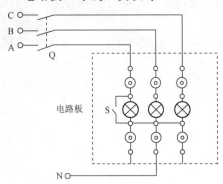

图 5.2.6　三相负载的星形连接实验电路

## 3. 内容与步骤

（1）按图 5.2.6 所示连接电路。

（2）教师检查后，合上电源闸刀。（S 闭合）测量相电压、线电压、线电流、中线电流，以及测量给定条件下的各种数据，并将测量结果记入表 5.2.1 第一行中。

（3）教师检查后，合上电源闸刀。测量给定条件下的线电压、相电流、线电流，将测量结果记入表 5.2.2 第一行中。

表 5.2.1

| 条件 | 测量值 | $U_{AB}$ | $U_{BC}$ | $U_{CA}$ | $U_A$ | $U_B$ | $U_C$ | $I_A$ | $I_B$ | $I_C$ | $I_N$ |
|---|---|---|---|---|---|---|---|---|---|---|---|
| 有中线 | 1.（S 闭）负载对称 | | | | | | | | | | |
| | 2.（S 开）A 相负载变为 15W | | | | | | | | | | |
| | 3. 在上述条件下，断开 B 相 | | | | | | | | | | |
| 无中线 | 1.（S 闭）负载对称 | | | | | | | | | | |
| | 2.（S 开）A 相负载变为 15W | | | | | | | | | | |
| | 3. 在上述条件下，断开 B 相 | | | | | | | | | | |

表 5.2.2

| 条件 | 测量值 | $U_{AB}$ | $U_{BC}$ | $U_{CA}$ | $U_A$ | $U_B$ | $U_C$ | $I_{ab}$ | $I_{bc}$ | $I_{ca}$ |
|---|---|---|---|---|---|---|---|---|---|---|
| 负载对称 | | | | | | | | | | |
| 只断开开关 S | | | | | | | | | | |
| 只断开 B 相负载 | | | | | | | | | | |
| 只断开 B 相端线 | | | | | | | | | | |

讨　论

通过以上实验可以知道：

1. 在三相负载星形连接电路中：

（1）有中线时相电压和线电压的关系：线电压/相电压=_____；

（2）相电流和线电流的关系是：_____；

（3）若负载对称，中线可省掉，若负载不对称，中线不能省掉。

分析表 5.3.1 所示的实验结果发现：

对称负载无中线时，各相相电压数量约_____；

不对称负载无中线时，造成_____相电压过高。

2. 在三相负载三角形连接电路中：

（1）相电压为_____，线电压为_____，两者_____。

（2）线电流与相电流的关系是：是_____差。

1. 负载做星形连接时，中线的作用是什么？

2. 负载做星形、无中线连接时，一相负载断路，将产生什么后果？

3. 负载做三角形连接时，一相负载断路，三个线电流与其余两相负载的相电流之间的关系？（列算式说明）

1. 有一星形连接的对称三相负载，每相的阻抗为 $Z = 6 + j8$，电源对称，设 $\dot{U}_{AB} = 380\angle 30°$，试求各电流。

2. 有一三相电动机，其绕组接成三角形，接在 $U_l = 380V$ 的电源上，从电源所取用的功率为 $P_l = 11.43kW$，功率因数为 $\cos\varphi = 0.87$，试求电动机的相电流和线电流。

# 学习领域六　三相异步电动机的基本控制

## 项目一　三相异步电动机的启动控制

### 学习目标

- 认识三相异步电动机及常用控制元器件；
- 了解三相异步电动机启动控制电路的基本组成；
- 识读基本的电气符号和简单的电路图。

### 工作任务

- 搭建三相异步电动机启动控制电路。

### 第1步　认识启动控制

操作步骤：

（1）安装元器件。按照图 6.1.1 所示元件布置图，在控制板上安装电器元件，其中 FU 为熔断器，QS 为组合开关，KM 为接触器，XT 为接线端子，SB 为按钮开关。

（2）接线。按图 6.1.2 所示接线图进行接线。

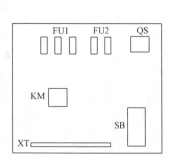

图 6.1.1　元件布置图

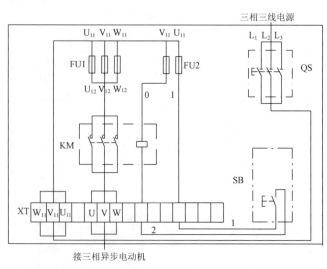

图 6.1.2　接线图

（3）安装结束，经老师检查后进行通电试车。按下按钮，看电动机是否启动旋转，松开按钮看电动机是否停止旋转。

在安装启动控制电路时和实际应用中应注意什么问题？

## 第2步　认识控制线路元器件

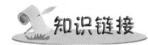

### 1．熔断器

熔断器是低压线路和电动机控制电路中最简单、最常用的过载和短路保护电器。它以金属导体为熔体，串联于被保护电器或电路中，当电路或设备过载或短路时，大电流将熔体发热熔化，从而分断电路。

熔断器种类很多，常用的低压熔断器有瓷插式、螺旋式、无填料封闭管式，有填料封闭管式等几种，它的电气符号如图 6.1.3 所示。在"学习领域四"中已介绍过瓷插式熔断器，下面介绍一下螺旋式熔断器，在拖动控制线路中主要使用螺旋式熔断器。

螺旋式熔断器用于交流 380V 以下、额定电流在 200A 以内的电气设备及电路的过载和短路保护，其结构部件如图 6.1.4 所示。

螺旋式熔断器在接线时，为了便于安全更换熔芯，下接线端应接电源，而连接螺口的上接线端应接负载。

图 6.1.3　图熔断器符号

### 2．接触器

接触器是一种用来频繁地接通或分断带有负载的主电路（如电动机）的自动控制电器。交流接触器的结构如图 6.1.5 所示，它是由电磁系统、触点系统、灭弧装置及其他部件等 4 部分组成。

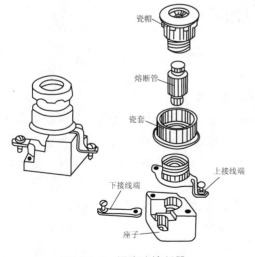

图 6.1.4　螺旋式熔断器

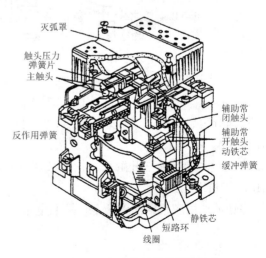

图 6.1.5　交流接触器外形和结构

### (1) 电磁系统

电磁系统由电磁线圈、"E"形静铁芯、动铁芯（衔铁）等组成，在静铁芯端部装有短路环（又叫减振环），它主要用于防止交流电流过零时引发动铁芯的振动，降低工作噪声。

### (2) 触头系统

交流接触器的触头系统按功能不同分为主触头和辅助触头两类。主触头用于接通和分断大电流的主电路；辅助触头用于接通和分断小电流的二次控制电路。小型触头一般用银合金制成，大型触头用钢材制成。因为银合金和钢不易氧化，接触电阻小，导电性好，寿命长。

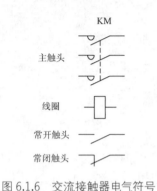

图 6.1.6 交流接触器电气符号

### (3) 灭弧系统

灭弧装置用来熄灭主触头在切断电路时所产生的电弧，以保护触头不受电弧的灼伤，减少电路分断时间。在容量稍大的电气装置中，均装有一定的灭弧装置。交流接触器中常采用电动力灭弧、双断口灭弧、纵缝灭弧、磁吹灭弧、栅片灭弧等几种灭弧方法。

交流接触器的电气符号如图 6.1.6 所示。

## 3．按钮

按钮，又叫控制按钮或按钮开关，是一种手动控制电器。它不能直接控制主电路的通断，而通过短时接通或分断 5A 以下的小电流控制电路，向其他电器发出指令性的电信号，控制其他电器动作。

按钮主要由按钮帽、复位弹簧、常闭触头，常开触头、接线柱及外壳等组成。按钮外形-结构及电气符号如图 6.1.7（a）、（b）、（c）所示。

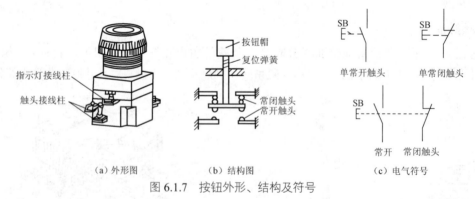

图 6.1.7 按钮外形、结构及符号

按钮分为启动按钮（常开按钮）、停止按钮（常闭按钮）和复合按钮（既有常开触头、又有常闭触头）。图 6.1.7 所示的为复合按钮，按下按钮帽令其动作时，首先断开常闭触头，再通过一定行程后才能接通常开触头；松开按钮帽时，复位弹簧先使常开触头分断，通过一定行程后常闭触头才闭合。

按钮的选用应根据使用场合、控制电路所需触头数目及按钮帽的颜色等方面综合考虑。

启动控制线路原理图如图6.1.8所示。（1）写出各元件的名称。（2）分析其工作过程。

## 第3步 安装自锁控制电路

操作步骤：

（1）安装元器件。按照图6.1.9所示元件布置图，在控制板上安装电器元件，其中FU为熔断器，QS为组合开关，KM为接触器，XT为接线端子，SB为按钮开关，FR为热继电器。

（2）接线。先在图6.1.10接线图上画出线路走向，再按图进行接线。

（3）安装结束，经老师检查后进行通电试车。按下启动按钮SB1，看电动机是否启动旋转，松开按钮SB1看电动机是否停止旋转，再按下停止按钮看电动机是否停转。

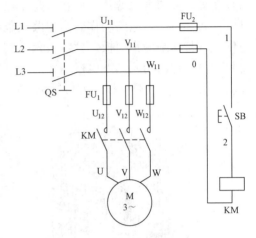

图6.1.8 启动控制线路原理

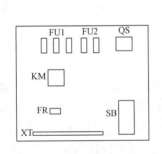

图6.1.9 电器布置图

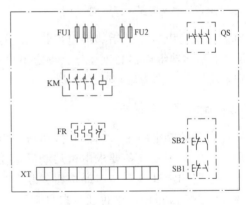

图6.1.10 接线图

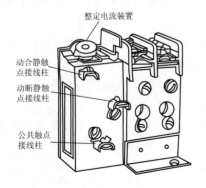

图6.1.11 热继电器外形和结构

### 知识链接

**1. 热继电器**

热继电器是利用电流的热效应原理来保护电动机，使之免受长期过载的危害。电动机过载时间长，绕组温升超过允许值时，将会加剧绕组绝缘层的老化，缩短电动机的使用年限，严重时会使电动机绕组烧毁。

热继电器主要由热元件、双金属片和触点三部分组成。常用的双金属片式热继电器的外形如图6.1.11所示，内部结构如图 6.1.12 所示，其主要部分由热元件、触头系统、动作机构、复位按钮和整定电流调节装置等组成。它的动作原理如图 6.1.13 所示。热继电器的常闭触头串联在被保护的二次电路中，它的热元件由电阻值不高的电热丝或电阻片绕成，靠近热元件的双金属片是用两种热膨胀系数差异较大的金属薄片叠压在一起，热元件串联在电动机或其他用电设备的主电路中。正常时双金属片不会使电路动作。当电路过载时，热元件使双金属片向下弯曲变形，扣板在弹簧拉力作用下带动绝缘牵引板，分断接入控制电路中的常闭触头，通过控制接触器切断主电路，从而起过载保护作用。热继电器动作后，一般不能立即自动复位，只有当电流恢复正常、双金属片复原后，再按动复位按钮方可复位。

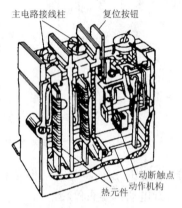

图 6.1.12　热继电器内部结构

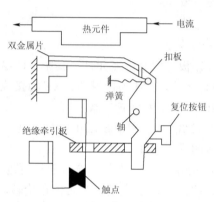

图 6.1.13　热继电器动作原理

热继电器的整定电流，是指热继电器长期运行而不动作的最大电流。通常只要负载电流越过整定电流 1.2 倍，热继电器必须动作。整定电流的调整可通过旋转外壳上方的旋钮完成，旋钮上刻有整定电流标尺，作为调整时的依据。

### 2．自锁控制线路及其保护

自锁：在启动控制电路中，当松开按钮时，电动机就会停止，这在一些短时工作的设备上是可以使用的，但大多数设备要求电机启动后，松开按钮电动机仍然维持旋转，这就要用到自锁控制。用接触器的常开触头与启动按钮并联，当按下启动按钮后接触器线圈得电，常开触头闭合，维持自身的线圈得电，这种通过自身常开辅助触头而使线圈保持得电的作用叫做自锁。

过载保护：指当电动机出现过载时，能自动切断电动机电源，使电动机停转的一种保护。

欠压保护：指当线路电压下降到某一数值时，电动机能自动脱离电源停转，避免电动机在欠压下运行的一种保护。

采用接触器自锁控制线路就可避免电动机欠压运行。因为当线路电压下降到一定值时，接触器线圈两端的电压也同样下降到此值，从而使接触器线圈磁通减弱，产生的电磁吸力减小。当电磁吸力减小到小于反作用弹簧的拉力时，动铁芯被迫释放，主触头、自锁触头同时分断，自动切断主电路和控制电路，电动机失电停转，达到了欠压保护的目的。

失压保护：指电动机在正常运行中，由于外界某种原因引起突然断电时，能自动切断电动机电源；当重新供电时，保证电动机不能自行启动的一种保护。

### 3．自锁控制线路原理图

自锁控制线路如图 6.1.14 所示，其工作原理如下。

合上开关 QS。

启动：

按 SB2 → KM 线圈得电 { KM 主触头闭合 → 电动机 M 通电启动
KM 常开触头闭合 → 维持 KM 线圈得电 → 自锁

停止：

按 SB1 → KM 线圈失电 { KM 主触头打开 → 电动机 M 断电停转动
KM 常开触头打开 → 解除自锁

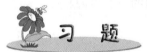

1．为什么启动电路松开按钮，电动机会停止旋转，而自锁电路不会停转？

2．自锁电路进行自锁时使用的是常开的按钮，请问用常闭的按钮行不行？为什么？

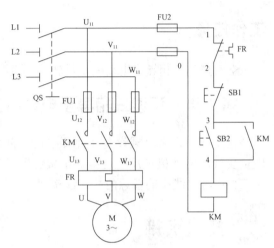

图 6.1.14　自锁控制线路原理图

### 一、填空题

1．熔断器是低压线路和电动机控制电路中最简单最常用的_____和_____保护电器。

2．接触器是一种用来_____接通或分断带有_____的主电路（如电动机）的自动控制电器。

3．交流接触器由_____、_____、_____及其他部件等 4 部分组成。

4．按钮分为_____、_____和_____。

5．热继电器是利用_____原理来保护电动机，使之免受_____的危害。交流接触器的触头系统按功能不同分为_____和_____两类。

6．热继电器主要由_____、_____和_____三部分组成。

7．三相异步电动机由_____、_____两大部分组成，前者是固定不动的部分，后者是旋转的部分，在两者之间有一定的气隙。

### 二、是非题

1．交流接触器主触头用于接通和分断小电流的二次控制电路。（　　）

2．交流接触器辅助触头用于接通和分断大电流的主电路。（　　）

3．实现自锁作用的是交流接触器的常开触头。（　　）

4．热继电器动作后，可以立即自动复位。（　　）

### 三、问答题

1．什么叫自锁控制？它是由哪种部件实现的？

2．试述启动控制电路的工作原理？

3．简述自锁控制电路的工作原理？

# 项目二　三相异步电动机正反转控制

## 学习目标

- 认识常用控制元器件；
- 了解三相异步电动机正反转控制电路的基本组成；
- 安装三相异步电动机控制线路。

## 工作任务

- 搭建三相异步电动机正反转控制电路。

### 第1步　识读三相异步电动机正反转控制电路图

在生产中许多机械设备往往要求运动部件能向正、反两个方向运动，因而需要电动机能实现正反转。电动机正反转可由两个接触器通过改变通往电动机定子绕组的三相电源相序，即对调三相电源进线中的任意两相接线实现。

**知识链接**

两个接触器的主触头不允许同时闭合，否则就会造成两相电源短路，这样就要求当一个接触器得电动作时，另一个接触器不能得电动作，接触器间这种相互制约的作用叫接触器联锁。联锁是通过在本方的线圈电路上串联一个对方的常闭触头。根据联锁的方式，三相异步电动机正反转控制电路有：接触器联锁正反转控制电路、按钮联锁正反转控制电路、接触器按钮双重联锁正反转控制电路三种。

**1. 接触器联锁的正反转控制电路**

接触器联锁的正反转控制电路的电路如图 6.2.1 所示。其工作原理如下。

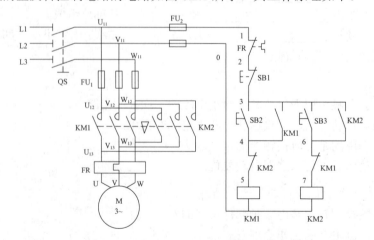

图 6.2.1　接触器联锁的正反转控制电路

合上电源开关 QS。
正转控制启动：

按 SB2 → KM1 线圈得电 { KM1 常闭触头打开 → 使 KM2 线圈无法得电（联锁）
KM1 主触头闭合 → 电动机 M 通电启动正转
KM1 常开触头闭合 → 自锁

按 SB1 → KM2 线圈失电 { KM2 常闭触头闭合 → 解除对 KM1 的联锁
KM2 主触头断开 → 电动机 M 停止反转
KM2 常开触头打开 → 解除自锁

正转控制停止：
反转控制启动：

按 SB3 → KM2 线圈得电 { KM2 常闭触头打开 → 使 KM1 线圈无法得电（联锁）
KM2 主触头闭合 → 电动机 M 通电启动反转
KM2 常开触头闭合 → 自锁

反转控制停止：

按 SB1 → KM1 线圈失电 { KM1 常闭触头闭合 → 解除对 KM2 的联锁
KM1 主触头断开 → 电动机 M 停止正转
KM1 常开触头打开 → 解除自锁

识读三相异步电动机正反转控制电路图应注意什么问题？

## 第 2 步　安装接触器联锁的正反转控制电路

操作步骤：
（1）按图 6.2.2 所示各元件的位置在控制板上安装所有电器元件。
（2）按图 6.2.1 所示控制电路进行接线。
（3）经指导老师检查后通电试车。

### 1. 按钮联锁的正反转控制电路

按钮联锁的正反转控制电路图如图 6.2.3 所示。
合上电源开关 QS。

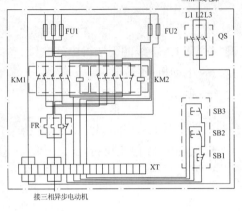

图 6.2.2 各元件的位置在控制板上示意图

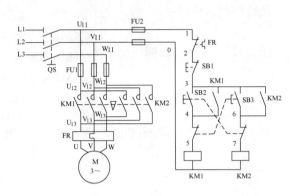

图 6.2.3 按钮联锁的正反转控制电路

正转控制：

按 SB2 { 先常闭打开<br>后常开闭合 → KM1 线圈得电 { KM1 主触头闭合 → 电动机 M 正转<br>KM1 常开触头闭合 → 自锁

反转控制：

按 SB3 { 先常闭打开 → KM1 线圈失电 { KM1 主触头打开 → 电动机 M 停止正转<br>KM1 常开触头打开 → 解除自锁<br>后常开闭合 → KM2 线圈得电 { KM2 主触头闭合 → 电动机 M 反转<br>KM2 常开触头闭合 → 自锁

停止：

按 SB1 → KM2 线圈失电 { KM2 主触头打开 → 电动机 M 停转<br>KM2 常开触头打开 → 解除自锁

## 2. 双重联锁的正反转控制电路

双重联锁的正反转控制电路图如图 6.2.4 所示。

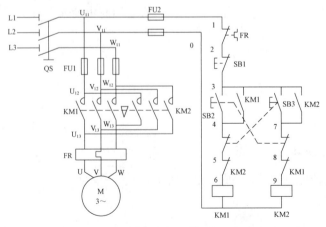

图 6.2.4 双重联锁的正反转控制电路

合上电源开关 QS。
正转控制：

按 SB2 {SB2 常闭先打开 → 对 KM2 线圈联锁
       SB2 常开后闭合 → KM1 线圈得电 {KM1 常闭触头打开 → 联锁
                                    KM1 主触头闭合 → 电动机 M 正转
                                    KM1 常开触头闭合 → 自锁

由正转直接到反转控制：

按 SB3 {先常闭打开 → KM1 线圈失电 {KM1 常闭触头闭合 → 解除联锁
                                  KM1 主触头打开 → 电动机 M 停止正转
                                  KM1 常开触头打开 → 解除自锁
        后常开闭合 → KM2 线圈得电 {KM2 常闭触头打开 → 联锁
                                  KM2 主触头闭合 → 电动机 M 反转
                                  KM2 常开触头闭合 → 自锁

停止：

按 SB1 → KM2 线圈失电 {KM2 常闭触头闭合 → 解除联锁
                      KM1 主触头打开 → 电动机 M 停转
                      K1 常开触头打开 → 解除自锁

# 习 题

### 一、填空题

1. 电动机正反转是通过改变_____，即对调_____实现的。
2. 两个接触器的主触头不允许同时闭合，否则就会造成_____。

### 二、是非题

1. 用联触器的常开触头可实现联锁控制。（　）
2. 接触器联锁正反转控制电路可直接从正转状态按反转启动按钮启动反转。（　）

### 三、问答题

1. 电动机正反转电路为什么要采用联锁控制？用什么器件可实现联锁？
2. 试叙述接触器联锁的正反转控制电路的工作原理。
3. 试叙述双重联锁的正反转控制电路的工作原理。

# 项目三*　普通车床控制电路的认识

## 学习目标

- 认识普通车床控制元器件；
- 了解普通车床控制电路的基本组成；
- 识读普通车床电气控制电路原理图。

## 工作任务

- ❖ 认识普通车床组成部件；
- ❖ 识读普通车床电气控制电路原理图。

## 第1步　认识普通车床组成部件

到学校的实习工厂实地参观一下 CA6140 型车床，请指导教师介绍一下 CA6140 型车床的结构及动作原理，启动一下车床，看一下车床的启动和停止及正反转的情况。

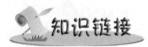

### 1. CA6140 型车床的结构

CA6140 型车床其外形结构如图 6.3.1 所示，主要是由主轴箱、进给箱、溜板箱、床身、尾座等部分组成。

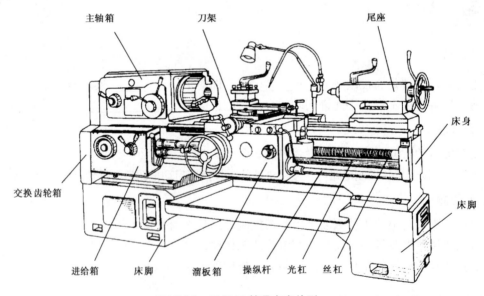

图 6.3.1　CA6140 普通车床外形

### 2. CA6140 型车床的运动形式及控制要求

（1）主轴运动形式及控制。CA6140 普通车床的动力由主轴电动机供给，经三角带与主轴变速箱相连，使主轴带动卡盘旋转。主轴的变速采用机械方式实现，调整主轴变速机构的操作手柄，可使主轴获得不同的速度，以适应各种不同的加工需要；主轴的正反转由操作手柄通过双向摩擦离合器控制；主轴的制动采用机械制动。

（2）刀架进给运动形式及控制。刀架进给运动由主轴电动机通过丝杠或光杠连接溜板箱带动刀架运动。刀架快速进给由另一台电动机拖动，采用启动控制。

（3）冷却系统。冷却泵由一台单速单向运动的电动机拖动，主轴启动后可直接开、关冷却液的供给。

（4）电器布置。车床主要控制电器一般在车床主轴箱下床身内的电气控制柜中，而在车床前面的床身表面有电源开关、冷却泵开关及照明灯开关。车床附近的墙壁或立柜上还配备专用的配电板，上面装有刀开关和熔断器。

### 3. 控制器件

断路器 QF 控制总的电源；
交流接触器 KM 控制主轴电机的启动和停止；
中间继电器 KA1 控制冷却泵电机的启动和停止；
中间继电器 KA2 控制刀架快速移动电机的启动和停止；
开关 SA 控制照明灯 EL。

### 4. 保护器件

QF：做断路保护。
SQ1：为一行程开头，作打开床头皮带罩后保护，当打开床头皮带罩后，SQ1 将使控制电路断电。
SQ2：为一行程开头，作配电盘壁龛门打开保护。
断路保护：钥匙开关 SB 和位置开关 SQ2 在正常工作时是断开的，QF 线圈不通电，断路器 QF 能合闸。当关上钥匙开关或打开配电盘龛门时，SQ2 闭合，QF 线圈获电，断路器 QF 自动断开。

## 第 2 步　识读普通车床控制电路图

**知识链接**

普通车床控制电路工作原理如下。
（1）主轴电动机 M1 的控制
M1 启动：

按 SB2→KM 线圈得电 $\begin{cases} KM \text{ 常开触头闭合} \to \text{自锁} \\ KM \text{ 主触头闭合} \to \text{电动机 M 正转} \\ KM \text{ 常开触头闭合} \to \text{使冷却泵电机的启动做准备} \end{cases}$

M1 停止：
按 SB1→KM 线圈失电→KM 触头复位→电动机 M 失电停转
（2）冷却泵电动机 M2 的控制
在主轴电机启动后，即 KM 常开触头闭合，合上旋钮开关 SB4，冷却泵电机 M2 才可能启动。当 M1 停止运行时，M2 自行停止。
（3）刀架快速移动电动机 M3 的控制

刀架快速移动电动机 M3 的启动是由安装在进给操作手柄顶端的按钮 SB3 控制，它与中间继电器 KA2 组成启动控制线路。刀架移动方向（前、后、左、右）的改变，是由进给预操作手柄配合机械装置实现的。如需要快速移动，按下 SB3 即可。

（4）照明、信号电路分析

控制变压器 TC 的二次侧分别输出 24V 和 6V 电压，分别作为车床低压照明灯和信号灯的电源。EL 作为车床的低压照明灯，由开关 SA 控制；HL 为电源信号灯。

分析图 6.3.2 所示电路的工作原理。

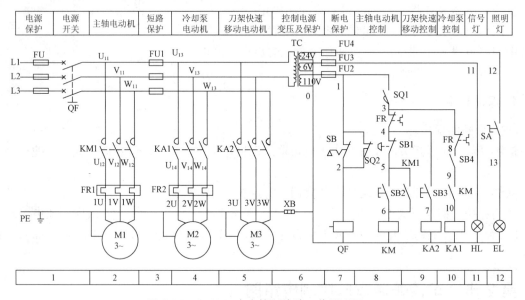

图 6.3.2 CA6140 车床控制线路工作原理图

一、填空题

1. 普通车床主要是由_____、_____、_____、_____、_____等部分组成。
2. 在图 6.3.2 中，KM 的作用为_____、KM 的作用为_____、KA1 的作用为_____、KA2 的作用为_____、SQ1 的作用为_____、SQ2 的作用为_____。

二、问答题

1. 叙述车床控制电路中变压器各抽头电源的作用。
2. 在什么情况下，即使按下按钮车床也不能启动旋转？
3. 断路器 QF 在什么情况下会自动切断电源实现断路保护？

# 学习领域七　电机与变压器

## 项目一　用电技术

### 学习目标

- ◇ 了解发电、输电和配电过程；
- ◇ 了解电力供电的主要方式和特点；
- ◇ 了解供配电系统的基本组成；
- ◇ 了解节约用电的方式、方法，树立节约能源意识。

### 工作任务

- ◇ 认识供配电系统、学会节约用电的方法。

### 第 1 步　认识供配电系统

在老师的带领下参观供电公司和配电间。

知识链接

电力是现代工业的主要动力，在各行各业中都得到了广泛的应用。电力系统由发电、输电和配电系统组成。如图 7.1.1 所示。

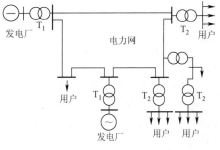

图 7.1.1　电力系统的组成

**1. 发电**

发电厂是生产电能的工厂，它是把非电形式的能量转换成电能。发电厂的种类很多，一般根据所利用能源的不同分为火力发电厂、水力发电厂、原子能发电厂。此外，还有风力、地热、沼气、太阳能等发电厂。我国以水力和火力发电为主，近几年也在发展核能发电。电压一般为 10.5kV，13.8kV 或 13.75kV。

**2. 输电**

输电就是将电能输送到用电地区或直接输送到大型用电户。输电网是由 35kV 及以上的输电线路与其相连接的变电所组成,它是电力系统的主要网络。输电是联系发电厂和用户的中间环节。

在输电过程中,为了能将电能输送远些,并减少输电损耗,需通过升压变压器将电压升高到 110kV、220kV 或 500kV。然后经过远距离高压输送后,再经过降压变压器降压至负载所需电压,如 35kV、10kV。

### 3. 配电

配电是由 10kV 级以下的配电线路和配电(降压)变压器所组成。它的作用是将电能降为 380/220V 低压,然后再分配到各个用户的用电设备。

因此,由发电、输电、变电、配电和用电组成的整体就是电力系统。

## 第 2 步  学会节约用电

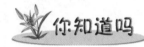

每节约一度电,就意味着可节约近 0.4 千克标准煤、就意味着节约近 4 升净水、就意味着减少 0.272 千克炭粉尘排放、就意味着减少约 1 千克二氧化碳排放……

准确地说,一切电器都有待机能耗。待机能耗较大的有个人电脑、空调、电视、DVD、VCD、音响功放、录像机、打印机和饮水机等。详见表 7.1.1。

表 7.1.1  电器待机能耗一览表

| 待机能耗产品 | 平均待机能耗(瓦/台) | 待机能耗产品 | 平均待机能耗(瓦/台) |
|---|---|---|---|
| PC 主机 | 35.07 | 彩色电视 | 8.07 |
| 显示器 | 7.09 | DVD | 13.17 |
| 空调 | 3.47 | VCD | 10.97 |
| 音响功放 | 12.35 | 录像机 | 10.10 |
| 传真机 | 5.70 | 电饭煲 | 19.82 |

### 1. 节约电能的意义

能源是发展国民经济的重要物质基础,也是制约国民经济发展的一个重要因素。历史上,国家之间因争夺能源而引发战争,而战争又往往是以能源为武器的较量。因此,在加强能源开发的同时,必须大力降低能源消耗,提高能源的有效利用程度。节能的科学含义就是提高能源的利用率。

节约能源是我国经济建设中的一项重大政策。而电能是一种高价的人工能源,它只利用了一次能源的 30% 左右。因此,节约电能又是节约能源工作中的一个重要方面。

在我国,要得到 1kW 的电力,火力发电的费用需 2~3 千元、水力发电的费用约需 4 千元、核电站发电的费用约需 8.5 千元。而通过节约电能达到这一目的费用大约只需 0.3~0.9 千元，还可以减少环境污染。因此，充分利用在生产、输送、使用过程中被无谓损耗和浪费掉的电能，是一项意义重大并且效益显著的工作。

2. 节约用电的方法

（1）改造或更新用电设备，推广节能新产品，提高设备运行效率。正在运行的设备（包括电气设备，如电动机、变压器）和生产机械（如风机、水泵）是电能的直接消耗对象，它们的运行性能优劣，直接影响到电能消耗的多少。早先生产的设备性能会随着科学技术的进步而变得落后，再加上长期使用磨损老化，性能也会逐步变劣。因此对设备进行节电技术改造必然是开展节约用电工作的重要方面。

（2）采用高效率低消耗的生产新工艺替代低效率高消耗的老工艺，降低产品电耗，大力推广应用节电新技术措施。新技术和新工艺的应用会促使劳动生产率的提高、产品质量的改善和电能消耗的降低。

（3）提高电气设备经济运行水平。设备实行经济运行的目的是降低电能消耗，使运行成本减少到最低限度。在多数情况下，生产负载或服务对象的要求是一个随机变量，而设计时，常按最大负荷来选配设备能力，加之设备的能力又存在有级差，选择时常选偏大一级的，这样在运行时，就不可避免会出现匹配不合理，使设备处于低效状态工作，无形之中降低了电能的利用程度。经济运行问题的提出，就是想克服设备长期处于低效状态而浪费电能的现象。经济运行实际上是将负载变化信息反馈给调节系统来调节设备的运行工况，使设备保持在高效区工作。

（4）加强单位产品电耗定额的管理和考核；加强照明管理，节约非生产用电；积极开展企业电能平衡工作。

（5）加强电网的经济调度，努力减少生产厂的用电和线损；整顿和改造电网。

（6）应用余热发电，提高余热发电机组的运行率。

1. 算一算家庭正常用电情况，如果按照要求节约用电，能节约多少电能？
2. 检查家中的漏电保护器是否失效？（注意安全）

1. 使用家用电器，怎样才能既省电，又最大限度的发挥其功能，试列举例子？
2. 当漏电保护器无法工作时，分析可能原因？

一、填空题

1. 电力系统由_____、_____和_____系统组成。
2. 在输电过程中，为了能将电能输送远些，并减少_____，需通过_____变压器将电压升高到 110kV，220kV 或 500kV。

3．供配电系统由总_____变电所（或高压配电所）、_____配电线路、分变电所、低压配电线路及_____组成。

4．电能是应用最广泛的_____能源，是天然能源经过_____而形成的新能源。

二、简答题

1．叙述发电、输电、配电的过程？
2．简述电力供电的方式和特点。
3．简述节约用电的方式和方法。

# 项目二　认识单相变压器

## 学习目标

- 了解单相变压器的基本结构、额定值及用途；
- 理解变压器的工作原理及变压比、变流比的概念；
- 了解变压器的外特性、损耗及效率。

## 工作任务

- 单相变压器的基本结构、额定值及用途；
- 理解变压器的工作原理及变压比、变流比的概念、变压器的外特性、损耗及效率。

### 第1步　认识单相变压器的基本结构

电力工业中常采用高压输电低压配电，实现节能并保证用电安全。这一过程如图 7.2.1 所示。

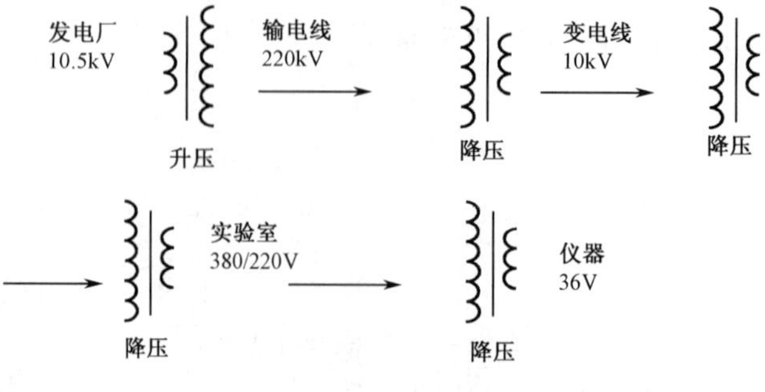

图 7.2.1

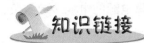

### 1. 变压器的基本构造

单相变压器主要由一个闭合的软磁铁芯和两个套在铁芯上而又互相绝缘的绕组所构成。铁芯是变压器的磁路部分，为了减少涡流和磁滞损耗，铁芯多用磁导率较高且相互绝缘的硅钢片叠成。如图7.2.2所示。

绕组通常又称为线圈，是变压器的电路部分。其中与电源相连的绕组称做初级绕组或原边绕组，与负载相连的绕组称做叫次级绕组或副边绕组。

另外，由于铁芯损失而使铁芯发热，变压器要有冷却系统。一般小容量变压器采用自冷式而中大容量的变压器采用油冷式。

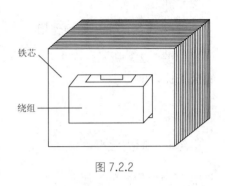

图 7.2.2

### 2. 变压器的用途

变压器主要用途是变换电压，另外还可以变换电流（如电流互感器）、变换阻抗、改变相位（如脉冲变压器）等。

### 3. 变压器的额定值

变压器的满负荷运行情况叫额定运行，额定运行条件叫变压器的额定值。

（1）额定容量 $S_N$：指变压器的视在功率。对三相变压器指三相容量之和。单位：伏安（VA）或千伏安（kVA）。

（2）额定电压 $U_N$：$U_{1N}$ 指电源加到原边绕组上的电压，$U_{2N}$ 是副边绕组开路即空载运行时副绕组的端电压。对于三相变压器一般指线电压值。单位：伏（V）或千伏（kV）。

（3）额定电流 $I_N$：由 $S_N$ 和 $U_N$ 计算出来的电流，即为额定电流。

$$I_{1N} = \frac{S_N}{U_{1N}} \qquad I_{2N} = \frac{S_N}{U_{2N}} \qquad (7.1)$$

（4）额定频率 $f_N$：我国规定标准工业用电频率为50赫（Hz），有些国家采用60赫。

此外，额定工作状态下变压器的效率、温升等数据均属于额定值。

观察变压器的结构，认识变压器的铭牌。

## 第2步　了解变压器的工作原理

变压器的一次绕组（一次绕组）与交流电源接通后，经绕组内流过交变电流产生磁通$\Phi$，在这个磁通作用下，铁芯中便有交变磁通$\Phi$，即一次绕组从电源吸取电能转变为磁能，$\Phi$在铁芯中同时交（环）链原、副边绕组（二次绕组），由于电磁感应作用，分别在原、二次绕组产生频率相同的感应电动势。如果此时二次绕组接通负载，在二次绕组感应电动势作用下，便有电流流过负载，铁芯中的磁能又转换为电能。这就是变压器利用电磁感应原理将电源的电能传递到负载中的工作原理。

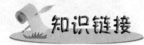

## 知识链接

### 1. 变压器的电压变换作用

如图 7.2.3 所示，在主磁通的作用下，两侧的线圈分别产生感应电势，感应电势的大小与匝数成正比，即

$$\frac{E_1}{E_2} = \frac{N_1}{N_2} = k \tag{7.2}$$

忽略线圈内阻得

$$\frac{U_1}{U_2} = \frac{N_1}{N_2} = K \tag{7.3}$$

式中 $K$ 为变压器的变比。

如果 $N_1 < N_2$，$K < 1$，电压上升，称为升压变压器。

如果 $N_1 > N_2$，$K > 1$，电压下降，称为降压变压器。

可见，当一、二次绕组的匝数不同时，变压器就可以把某一幅度的交流电压变换为同频率的另一幅度的交流电压，实现电压变换作用。

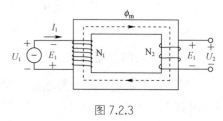

图 7.2.3

### 2. 变压器的电流变换作用

如图 7.2.4 所示，根据能量守恒定律，变压器输出功率与从电网中获得功率相等，即 $P_1 = P_2$，由交流电功率的公式可得

$$U_1 I_1 \cos\varphi_1 = U_2 I_2 \cos\varphi_2$$

式中 $\cos\varphi_1$、$\cos\varphi_2$ 分别是原、副线圈电路的功率因数，可认为相等，因此得到

$$U_1 I_1 = U_2 I_2$$
$$\frac{I_1}{I_2} = \frac{N_2}{N_1} = \frac{1}{K} \tag{7.4}$$

即：变压器一、二次绕组上流过的电流有效值之比与一、二次绕组的匝数成反比。

可见，当一、二次绕组的匝数不同时，变压器就可以把某一幅度的交流电流变换为同频率的另一幅度的交流电流，实现电流变换作用。

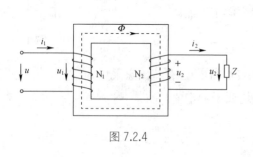

图 7.2.4

### 3. 变压器的阻抗变换作用

设 $|Z_1|$、$|Z_2|$ 分别为一次绕组、二次绕组两端的等效阻抗，则

$$|Z_1| = \frac{U_1}{I_1} = \left(\frac{N_1}{N_2} U_2\right) \bigg/ \left(\frac{N_2}{N_1} I_2\right) = \left(\frac{N_1}{N_2}\right)^2 \frac{U_2}{I_2} = \left(\frac{N_1}{N_2}\right)^2 |Z_2|$$

$$\frac{|Z_1|}{|Z_2|} = \left(\frac{N_1}{N_2}\right)^2 \tag{7.5}$$

即：变压器一、二次绕组两端的等效阻抗之比等于一、二次绕组匝数比的平方。匝数比不同，负载阻抗折算到原边的等效阻抗也不同。我们可以采用不同的匝数比，把负载阻抗变换为所需要的、比较合适的数值。这种做法通常称为阻抗匹配。

**例1：** 有一电压比为 220/110V 的降压变压器，如果次级接上 55Ω 的电阻，求变压器初级的输入阻抗。

解1：$I_2 = \dfrac{U_2}{|Z_2|} = \dfrac{110}{55} = 2\,\text{A}$，$\qquad K = \dfrac{N_1}{N_2} \approx \dfrac{U_1}{U_2} = \dfrac{220}{110} = 2$

$\qquad I_1 = \dfrac{I_2}{K} = \dfrac{2}{2} = 1\,\text{A}$，$\qquad |Z_1| = \dfrac{U_1}{I_1} = \dfrac{220}{1} = 220\,\Omega$

解2：$K = \dfrac{N_1}{N_2} \approx \dfrac{U_1}{U_2} = \dfrac{220}{110} = 2$

$\qquad |Z_1| \approx \left(\dfrac{N_1}{N_2}\right)^2 |Z_2| = K^2 |Z_2| = 4 \times 55 = 220\,\Omega$

### 4. 变压器的外特性

当电源电压 $U_1$ 不变时，随着副绕组电流 $I_2$ 的增加（负载增加），原、副绕组阻抗上的电压降便增加，这将使副绕组的端电压 $U_2$ 发生变动。当电源电压 $U_1$ 和副边所带负载的功率因数 $\cos\varphi_2$ 为常数时，副边端电压 $U_2$ 随负载电流 $I_2$ 变化的关系曲线 $U_2 = f(I_2)$ 称为变压器的外特性曲线。图 7.2.5 为变压器的外特性曲线图。

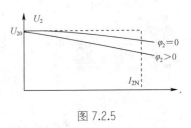

图 7.2.5

通常我们希望电压 $U_2$ 的变动愈小愈好。从空载到额定负载，副绕组电压的变化程度用电压变化率 $\Delta U$ 表示，即

$$\Delta U\% = \dfrac{U_{20} - U_2}{U_{20}} \times 100\% \tag{7.6}$$

式中 $U_{20}$ 为副边的空载电压，也就是副边电压 $U_{2N}$；$U_2$ 为 $I_2 = I_{2N}$ 时的副边端电压。

### 5. 变压器的损耗与效率

变压器存在一定的功率损耗。变压器的损耗包括铁芯中的铁损 $P_{\text{Fe}}$ 和绕组上的铜损 $P_{\text{Cu}}$ 两部分。其中铁损的大小与铁芯内磁感应强度的最大值 $B_m$ 有关，与负载大小无关；而铜损则与负载大小（正比于电流平方）有关。

铁损即是铁芯的磁滞损耗和涡流损耗；铜损是原、副边电流在绕组的导线电阻中引起的损耗。

变压器的输出功率 $P_2$ 与输入功率 $P_1$ 之比的百分数称为变压器的效率，用 $\eta$ 表示。

$$\eta = \dfrac{P_2}{P_1} = \dfrac{P_2}{P_2 + \Delta P_{\text{Fe}} + \Delta P_{\text{Cu}}} \times 100\% \tag{7.7}$$

大容量变压器的效率可达 98%～99%，小型电源变压器效率约为 70%～80%。

**例2：** 有一变压器初级电压为 2200V，次级电压为 220V，在接纯电阻性负载时，测得次级电流为 10 A，变压器的效率为 95%。试求它的损耗功率，初级功率和初级电流。

解：次级负载功率 $P_2 = U_2 I_2 \cos\varphi_2 = 220 \times 10 = 2200$ W

初级功率 $P_1 = \dfrac{P_2}{\eta} = \dfrac{2200}{0.95} \approx 2316$ W

损耗功率 $P_L = P_1 - P_2 = 2316 - 2200 = 116$ W

初级电流 $I_1 = \dfrac{P_1}{U_1} = \dfrac{2316}{2200} \approx 1.05$ A

变压器不接电源时，用万用表的欧姆挡（R×10）测量判断每个线圈的两根引出线，并记下每个线圈引出线对应的接线柱。

1. 变压器的损耗与负载大小是否有关？
2. 变压器的外特性与负载的关系如何？

一、填空题

1. 变压器除了可以变换电压以外，还可以变换_____，变换_____，改变_____，变压器往往用铁壳或铝壳罩起来，为了起到_____作用。

2. 变压器初、次级线圈的电压之比与它们的匝数成_____，公式是_____；变压器初、次级线圈的电流之比与它们的匝数成_____，公式是_____。

3. 根据理想变压器的作用可以推断出变压器有这样特点：接高压的线圈匝数____，导线_____；而接低压的线圈匝数____，导线_____。

4. 铁芯是变压器的_____通道。铁芯多用彼此绝缘的硅钢片叠成，目的是为了减少_____和_____。

5. 变压器的损耗有_____损耗和_____损耗，其中_____损耗由电源电压及频率决定。

6. 一个理想变压器的初级绕组的输入电压是 220V，次级绕组的输出电压为 20V。如果次级绕组增加 100 匝后，输出电压就增加到 25V，由此可知次级绕组的匝数是_____。调整后如果在次级接上 50Ω 的电阻，则变压器初级的输入阻抗是_____。

7. 一个理想变压器初级线圈的匝数为 9900 匝，次级线圈的匝数为 1620 匝，如在初级线圈上加上 220V 的电压，则次级线圈的输出电压为_____，若初级线圈的匝数保持不变，要使次级线圈的输出电压为 45V，则次级线圈的匝数应为_____匝。

二、是非题

1. 变压器可以变换各种电源的电压。（　　）
2. 变压器一次绕组的输入功率是由二次绕组的输出功率决定的。（　　）

3. 变压器输出电压的大小决定于输入电压的大小的一次、二次绕组的匝数比。（  ）
4. 变压器是一种静止的电气设备，它只能传递电能，而不能产生电能。（  ）
5. 变压器的额定容量，是指在额定工作情况下，副线圈输出的有功功率。（  ）
6. 一只降压变压器只要将一次、二次绕组对调就可作为升压变压器使用。（  ）

### 三、选择题

1. 指出下面正确的句子是（  ）。
   A. 变压器可以改变交流电的电压
   B. 变压器可以改变直流电的电压
   C. 变压器可以改变交流电的电压，也可以改变直流电的电压
   D. 变压器除了改变交流电压、直流电压外，还能改变电流等
2. 降压变压器必须符合（  ）。
   A. $I_1 > I_2$          B. $K < 1$          C. $I_1 < I_2$          D. $N_1 > N_2$
3. 铁芯是变压器的磁路部分，铁芯采用表面涂有绝缘漆或氧化膜的硅钢片叠装而成是为了（  ）。
   A. 增加磁阻减少磁通                B. 减少磁阻增加磁通
   C. 减少涡流和磁滞损耗            D. 减少体积减轻重量
4. 一理想变压器的原、副线圈匝数比为 4:1，若在原线圈上加 $u=1414\sin100\pi t$ V 的交流电压，则在副线圈的两端用交流电压表测得的电压是（  ）。
   A. 250V          B. 353.5V          C. 200V          D. 500V
5. 为了安全，机床上照明电灯用的电压是 36V，这个电压是把 220V 的电压通过变压器降压后得到的，如果这台变压器给 40W 的电灯供电（不考虑损耗），则原、副线圈的电流之比是（  ）。
   A. 1:1          B. 55:9          C. 9:55          D. 无法确定
6. 有一变压器的初级电压为 500V，初次级线圈的匝数比为 10:1，在接有纯电阻性负载时，测得次级电流为 10A。若变压器的效率为 90%，则变压器的消耗功率是（  ）。
   A. 55.6W          B. 87.3W          C. 63.2W          D. 24.12W
7. 接有负载的理想变压器，其初级阻抗是 50Ω，次级阻抗为 200Ω，则该变压器的匝数比为（  ）。
   A. 4:1          B. 2:1          C. 1:2          D. 1:4

### 四、计算题

1. 有一台变压器额定电压为 220/110V，匝数为 $N_1=1000$，$N_2=500$。为了节约成本，将匝数改为 $N_1=10$，$N_2=5$ 是否可行？
2. 有一台单相照明用变压器，容量为 10kVA，额定电压为 330/220V。今欲在二次绕组上接 60W/220V 的白炽灯，如果变压器在额定状况下运行，这种电灯可以接多少个？并求一次、二次绕组的额定电流。
3. 额定容量 $S_N=2kVA$ 的单相变压器，一次、二次绕组的额定电压分别为 $U_{1N}=220V$，$U_{2N}=110V$，求一次、二次绕组的额定电流各为多少？

## 项目三　三相变压器的认识

### 学习目标

◇　了解三相变压器的基本结构和原理。

### 工作任务

◇　掌握三相变压器的基本结构和原理。

### 第1步　认识三相变压器的基本结构

图 7.3.1 是各种不同形式的三相变压器。

三相变压器

25KVA 三相变压器

伺服电机专用三相变压器

三相输出变压器

三相变单相变压器

三相自耦变压器

图 7.3.1　三相变压器

#### 1. 三相变压器的基本结构

三相变压器实际上就是由三个相同的单相变压器组合而成，如图 7.3.2 所示。它有三个铁芯柱，每个铁芯柱都绕着同一相的两个线圈，一个是高压线圈，另一个是低压线圈。高压线圈的始端常用 A、B、C，末端用 X、Y、Z 来表示；低压线圈则用 a、b、c 和 x、y、z 来表示。

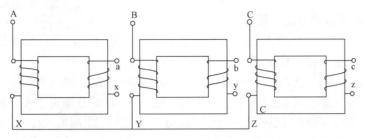

图 7.3.2　三个相同的单相变压器组合

三相变压器是电力工业常用的变压器。根据三相电源和负载的不同，三相变压器初级和次级线圈可接成星形或三角形。

## 第 2 步　理解三相变压器的工作原理

变压器的基本工作原理是电磁感应原理。当交流电压加到一次侧绕组后，交流电流流入该绕组就产生励磁作用，在铁芯中产生交变的磁通，这个交变磁通不仅穿过一次侧绕组，同时也穿过二次侧绕组，它分别在两个绕组中引起感应电动势。

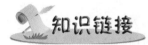

### 三相变压器磁路系统

1. 三相变压器组

如图 7.3.2 所示，由三个单相变压器组成的三相变压器组。各相主磁通以各自铁芯作为磁路，铁芯独立，磁路不关联，互不影响；各相磁路的磁阻相同，当三相绕组接对称的三相电压时，各相的激磁电流和磁通对称。

2. 三相心式变压器

将三个单相铁芯并成一体，如图 7.3.3 所示。当三相变压器外加三相对称交流电压时，三相主磁通之和为零，因此中间的铁芯无磁通流过，故可取消中间铁芯，于是就成了目前广泛使用的三相心式变压器。

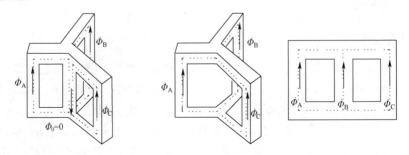

图 7.3.3　变压器心式磁路系统

由于磁路结构不同，三相心式变压器较三相变压器组用的硅钢片少，效率高，价格便宜，占地面积小，维护简单。因而在各类变压器中被广泛使用。

## 三相变压器的连接组别

### 1. 三相变压器绕组的标定和极性

三相变压器有三组一、二次绕组，分别安装在三个铁芯柱上，一次绕组加入三相对称交流电，二次绕组输出也是三相对称交流电。

一、二次绕组可分别连接成星形或三角形，常称星形接法或三角形接法。

（1）标记三相变压器三相绕组端头；一次侧（原边），首端分别用"A、B、C"标记，末端用"X、Y、Z"标记；二次侧（副边），首端用"a、b、c"标记，末端用"x、y、z"标记。

（2）极性：所谓三相变压器极性就是指各相一、二次绕组的"同名端"。其规定为在同一磁链作用下，一、二次绕组（同一相）任一瞬时感应电势极性相同的端为同名端，用"黑点"标记。

### 2. 三相变压器组别的"时钟标定"法

从理论可知，由于三相变压器的一、二次侧均为三相对称连接。无论接成星形还是三角形，可以证明同一相的一、二次对应端的线电势的相位差总是"30°"的倍数。

### 3. 三相变压器连接组别的确定方法

三相变压器组别的确定，主要通过相量图法和规律归纳法判定。以下介绍相量图法的基本方法与步骤。

（1）根据一、二次确定接线方式及特点：Y/Y 接法；同极性（一、二次同名端都在首端）；标出各对应相电势相量。

（2）做一次侧三相对称相量图："Y"形；连接相量顶点，标定线相量及方向。

（3）做二次侧三相对称相量：将"A、a"点重合，按照一、二次侧对应相量平行法则求出。

（4）确定接线点数及组别：从 $E_{AB}$ 顺时针旋转到 $E_{ab}$ 的角度（一定是 30 的倍数，此例为 360°）。所以为 Y/Y-12，即 12 点接法。如图 7.3.4 所示。

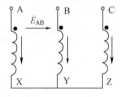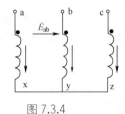

图 7.3.4

### 1. 测定相间极性

被测变压器选用三相心式变压器，用其中的高压和低压两组线圈，额定容量 $P_N$=150/150W，$U_N$=220/55V，$I_N$=0.394/1.576A，Y/Y 接法。用万用表的电阻挡测出高低压线圈 12 个出线端之间哪两个相同，并观察阻值。阻值大的为高压侧，用 A、B、C、X、Y、Z 标出首末端。低压侧标记用 a、b、c、x、y、z。

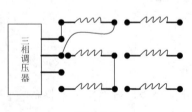

图 7.3.5

按照图 7.3.5 接线，将 Y、Z 端点用导线相连，在 A 相施加约 50%$U_N$ 的电压，测出电压 $U_{BC}$、$U_{BY}$、$U_{CZ}$，若 $U_{BC}$=|$U_{BY}$−$U_{CZ}$|，则首末端标记正确，若 $U_{BC}$=|$U_{BY}$+$U_{CZ}$|，则标记不对。须将 B、C 两相任一相线圈的首末端标记对调。

然后用同样的方法定出 A 相首末端标记。

### 2．测定原、副边极性

暂时标出三相低压线圈的标记 a、b、c、x、y、z，然后按照图 7.3.6 接线。原、副边中点用导线相连，高压三相线圈施加 50%的额定电压，测出电压 $U_{AX}$、$U_{BY}$、$U_{CZ}$、$U_{ax}$、$U_{by}$、$U_{cz}$、$U_{Aa}$、$U_{Bb}$、$U_{Cc}$，若 $U_{Aa}=U_{AX}-U_{ax}$，则 A 相高、低压线圈同柱，并且首端 A 与 a 点为同极性，若 $U_{Aa}=U_{AX}+U_{ax}$，则 A 与 a 端点为异极性。用同样的方法判别出 B，C 两相原，副边的极性。高低压三相线圈的极性确定后，根据要求连接出不同的连接组。

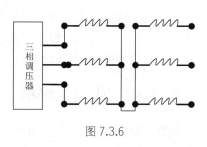

图 7.3.6

三相变压器连接组的决定因素？

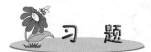

#### 一、填空题

1．三相变压器实际上就是由_____的单相变压器组合而成的，它有三个铁芯柱,每个铁芯柱都绕着同一相的_____个线圈，一个是_____线圈，其始端常用_____，末端用_____来表示；另一个是_____线圈，其始端、末端则分别用_____和_____来表示。

2．根据三相电源和负载的不同，三相变压器初级和次级线圈可接成_____或_____。

3．变压器的基本工作原理是_____原理。当交流电压加到一次侧绕组后交流电流流入该绕组就产生_____作用，在铁芯中产生_____的磁通，分别在两个绕组中引起_____。

4．从理论可知，由于三相变压器的一、二次侧均为三相____连接，则无论接成"Y"形还是"△"形，可以证明同一相的一、二次对应端的线电势的相位差总是"____"的倍数。

#### 二、简答题

1．试根据三相变压器的用途，列举三相变压器的种类。
2．简述三相变压器的工作原理。
3．叙述三相变压器连接组别的确定方法。

## 项目四\*  特殊变压器的认识

## 学习目标

- 了解电焊机的基本构造、工作原理和用途；
- 了解电流互感器、电压互感器的基本构造、工作原理和用途；

◆ 了解自耦变压器的基本构造、工作原理和用途。

## 工作任务

◆ 电焊机的基本构造、工作原理和用途；
◆ 电流互感器、电压互感器的基本构造、工作原理和用途；
◆ 自耦变压器的基本构造、工作原理和用途。

## 第1步　认识电焊机

常见电焊机的外形如图 7.4.1 所示。

图 7.4.1　电焊机

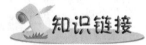

焊条电弧焊所用焊机按电源的种类可分为交流弧焊机和直流弧焊机两大类。这里只介绍交流弧焊机。

1. 交流弧焊机

（1）基本结构

电焊机的结构十分简单，说白了就是一个大功率的变压器，是降压变压器。目前应用最广泛的"动铁式"交流焊机的构造如图 7.4.2 所示。它是一个结构特殊的降压变压器，属于动铁芯漏磁式类型，由绕组、铁芯、接线板、摇把组成。铁芯由两侧的静铁芯和中间的动铁芯组成，变压器的次级绕组分成两部分，一部分紧绕在初级绕组的外部，另一部分绕在铁芯的另一侧。前一部分起建立电压的作用，后一部分相当于电感线圈。

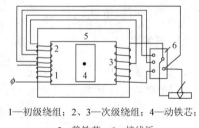

1—初级绕组；2、3—次级绕组；4—动铁芯；
5—静铁芯；6—接线板

图 7.4.2　交流弧焊机的结构

（2）工作原理

引弧时，输出端在接通和断开时会产生较高的电压和较小的电流，巨大电压的变化，在正负两极瞬间短路时引燃电弧，当电弧稳定燃烧时，电流增大，而电压急剧降低，当焊条与工件短路时，电压也是急剧下降，同时也限制了短路电流。电焊机就是利用产生的电弧来熔化电焊条和焊材，冷却后来达到使它们结合的目的。

焊接电流调节分为粗调、细调两挡。电流的细调靠移动铁芯改变变压器的漏磁来实现。向外移动铁芯，磁阻增大，漏磁减小，则电流增大，反之，则电流减少。电流的粗调靠改变次级绕组的匝数来实现。

电焊机有自身的特点，就是具有电压急剧下降的特性。在焊条引燃后电压下降；在焊条被粘连短路时，电压也急剧下降，这种现象产生的原因，是电焊变压器的铁芯特性产生的。

（3）用途

电焊机有着灵活、简单、方便、牢固、可靠，以及焊接后甚至与母材同等强度的优点，因而广泛应用于各个工业领域，如航空制造业、船舶工业、金属加工业、建筑工程等。

### 简易电焊机制作

#### 1．所需材料

小型 220V 电源变压器一个（300W 以上）、继电器一个、微动开关一个、铜棒两根。

#### 2．电图原理图

简易电焊机的电路原理图如图 7.4.3 所示。

#### 3．制作方法

将 220V 变压器原次级线圈不用，另用 2m 长粗 0.5cm² 以上的电线在变压器上绕 6 匝做次级，并测量使得输出电压为 4V 就行了，按图 7.4.3 接上继电器与微动开关，做好两电焊电极。焊接能力：1.5mm+1.5mm 钢，铝，不锈钢板。

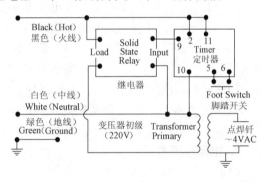

图 7.4.3

## 第 2 步　认识互感器

常见互感器外形如图 7.4.4 所示。

电压互感器

电流互感器

图 7.4.4　互感器

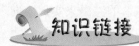

互感器是用于测量的专用变压器，采用互感器的目的是扩大测量仪表的量程，使测量仪表与大电流或高电压电路隔离，以保证安全。互感器包括电压互感器和电流互感器两种。

### 1. 电压互感器

（1）基本结构

电压互感器是一个将高电压变换为低电压的变压器（降压变压器），其副边额定电压一般设计为标准值 100V，以便统一电压表的表头规格。其工作原理与普通变压器空载运行时相似。如图 7.4.5 所示。

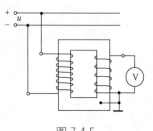

图 7.4.5

（2）电压比

电压互感器原、副绕组的电压比也是其匝数比，即

$$\frac{U_1}{U_2} = \frac{N_1}{N_2} = K$$

若电压互感器和电压表固定配合使用，则从电压表上可直接读出高压线路的电压值。

（3）使用注意事项

电压互感器副边不允许短路，因为短路电流很大，会烧坏线圈，为此应在高压边将熔断器作为短路保护。

电压互感器的铁芯、金属外壳及副边的一端都必须接地，否则万一高、低压绕组间的绝缘损坏，低压绕组和测量仪表对地将出现高电压，这是非常危险的。

### 2. 电流互感器

（1）基本结构

电流互感器是用来将大电流变换为小电流的特殊变压器，它的副边额定电流一般设计为标准值 5A，以便统一电流表的表头规格。其工作原理与普通变压器负载运行时相同，如图 7.4.6 所示。

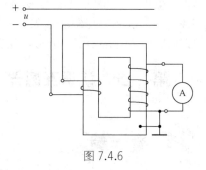

图 7.4.6

（2）电流比

电流互感器的原、副绕组的电流比仍为匝数的反比，即

$$\frac{I_1}{I_2} = \frac{N_2}{N_1} = \frac{1}{K}$$

若安培表与专用的电流互感器配套使用，则安培表的刻度就可按大电流电路中的电流值标出。

（3）使用注意事项

电流互感器的副边不允许开路。

副边电路中装拆仪表时，必须先使副绕组短路，并在副边电路中不允许安装保险丝等保护设备。

电流互感副绕组的一端以及外壳、铁芯必须同时可靠接地。

## 第3步　认识自耦变压器

常见自耦变压器的外形如图 7.4.7 所示。

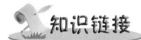

图 7.4.7　自耦变压器

**自耦变压器**

（1）基本结构

自耦变压器是一种将电源电压升高或降低的一种电器设备。其构造如图 7.4.8 所示。在闭合的铁芯上只有一个绕组，它既是原绕组又是副绕组。低压绕组是高压绕组的一部分。当原线圈的匝数大于副线圈的匝数时，是一个降压自耦变压器；反之，是一个升压自耦变压器。

（2）电压比、电流比

$$\frac{U_1}{U_2}=\frac{N_1}{N_2}=K, \qquad \frac{I_1}{I_2}=\frac{N_2}{N_1}=\frac{1}{K}$$

（3）用途

调节电炉炉温，调节照明亮度，启动交流电动机以及用于实验和在小仪器中。

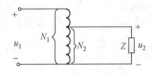

图 7.4.8

电焊机的品种有交流手工弧焊机、氩弧焊机、直流焊机、二氧化碳保护焊机、埋弧焊机、对焊机、点焊机、高频直逢焊机、滚焊机、铝焊机、闪光压焊机、激光焊机等。不同电焊机的用途见表 7.4.1。

表 7.4.1　不同电焊机的用途

| 电 焊 机 | 主 要 应 用 |
|---|---|
| 交流手工弧焊机 | 焊接 2.5mm 上以钢板 |
| 氩弧焊机 | 焊接 2mm 以下的合金钢 |
| 直流焊机 | 焊接生铁和有色金属 |
| 二氧化碳保护焊机 | 焊接 2.5mm 以下的薄材料 |
| 埋弧焊机 | 焊接 H 钢、桥架等大型钢材 |
| 对焊机 | 以焊索链等环形材料为主 |
| 点焊机 | 以点击方式将两块钢板焊接 |
| 高频直逢焊机 | 以焊接管子直逢（如水管等为主） |
| 滚焊机 | 以滚动形式焊接罐底等 |
| 铝焊机 | 专门焊接铝材 |
| 闪光压焊机 | 以焊铜铝接头等材料 |
| 激光焊机 | 可以焊接三极管内部接线 |

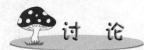

1. 互感器的铁芯和低压绕组的一端均要接地，为什么？
2. 自耦变压器的一次、二次侧能不能对调使用？
3. 电焊机的焊接步骤？

### 一、填空题

1. 电焊机具有电压_____的特性。在焊条引燃后电压_____；在焊条被粘连短路时，电压也急剧_____，这种现象产生的原因是电焊机的_____特性产生的。

2. 互感器是用于____的专用变压器，采用互感器的目的是____测量仪表的量程，使测量仪表与大电流或高电压电路____，以保证安全。互感器包括___互感器和___感器两种。

3. 电流互感器原绕组的匝数_____，要_____连接入被测电路，电压互感器原绕组的匝数_____，要_____连接入被测电路。

4. 电压互感器的铁芯、金属外壳及副边的一端都必须_____，否则万一高、低压绕组间的_____损坏，低压绕组和测量仪表对地将出现_____电压，这对工作是非常危险的。

5. 电流互感器的原、副绕组的电流比为匝数的____；电流互感器的副边不允许_____。电流互感副绕组的一端以及外壳、铁芯必须同时可靠_____。

6. 自耦变压器的铁芯上只有____个绕组。_____绕组是_____绕组的一部分。当原线圈的匝数大于副线圈的匝数时，是一个降压自耦变压器。

### 二、简答与计算题

1. 分析电焊机的工作原理。
2. 分析电压互感器的原次级电压与电流之间的关系，并写出分析过程。
3. 分析电流互感器的原次级电压与电流之间的关系，并写出分析过程。
4. 分析自耦变压器的原次级电压与电流之间的关系，并写出分析过程。
5. 一台容量为 30kV·A 的自耦变压器，初级接在 220V 的交流电源上，初级匝数为 500 匝，如果要使次级的输出电压为 100V，求这时次级的匝数？满载时初、次级电路中的电流各是多大？

## 项目五 特殊电动机的认识

### 学习目标

- 了解三相绕线式异步电动机的基本结构与工作原理；
- 了解直流电动机的基本结构、类型和工作原理，掌握其使用方法。

### 工作任务

- 三相绕线式异步电动机的基本结构与工作原理；
- 直流电动机的基本结构、类型和工作原理。

## 第1步　认识三相绕线式异步电动机

认识三相绕线式异步电动机，如图 7.5.1 所示。

图 7.5.1　三相绕线式异步电动机

### 1. 三相绕线式异步电动机的基本结构

三相绕线式异步电动机的基本结构主要有两部分：定子和转子。

（1）定子

定子是电动机的固定部分，由定子铁芯、定子绕组与机座三部分组成。

① 定子铁芯：定子铁芯是电动机磁路的一部分，它是由表面涂有绝缘漆的 0.5mm 的硅钢片叠压而成，片与片之间是绝缘的，以减少涡流损耗，定子铁芯的硅钢片的内圆冲有定子槽，如图 7.5.2 所示，槽中安放绕组，硅钢片铁芯在叠压后成为一个整体，固定于机座上。

② 定子绕组：定子绕组是电动机的电路部分，由许多线圈连接而成，每个线圈有两个有效边，分别放在两个槽里。三相对称绕组可连接成星型或三角形。如图 7.5.3 所示。

③ 机座：机座主要用于固定与支撑定子铁芯。中小型异步电动机一般采用铸铁机座，可根据不同的冷却方式采用不同的机座形式。

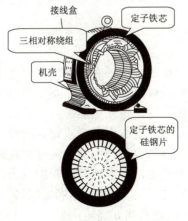

图 7.5.2　定子构造

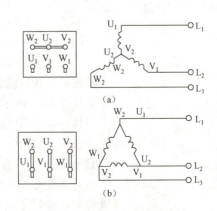

图 7.5.3　三相对称绕组的连接

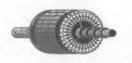

图 7.5.4 转子铁芯的外形

(2) 转子

转子是电动机的旋转部分,由转子铁芯和转子绕组组成。

① 转子铁芯:转子铁芯压装在转轴上,由厚的硅钢片叠压而成的圆柱体,其外圆周冲有槽孔,用以嵌置转子绕组。由硅钢片冲片叠压的转子铁芯如图 7.5.4 所示,转子铁芯也是电动机磁路的一部分,转子铁芯、气隙与定子铁芯构成电动机的完整磁路。

② 转子绕组:线绕式转子绕组与定子绕组一样,由线圈组成绕组放入转子铁芯槽里,转子绕组一般是连接成星形的三相绕组,转子绕组组成的磁极数与定子相同,绕线式转子通过轴上的滑环和电刷在转子回路中接入外加电阻,用以改善启动性能与调节转速,如图 7.5.5 所示。

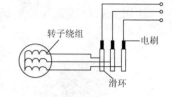

图 7.5.5 转子绕组连接

### 2. 三相绕线式异步电动机的工作原理

(1) 旋转磁场的产生

定子三相绕组通入三相交流电即可产生旋转磁场。当三相电流不断地随时间变化时,所建立的合成磁场也不断地在空间旋转。如图 7.5.6 所示。

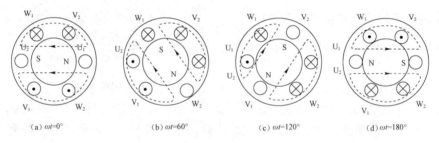

图 7.5.6 旋转磁场产生的原理

(2) 旋转磁场的旋转方向

旋转磁场的旋转方向与三相电流的相序一致,任意调换两根电源进线,则旋转磁场反转。

(3) 旋转磁场的极对数 P 与转速

若定子每相绕组由 $P$ 个线圈串联,绕组的始端之间互差 $60°/P$,将形成 $P$ 对磁极的旋转磁场。

旋转磁场的转速为 $n_0 = \dfrac{60 f_1}{p}$ 转/分。

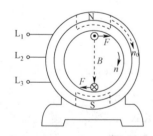

图 7.5.7 电动机的工作原理

(4) 工作原理

当定子接通三相电源后,即在定、转子之间的气隙内建立了一同步转速为 $n_0$ 的旋转磁场。旋转磁场以同步转速 $n_0$ 顺时针旋转时,相当于磁场不动,转子逆时针切割磁力线,根据电磁感应定律可知,在转子导体中将产生感应电势,其方向可由右手定则确定。因转子绕组是闭合的,导体中有电流,电流方向与电势相同。载流导体在磁场中要受到电磁力,其方向由左手定则确定,上半部分所受磁场力向右,下半部分所受磁场力向左,如图 7.5.7 所示。这样,在转子转轴上形成电磁转矩,使转子沿旋转磁场的方向以转速 $n$ 旋转。

(5) 转差率

电动机总是以低于旋转磁场的转速转动。旋转磁场的同步转速和电动机转子转速之差与旋转磁场的同步转速之比称为转差率,它是用来描述转子转速与旋转磁场转速相差的程度。用 $s$ 表示。

$$s = \left(\frac{n_0 - n}{n_0}\right) \times 100\% \qquad 0 < s \leqslant 1$$

启动瞬间:$s = 1$;运行中:$s = (1 \sim 9)\%$。

转差率是异步电动机的一个重要参数。

## 第 2 步　认识直流电动机

图 7.5.8　直流电动机

直流电动机的外形如图 7.5.8 所示。

### 1. 直流电动机的基本结构

直流电动机的主要组成部分:定子部分,主要用来产生磁通;转子部分,通称电枢,将电能转变为机械能的枢纽。在定转子之间,有一定的间隙称为气隙。如图 7.5.9 所示。

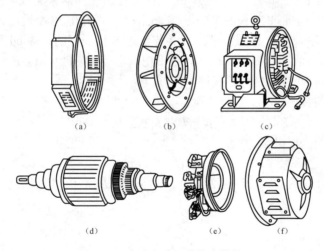

图 7.5.9　直流电动机的基本结构

(1) 定子部分

① 主磁极:主磁极由磁极铁芯和励磁绕组组成。当励磁绕组中通入直流电流后,铁芯中即产生励磁磁通,并在气隙中建立励磁磁场。

② 换向极:当换向极绕组通过直流电流后,它所产生的磁场对电枢磁场产生影响,目的是改善换向,使电刷与换向片之间火花减小。

③ 机座:机座的作用之一是把主磁极、换向极、端盖等部件固定起来,另一个作用是让励磁磁通通过,是主磁路的一部分。

④ 电刷装置:电刷的作用是将旋转的电枢与固定不动的外电路相连,把直流电压或直流电流引入或引出。

（2）转子部分

① 电枢铁芯：电枢铁芯是磁路的一部分，同时也要安放电枢绕组。

② 电枢绕组：电枢绕组是直流电动机电路的主要部分，它的作用是产生感应电动势和流过电流时产生电磁转矩，来实现机电能量转换。

**2. 直流电动机的工作原理**

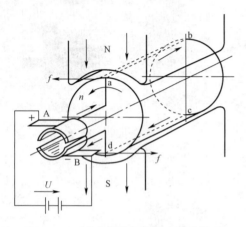

图 7.5.10 直流电动机的基本工作原理

（1）基本工作原理

图 7.5.10 是直流电动机的工作原理模型。电刷 A，B 两端加直流电压 $U$，在图示的位置，电流从电源的正极流出，经过电刷 A 与换向片 1 而流入电动机线圈，电流方向为 a-b-c-d，然后再经过换向片 2 与电刷 B 流回电源的负极。根据电磁力定律，线圈边 ab 与 cd 在磁场中分别受到电磁力的作用，其方向可用左手定则确定，如图中所示。此电磁力形成的电磁转矩，使电动机逆时针方向旋转。当线圈边 ab 转到 S 极面下、cd 转到 N 极面下时，流经线圈的电流方向必须改变，这样导体所受的电磁力方向才能不变，从而保持电动机沿着一个固定的方向旋转。

如何才能使导体中的电流方向改变呢？这个任务将由换向器来完成。从图中可以看出，原来电刷 A 通过换向片 1 与经过 N 极面下的导体 ab 相连，现在电刷 A 通过换向片 2 与经过 N 极面下的导体 cd 相连；原来电刷 B 通过换向片 2 与经过 S 极面下的导体 cd 相连，现在电刷 B 通过换向片 1 与经过 S 极面下的导体 ab 相连。线圈中的电流方向改为 d-c-b-a，用左手定则判断电磁力和电磁转矩的方向未变，电枢仍逆时针方向旋转。

（2）直流电动机的转速

$$N = (U - I_a R_a)/C_e \Phi$$

（3）直流电动机的电枢电流

$$I_a = (U - E_a)/R_a$$

注意：电动机刚开始启动时，转速为 0，电枢电动势 $E_a$ 为 0，所以启动电流很大，是额定电流的 10～20 倍。

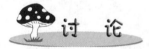

1. 如何改变旋转磁场的方向？
2. 如何实现电动机的正反转？
3. 当直流电动机的额定功率较大时，如何解决启动电流大的问题？

一、填空题

1. 三相异步电动机的基本结构主要有两部分_____。_____是电动机的固定部分，由_____、_____与_____三部分组成；_____是电动机的电路部分，由许多线圈连接而成；_____是电动机的旋转部分，由_____铁芯和_____绕组组成。

2. 三相异步电动机的定子绕组可连接成_____或_____。

3. 三相异步电动机的完整磁路由_____铁芯、_____与_____铁芯构成。

4. 当空间彼此相差120°的三个相同的线圈通入_____的三相交流电时，就能够产生与电流有相同_____的_____磁场。

5. 旋转磁场的旋转方向与三相电流的_____一致，任意调换两根电源进线，则旋转磁场_____。电动机总是以_____旋转磁场的转速转动。

6. 旋转磁场的_____转速和电动机_____转速之差与旋转磁场的_____转速之比称为转差率。用来描述转子_____与旋转磁场转速_____的程度。用_____表示。

7. 直流电动机的主要组成部分①_____部分，主要用来产生_____；②_____部分，通称电枢，将电能转变为_____能的枢纽。在定转子之间，有一定的间隙称为_____。

8. 直流电动机刚开始启动时，转速为_____，电枢电动势 $E_a$ 为_____，所以启动电流很大，是额定电流的_____倍。

二、是非题

1. 异步电动机的转速与旋转磁场的转速相同。（　　）
2. 只要改变旋转磁场的放置方向，就可以控制三相异步电动机的转向。（　　）

三、选择题

1. 下列说法正确的是（　　）。
   A．变压器可以改变各种电源电压
   B．变压器用做变换阻抗时，变压比等于初次级绕组阻抗的平方比
   C．异步电动机的转速是与旋转磁场的转速相同的
   D．只要改变旋转磁场的旋转方向，就可以控制三相异步电动机的转向

2. 要将三相异步电动机定子绕组接成星形，图7.5.11中正确的是（　　）。

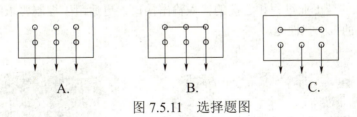

图7.5.11　选择题图

四、计算题

1. 一台额定电压为380V的异步电动机，在某一负载下运行时，测得输入功率为4kW，线电流为10A，问这时电动机的功率因数为多大？若这时测得输出功率为3.2kW，问效率为多大？

2. 有一台三相六极异步电动机，频率为50Hz，铭牌电压为380/220V，若电源电压为380V，试决定定子绕组的接法，并求旋转磁场的转速。

3. 有一台三相八极异步电动机，频率为50Hz，额定转差率为4%，求电动机的转速是多大？

# 学习领域八　现代控制技术

## 项目一　认识可编程控制器

### 学习目标

◇　了解可编程控制器的基本原理与用途。

### 工作任务

◇　观察可编程控制器的外形，说出规格参数，指出可编程控制器的应用。

### 第1步　认识可编程控制器

　　PLC，即可编程控制器（programmable controller），如图 8.1.1 所示。PLC 硬件系统代替继电器控制盘，用程序代替硬件接线。通俗地说，PLC 是一种工业控制用的专用计算机，其原因是它与一般微机基本相同，也是由硬件系统和软件系统两大部分组成。但它与一般计算机相比，具有功能更强的与工业过程相连接的输入输出接口、更适用于控制要求的编程语言，以及更适用于工业环境的抗干扰性能。

图 8.1.1　各类可编程控制器

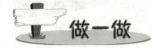

### 1. PLC 的基本组成

PLC 主要由中央处理单元（CPU）、存储器（RAM、ROM）、输入输出单元 I/O、电源和编程器等几部分组成，其结构框图如图图 8.1.2 所示。

（1）中央处理单元（CPU）

CPU 完成 PLC 所进行的逻辑运算、数值计算、信号变换等任务，并发出管理、协调 PLC 各部分工作的控制信号。

（2）存储器

根据程序的作用不同，PLC 的存储器分为系统程序存储器和用户程序存储器两种。

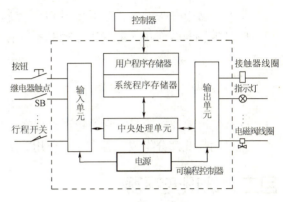

图 8.1.2　可编程控制器基本组成

系统程序存储器主要存储系统管理和监控程序，并对用户程序做编译处理，永久保留在 PLC 中，不因关机、停电及故障而改变其内容，即制造时已固化在硬件中。

用户程序存储器用来存放由编程器键盘或磁带输入的用户控制程序。用户控制程序是根据生产过程和工艺要求编制的程序，可通过编程器修改或增删。

（3）输入输出单元（I/O 单元）

输入输出是 PLC 实现外部功能的唯一通道。输入单元接受来自用户设备的各种控制信号，如限位开关、操作按钮、外部设置数据等。而输出单元则是将 CPU 处理结果输出给受控部件，如指示灯、数码显示装置，以及继电器绕组等。总之，PLC 主要是通过输入输出单元的外部接线实现对工业设备和控制过程的检测和控制，它既可检测到所需的信息，又可将处理结果传送给外部器件，驱动各种执行机构。

（4）电源单元

PLC 的供电电源是一般市电，也有用直流 24V 供电的。PLC 对电源稳定度要求不高，一般允许电源电压额定值在＋10%～15%的范围内波动。

目前 PLC 都采用开关电源，性能稳定、可靠。对数据存储器常采用锂电池做断电保护后备电源，锂电池的工作寿命大约为 5 年。

（5）编程器

编程器是 PLC 的最重要外围设备。利用编程器将用户程序送入 PLC 的存储器，还可以用编程器检查程序，修改程序；利用编程器还可以监视 PLC 的工作状态。编程器一般可分简易型编程器和智能型编程器。小型 PLC 常用简易型编程器，大中型 PLC 多用智能型 CRT 编程器。除此以外，在个人计算机上添加适当的硬件接口和软件包，即可用个人计算机对 PLC 编程。利用个人计算机作为编程器，可以直接编制并显示梯形图。

在老师的带领下进入 PLC 实训室，认真观察 PLC 实训台中可编程控制器的外形，说出规格参数,指出可编程控制器的应用。

 讨 论

1. 生产生活中哪些设备、电器使用 PLC 控制?
2. PLC 控制系统与传统的继电器控制系统有何区别?

 习 题

1. 什么是可编程控制器?它的特点是什么?
2. PLC 由哪几部分组成?各有什么作用?

## 项目二　认识变频器

### 学习目标

◇　了解变频器的基本原理和用途。

### 工作任务

◇　认识变频器的外形,识读其规格及参数,指出变频器的应用。

### 第1步　认识变频器

 看一看

变频器:把电压和频率固定不变的交流电变换为电压或频率可变的交流电的装置称为变频器。为了产生可变的电压和频率,该设备首先要把三相或单相交流电变换为直流电(DC)。然后再把直流电(DC)变换为三相或单相交流电(AC)。

变频器常应用在电动机(如空调等)、荧光灯等产品中。各类变频器如图 8.2.1 所示。

图 8.2.1　各类变频器

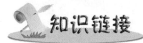

### 1. 变频调速基本原理

异步电动机旋转磁场的转速 $n_0$ 与供电电源频率 $f_1$、电机极对数 $p$ 之间的关系为

$$n_0 = 60 f_1 / p$$

当改变电源供电频率 $f_1$ 时，旋转磁场转速 $n_0$ 也相应变化，从而带动转子转速 $n$ 的变化。因为电源频率 $f_1$ 是连续可调的，所以旋转磁场转速 $n_0$ 以及转子转速 $n$ 也将是连续变化的，因此说变频调速属于无级调速，有调速范围宽、调速平滑等特点。

### 2. 通用变频器的基本结构和主要功能

变频器分为交-交型和交-直-交型两种形式，其基本结构如图 8.2.2 所示。

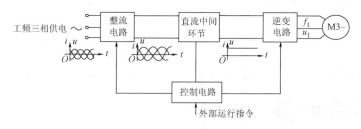

图 8.2.2　变频器的基本结构

交-交型变频器可以将工频交流电直接变换成频率、电压均可调节的交流电，通常称直接式变频方式。

交-直-交变频器则是先把工频交流电通过整流器变成直流电，然后再经过逆变电路把直流电变换成频率、电压均可调节的交流电，所以称为间接式变频方式。

（1）整流电路：整流电路的作用是对电网提供的交流电进行整流，使其变为单一方向的直流电。

（2）直流中间环节：一环节的作用是对整流输出的脉动直流电进行平滑（即滤波），以减小电压、电流的波动。

（3）逆变电路：逆变电路是变频器的重要环节，作用是在控制电路的控制下，将直流电转换为所需频率 $f_1$ 和幅度 $U_1$ 的交流电，以此来对异步电动机进行调速控制。

（4）控制电路：控制电路是变频器的核心，其主要作用是根据事先确定的变频控制方式与由外部获得的各种检测信息进行比较和运算，从而产生逆变电路所需要的各种驱动信号。

认识变频器的外形，识读其规格及参数，指出变频器的应用。

1. 生产生活中哪些设备、电器使用变频器控制？

2. 使用变频器对生产生活的意义?

1. 什么是变频器?
2. 变频调速时,改变电源频率 $f_1$ 的同时须控制电源电压 $U_1$,试说明其原因。
3. 变频器由几部分组成?各部分都具有什么功能?

## 项目三　认识传感器

### 学习目标

◇ 了解传感器的基本原理与用途。

### 工作任务

◇ 认识传感器的种类,识读各类传感器规格及参数,了解传感器的应用。

### 第1步　认识传感器

传感器是能感受规定的被测量并按照一定的规律转换成可用信号的器件或装置,通常由敏感元件和转换元件组成。它是一种检测装置,能感受到被测量的信息,并能将检测感受到的信息,按一定规律变换成为电信号或其他所需形式的信息输出,以满足信息的传输、处理、存储、显示、记录和控制等要求。它是实现自动检测和自动控制的首要环节。

各类传感器如图 8.3.1 所示。

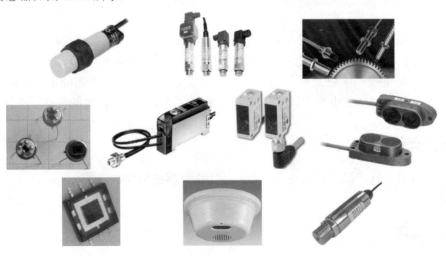

图 8.3.1　各类传感器

## 知识链接

### 1. 传感器及其作用

传感器：将一种被测的信号变为另一种可用形式信号的器件。

如机→电、热→电、声→电；或机→光、热→光、光→电。

传感器也是把被测的非电量转换为与之有确定关系的电量的装置，传感器是人类感官的延伸，是现代测控系统的关键环节。

### 2. 传感器的分类

传感器的分类方法很多，概括起来，主要有下面几种分类方法。

（1）按被测物理量来分类，可分为力敏传感器、热敏传感器、湿度传感器、气体传感器、磁传感器、光学传感器等，各种传感器的作用如图 8.3.2 所示。

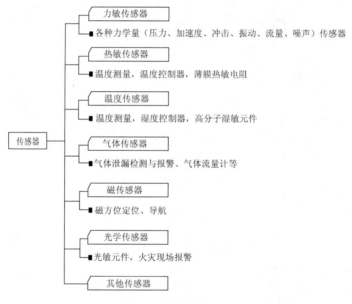

图 8.3.2　传感器的分类

（2）按传感器工作的物理原理来分类，可分为机械式、电气式、辐射式、流体式等。
（3）按信号变换特征来分类，可分为物性型和结构型。
（4）按传感器与被测量之间的关系来分类，可分为能量转换型和能量控制型。
（5）另外，按传感器输出量的性质可分为模拟式和数字式。

使用常见的干簧管、光敏电阻、热敏电阻做元件特性检测实验。

实验中，每个实验现象是什么?这些元件的有什么特性？

## 习 题

1. 传感器作用：它是能够把易感受的力、温度、光、声、化学成分等_____按照一定的规律转换为容易进行测量、传输、处理和控制的电压、电流等_____，或转换为_____的一类元件。

2. 传感器按被测物理量来分类，可分为_____、_____、_____、_____、_____、_____等。

# 学习领域九　相约电子实训室

## 项目一　熟悉电子实训室

### 学习目标

◇ 了解电子实训室的规章制度、操作规程及安全用电的规则;
◇ 了解实训室电源、仪表、控制开关的种类和位置等。

### 工作任务

◇ 布置电子实训室,熟悉电子实训室规章制度。

### 第1步　认识电子实训室

观察学校电子实训室,了解电子实训室的基本布置。

1. 电子实训室的设施有哪些是你熟悉的?哪些是你不熟悉的?
2. 你知道哪些设施的名称?哪些设施的名称你不知道?
3. 你了解哪些设施的功能?哪些设施的功能你不了解?

### 知识链接

电子实训室是学习电子知识和技能的场所,电子实训室通常配备电子实训工作台,电子测量仪器和仪表,在工作台上通常配备交流电源和直流电源及信号源,以使进行电子实训安装和调试。此外电子实训室还配备各种电子操作工具。

### 第2步　熟悉电子实训室操作台

电子实训操作台没有统一标准,学生在教师的指导下熟悉本校实训操作台,在实训过程中应知道电子实训室管理制度及电子实训室安全操作规程。

### 使用操作台

按照本校实际操作台,打开电源,熟悉总电源、插座、开关的位置,输出直流电源电压等。

1. 在实习中应怎样遵守电子实训室规章制度。
2. 电子实训室中的各种仪器设备操作注意事项。

1. 请说出本校实训操作台的使用方法。
2. 请说出电子实训室的安全操作规程。

## 项目二  电子基本技能操作

### 学习目标

- ◇ 认识并会使用电烙铁;
- ◇ 认识常用电子仪器仪表;
- ◇ 会使用常用仪器仪表。

### 工作任务

- ◇ 手工焊接;
- ◇ 使用仪器仪表。

### 第 1 步  学会手工焊接

在电子工业中,焊接技术应用极为广泛,因此,我们应熟悉焊接工具、焊料、焊剂、焊接工艺及质量标准,掌握手工焊接技术。

焊接工具主要包括电烙铁、烙铁架等一些常见的工具,配套用的还有一些钳子、起子等,如图 9.2.1 所示。

图 9.2.1  焊接工具

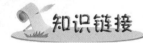

1. 电烙铁的结构

电烙铁是手工焊接的主要工具,由于用途、焊接对象不同,有各式各样的烙铁。按加热方式分，有直热式、感应式。最常用的是直热式电烙铁，它又可以分为内热式和外热式两种。

图 9.2.2（a）所示为直热式电烙铁结构，主要由以下几部分组成。

（1）加热元件：它是将镍铬发热电阻丝缠在云母、陶瓷等耐热、绝缘材料上构成的。

（2）烙铁头：一般用紫铜制成，根据不同的焊接对象加工成各种形状，如图 9.2.2（b）所示。在使用中因高温氧化和焊剂腐蚀会变得凹凸不平，需要经常清理和修整。

（3）手柄：一般用木料或胶木制成。

（4）接线柱：这是发热元件同电源线的连接处。必须注意：一般烙铁有三个接线柱，其中一个是接金属外壳的，接线时应用三芯线将外壳保护接零线。

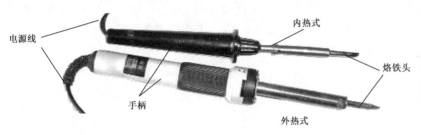
(a) 典型电烙铁结构示意图

(b) 烙铁头

图 9.2.2 典型电烙铁

### 2. 电烙铁的选用

在科研、生产、实验、仪器维修过程中，可根据不同的用途和焊接对象选择不同的电烙铁。电子实训时一般采用 35W 电烙铁。

### 3. 电烙铁的使用与保养

使用前，应用万用表测量电烙铁插头两端是否短路或开路，正常时内热式电烙铁的阻值约为 0.5～2kΩ左右（烙铁芯的电阻值）。再测量插头与外壳是否漏电或短路，正常时应为无穷大。在使用间隔中，电烙铁应搁在金属的烙铁架上，这样既保证安全，又可适当散热，避免烙铁头"烧死"。对于已"烧死"的烙铁头，应按新烙铁的要求重新上锡。

图 9.2.3 锡铅合金焊料

### 4. 焊料、助焊剂

常用的焊料是焊锡，焊锡是一种锡铅合金。如图 9.2.3 所示。常用的焊锡丝有两种，一种是将焊锡做成管状，管内有松香，称松香焊锡丝，使用这种焊锡丝焊接时可不加助焊剂。另一种是无松香的焊锡，焊接时要加助焊剂。

### 5. 焊接工艺

图 9.2.4 为手工焊接操作图。手工锡焊接技术是一项基本功，就是在大规模生产的情况下，维护和维修也必须使用手工焊接。因此，必须通过学习和实践操作练习才能

图 9.2.4 手工焊接操作图

熟练掌握。

### 5. 手握铬铁的姿势

焊接时，一手拿烙铁，一手拿焊锡丝。焊锡丝的拿法如图 9.2.5 所示。

图 9.2.5　焊锡丝的拿法

图 9.2.6　电烙铁的握法

手握铬铁的手柄，绝不能握在金属部分。电铬铁的握法一般有两种，对于小功率电烙铁的握法是"握笔式"，像用手握笔一样。这种握法对于电子线路的焊接，使用功率比较小的铬铁，并且铬铁头都是直型，常用这种握法。对于大功率的铬铁，比较大，也较重，所以采用"拳握法"，像握拳头一样，握住铬铁柄，如图 9.2.6 所示。

### 6. 焊接操作步骤

通常采用如图 9.2.7 所示的五步法焊接。

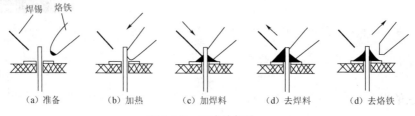

图 9.2.7　五步法焊法

（1）准备：准备好被焊工件，烙铁加温到工作温度并吃好锡，一手握好烙铁，一手抓好焊料（通常是焊锡丝），烙铁与焊锡丝分别位于被焊工件两侧。

（2）加热：烙铁头均匀接触被焊工件，包括工件引脚和焊盘。不要施加压力或随意拖动烙铁。

（3）加焊锡：当工件被焊部位升温到焊接温度时，送上焊锡丝并与工件焊点部位接触，熔溶、润湿。送锡要适量。

（4）移去焊料：熔入适量焊料（当焊锡铺满焊孔）后，迅速移去焊锡丝。

（5）移开烙铁：当焊锡完全润湿焊点后，迅速移开烙铁，注意移开烙铁的方向应该是 45°左右。

对一般焊点而言，焊接时间在 3 秒左右，对于小元件和集成电路引脚的焊接时间甚至更短。这需要在装配实践中熟练掌握和细心体会其操作要领，达到熟能生巧。

### 7. 对锡焊质量的要求和检查

焊点是电子产品中各元件连接的基础，焊点质量出现问题，可导致设备故障，一个虚焊的焊点会给设备造成故障隐患。因此高质量的焊点必须满足可靠的电气连接、足够的机械强度、光洁整齐的外观、焊点无毛刺、空隙等基本要求。

焊接结束后，针对上述基本要求进行焊接点的外观检查和板面清理。清除电路板上不干的污物和有害残留物，及时发现问题，进行补焊。

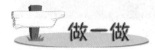

1. 拆装内热式、外热式电烙铁，分别找出加热元件、烙铁头、手柄、接线柱等。

2. 对烙铁头进行"吃锡"处理。

3. 焊接训练：在万能板上进行焊接训练（焊接电阻、电容、晶体管、集成电路等）。

## 拓　展

### 其他几种常用电烙铁

**1．调温电烙铁**

图 9.2.8 所示为调温电烙铁。普通的内热式烙铁其烙铁头的温度是不能改变的。调温电烙铁则不同，它的功率最大是 60W，温度调节范围一般为 100～400℃。配用的烙铁头为长寿头。

**2．恒温电烙铁**

图 9.2.9 所示为恒温电烙铁。由于恒温电烙铁头内，装有带磁铁式的温度控制器，控制通电时间而实现温控，即给电烙铁通电时，烙铁的温度上升，当达到预定的温度时，因强磁体传感器达到了居里点而磁性消失，从而使磁芯触点断开，这时便停止向电烙铁供电；当温度低于强磁体传感器的居里点时，强磁体便恢复磁性，并吸动磁芯开关中的永久磁铁，使控制开关的触点接通，继续向电烙铁供电。如此循环往复，便达到了控制温度的目的。

**3．吸锡电烙铁**

吸锡电烙铁是将活塞式吸锡器与电烙铁融为一体的拆焊工具，如图 9.2.10 所示。它具有使用方便、灵活、适用范围宽等特点。这种吸锡电烙铁的不足之处是每次只能对一个焊点进行拆焊。

图 9.2.8　调温电烙铁

图 9.2.9　恒温电烙铁

图 9.2.10　吸锡电烙铁

## 讨　论

1．我们训练时使用的电烙铁属于_____电烙铁，这种电烙铁一般有_____、_____、_____、_____等组成。焊接时采用了_____握法。

2．手工焊接一般按照准备、_____、_____、_____、_____ 5 个步骤操作。

3．在烙铁头"烧死"的情况下继续焊接，焊点质量_____（能/不能）保证。

4．通过反复训练，你的焊点是_____，_____（达到/没有达到）焊接要求。

5．焊接时发现烙铁头上脏或者"吃锡"过多，应该用_____清洁，如果试图通过敲打烙铁头来清洁，很容易损坏_____。

## 第2步 使用常用仪器仪表

在电工电子岗位中,经常会用到各类电子仪器,用来测量数据、观察波形或给电子仪器提供各种电信号。那么到底有哪些常用仪器仪表呢,下面我们就一起来认识一下吧。

(1)常用的低压电源,如图9.2.11所示。
(2)常用的信号发生器,如图9.2.12所示。
(3)常用的示波器,如图9.2.13所示。
(4)常用的毫伏表,如图9.2.14所示。

图9.2.11　常用的低压电源　　　　　　　　图9.2.12　常用的信号发生器

 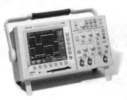　　　

图9.2.13　常用的示波器　　　　　　　　图9.2.14　常用的毫伏表

### 知识链接

**1. 稳压电源**

稳压电源主要是用来提供多种低压直流电源的仪器,型号虽然很多,但其使用方法大同小异。

**2. 信号发生器**

电子产品调试时,有时需产生一定幅度和频率的信号,这就需要信号发生器来完成。信号发生器按信号波形可分为正弦信号发生器,函数信号发生器,脉冲信号发生器,随机信号发生器。其中正弦信号发生器和函数信号发生器应用较多。

YB1639函数信号发生器是由晶体管构成的小型函数信号发生器,能产生0.2Hz~2MHz的正弦波,方波,三角波等信号。

**3. 示波器**

示波器是一种用途十分广泛的电子测量仪器,主要用于观察电压(电流)的波形,也可以测量电压、频率、相位等参数，它能把肉眼看不到的电信号变换成看得见的图像，便于人们研究各种电现象的变化过程。

示波器分为数字示波器和模拟示波器。模拟示波器的显示器件是阴极射线管，它是利用电子枪发射的电子经聚焦形成电子束，并打在屏幕中心的一点上。屏幕的内表面涂有荧光物质，这样电子束打中的点就发出光来。电子在从电子枪到屏幕的途中要经过偏转系统。在偏转系统上施加电压就可以使光点在屏幕上移动。而数字示波器则是应用数据采集，A/D 转换，软件编程等一系列的技术制造出来的高性能示波器。数字示波器一般支持多级菜单，能提供给用户多种选择，多种分析功能。还有一些示波器可以提供存储，实现对波形的保存和处理。

### 4. 毫伏表

电子电压表种类型号繁多，根据测量信号频率的不同可以分为低频、高频和超高频毫伏表。其中 DA-16 型晶体管毫伏表是一种常用的低频电子电压表，具有较好的灵敏度、稳定度。

#### 1. 熟悉常用仪器仪表各旋钮位置与作用

（1）观察直流稳压电源各旋钮的位置，熟悉各旋钮的功能与使用方法。
（2）观察信号发生器各旋钮的位置，熟悉各旋钮的功能与使用方法。
（3）观察示波器各旋钮的位置，熟悉各旋钮的功能与使用方法。
（4）观察晶体管毫伏表各旋钮的位置，熟悉各旋钮的功能与使用方法。

#### 2. 测试内容

（1）调节函数发生器，使正弦波信号的幅值和频率按表 9.2.1 输出，再用毫伏表测出对应的电压值，并将结果填入表 9.2.1 中。

表 9.2.1　测试记录表

| 正弦波信号 | | 函数发生器面板上各旋钮的位置 | | | | 毫伏表测量 |
|---|---|---|---|---|---|---|
| $f$（Hz） | 幅值（V） | 频率粗调 | 频率表指示 | 衰减按键 | 输出电压读数 | |
| 250 | 2 | | | | | |
| 1k | 0.2 | | | | | |
| 10k | 0.02 | | | | | |

（2）用示波器测量示波器本身提供的标准信号的峰峰值和频率的大小，并将结果记入表 9.2.2 中。

表 9.2.2　测试记录表

| 垂直衰减选择钮 | 扫描时间选择钮 | ×10 MAG | VARIABLE | 示波器显示波形 |
|---|---|---|---|---|
| | | | | |

（3）调节函数发生器，使信号的幅值和频率按表 9.2.3 输出，用示波器测出对应的波形，并将结果填入表 9.2.3 中。

表 9.2.3　测试记录表

| 调试信号 | | | 函数发生器面板上各旋钮的位置 | | 示波器面板上各旋钮的位置 | | | | 示波器显示波形 |
|---|---|---|---|---|---|---|---|---|---|
| 波形 | $f$（Hz） | 幅值（V） | 输出电压读数 | 输出频率读数 | 垂直衰减选择 | 扫描时间选择 | ×10 MAG | VARIABLE | |
| 正弦波 | 250 | 2 | | | | | | | |
| | 1k | 0.2 | | | | | | | |
| 三角波 | 5k | 1 | | | | | | | |

（4）测量直流稳压电源的纹波系数。调节电源至 3V、6V、9V（用万用表测试其准确性），用毫伏表分别测出其对应纹波电压，计算出纹波系数，并计入表 9.2.4 中。

表 9.2.4　测试记录表

| 直流输出 | 纹波电压 | 纹波系数 |
|---|---|---|
| 3V | | |
| 6V | | |
| 9V | | |
| 12V | | |

输出电压可以用示波器来测量吗？

1．焊接五步法是哪五步？写出五步法焊接步骤。
2．使用毫伏表应注意哪些问题？
3．示波器测量频率怎样测量？
4．写出电烙铁的组成及各部分的作用。

# 学习领域十  晶体二极管及其应用

## 项目一  整流电路的制作与测量

### 学习目标

- 了解二极管的结构、符号、特性、主要参数等；
- 了解稳压管、发光二极管、光电二极管等典型二极管的功能和实际应用；
- 会判别二极管的极性和好坏；
- 会搭接桥式整流电路；
- 能识读整流电路，了解整流电路的作用及工作原理；
- 会观察整流电路输出电压的波形，会合理选用整流电路元件的参数。

### 工作任务

- 认识二极管；
- 测试二极管的单向导电性；
- 判断二极管的极性与好坏；
- 整流电路的制作与调试。

### 第1步  认识二极管

图 10.1.1 所示是几种常见二极管的实物外形，从图中我们可以初步得出普通二极管的共性特征：具有两个引脚。这两个引脚实际上就是二极管的正负电极，它的（普通二极管）图形符号如图 10.1.2 所示，文字符号一般用"V"表示，有时为了和三极管区别，也可以用"VD"或"D"表示，本书采用 VD 表示。

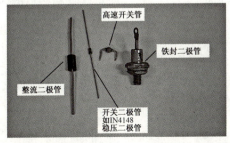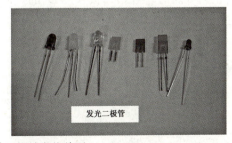

图 10.1.1  几种常见的二极管实物外形

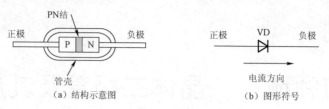

图 10.1.2　普通二极管的结构与符号

观察图 10.1.3（a）、（b）两个图中均有相同元器件构成，仅仅是二极管 VD 的方向发生了变化，那么二极管方向的改变对灯泡的亮灭有什么影响呢？我们就一起来做一做吧。

（1）按照图 10.1.3（a）连接电路，经复查确定连接正确后通电检测。

（2）调节直流稳压电源，使输出电压为 6V，对照表 10.1.1 测试相关数据并记录；

（3）将已连电路中二极管极性对调，即可得到图 10.1.3（b）所示电路，对照表 10.1.1 测试相关数据并记录。

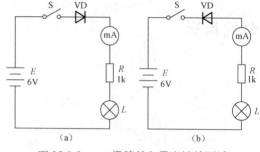

图 10.1.3　二极管单向导电性的测试

表 10.1.1

| 记录 | 电流表读数（mA） | 电阻两端的电压（V） | 二极管两端的电压（V） | 灯泡亮灭 |
|---|---|---|---|---|
| 图（a）二极管正向连接 | | | | |
| 图（b）二极管反向连接 | | | | |

1. 从前面的测试结果，可以说明：当二极管 VD 两端加正向电压时，灯泡就会发光，此时二极管必将_____（导通/截止），相当于开关的_____（闭合/断开）；当二极管 VD 两端加反向电压时，灯泡就会熄灭，二极管必将_____（导通/截止），相当于开关的_____（闭合/断开）。

2. 标出二极管的正负极：

3. 正向导通时，普通二极管 VD 的正向压降约为_____伏（注意硅管和锗管的区别），二极管_____（具有/不具有）单向导电性。

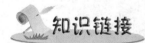

### 半导体与半导体二极管

#### 1. 半导体

半导体是一种具有特殊性质的物质，它不像导体一样能够完全导电，又不像绝缘体那样不能导电,它介于两者之间,所以称为半导体。在半导体中存在两种导电的带电物质:一种是带有负电的自由电子(简称电子),另一种是带有正电的空穴(简称空穴),它们在外电场作用下都有定向移动的效应,能够运载电荷而形成电流,称为载流子。硅和锗是目前最常用的半导体材料。

### 2. 半导体二极管

不加杂质的纯净半导体称为本征半导体,在本征半导体中两种载流子的数量相等。如果纯净半导体中加入微量杂质硼元素,就会使其空穴的数量大于电子的数量,成为空穴型半导体,也称为 P 型半导体。如果纯净半导体中加入微量杂质磷元素,就会使其电子的数量大于空穴的数量,成为电子型半导体,也称为 N 型半导体。如果在半导体的单晶基片上通过特殊工艺加工使其一边形成 P 型区,而另一边形成 N 型区,则在两种半导体的结合部就会出现一个特殊的薄层,称为 PN 结。PN 结具有单向导电性,即如果电源正极接 P 型半导体,负极接 N 型半导体时,PN 结内外电路形成正向电流,这种现象称为 PN 结的正向导通;如果电源的正负电极反过来,即电源正极接 N 型半导体,负极接 P 型半导体时,PN 结内外电路只能形成极小的反向电流,这种现象称为 PN 结的反向截止。

半导体二极管就是利用 PN 结的单向导电性制造的一种半导体器件,它是由管芯(主要是 PN 结),从 P 区和 N 区分别焊出的两根金属引线——正、负极,以及塑料、玻璃或金属封装的外壳组成,图 10.1.4 所示为常见二极管的结构示意图。

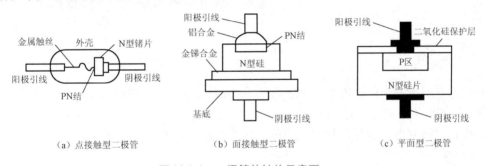

(a)点接触型二极管　　(b)面接触型二极管　　(c)平面型二极管

图 10.1.4　二极管的结构示意图

### 3. 二极管的伏安特性曲线

二极管的伏安特性曲线是指加在二极管两端的电压 $v_D$ 与流过二极管的电流 $i_D$ 的关系曲线。利用晶体管图示仪能十分方便的测出二极管的正、反向伏安特性曲线,如图 10.1.5 所示。

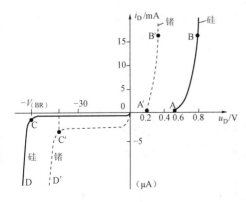

图 10.1.5　二极管的伏安特性曲线

**想一想**

将测试的电流与电压值和二极管的伏安特性曲线对照,你将会发现什么?

## 第2步 判断二极管的极性

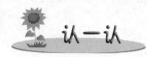

普通二极管：一般把极性标示在二极管的外壳上，并用一个不同颜色的环来表示负极，有的直接标上"-"号。

**无标记普通二极管的判别**

（1）将万用表拨到 R×100 或 R×1k 挡，并调零。

（2）按图 10.1.6（a）所示测量二极管，此时二极管的电阻 $R_D$=_____。

（3）将万用表表笔对调，按照图 10.1.6（b）所示的方式测量二极管，此时二极管的电阻 $R_D'$=_____。

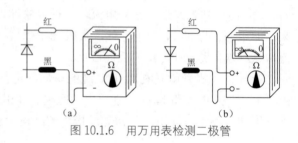

图 10.1.6　用万用表检测二极管

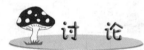

（1）因为万用表 R×1 电阻挡电流较_____（小/大），R×10k 挡电压较_____（低/高），所以在测量普通二极管时一般不用该挡位。

（2）根据二极管的单向导电性，我们能分析出二极管具有正向电阻_____（小/大），反向电阻_____（小/大）的特点。

（3）通过前面的测试，可总结出判别二极管的方法：用万用表测量二极管正、反两个阻值，阻值小的一次，与黑表笔相连的一端为二极管的_____（正/负）极，红表笔相连的一端为二极管的_____（正/负）极。如果测得正、反向电阻均很小，说明该二极管内部_____（短路/开路）；若正、反向电阻均很大，则说明该二极管内部_____（短路/开路）。

## 第3步 整流电路的制作与测量

电力网供给用户的是交流电，而各种无线电装置需要用直流电。整流，就是把交流电变为直流电的过程。利用二极管的单向导电特性，就可以把方向和大小交变的电流变换为直流电。常用的有单相半波整流、单相全波整流、单相桥式整流和倍压整流等。

### 单相半波整流电路

观察图 10.1.7 所示电路，变压器是输出电压 $V_2$ 为 6V 的降压变压器，负载电阻 R 为 1kΩ，整流二极管 VD 为 1N4007，两图中仅仅对调了二极管的极性。

（1）按图 10.1.7（a）连接电路，经复查确定电路连接正确后通电检测。

（2）用万用表分别测出输出电压 $V_L$ 和电流 $I_L$ 的大小及方向并记录在表 10.1.2 中。

（3）将本电路中二极管 VD 反接（即图 10.1.7（b）所示），并用同样的方法测出输出电压 $U_L$ 和电流 $I_L$ 的大小及方向并记录在表 10.1.2 中。

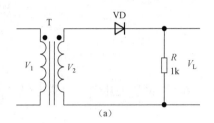
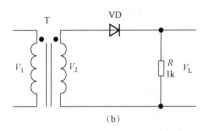

图 10.1.7　单相半波整流电路

表 10.1.2　单相半波整流电路参数测试

|  | $V_2$ | $V_L$ | $V_L$ | $V_L/V_2$ | $V_L$ 电压方向 |
|---|---|---|---|---|---|
| 图（a） |  |  |  |  |  |
| 图（b） |  |  |  |  |  |

### 讨论

所谓"整流"，就是指把_____（双向/单向）交流电变为_____（双向/单向）脉动直流电。该电路仅利用了电源电压的_____（半个/一个）波，故称为半波整流电路。若在电路中改变二极管的接法，输出波形_____（会/不会）发生变化，即输出电压的极性_____（会/不会）发生变化，$V_L=$_____$V_2$。

### 知识链接

**单相半波整流电路的工作原理**

通过前面的电路制作和测试，我们初步了解了半波整流电路输出电压与输入电压波形、大小之间的关系，下面从理论上分析二极管是怎样整流的。

在图 10.1.8 所示参考方向下，$v_2$ 为正半周时（A 端为正、B 端为负，A 端电位高于 B 端电位），二极管加正向电压导通，电流 $i_D$ 自 A 端经二极管 VD 自上而下的流过负载 $R_L$ 到 B 端。因为二极管正向压降很小，可认为负载两端电压 $v_L$ 与 $v_2$ 几乎相等，即 $v_L=v_2$。

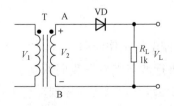
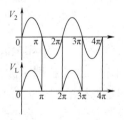

图 10.1.8　单相半波整流电路

$v_2$ 为负半周时（A 端为负、B 端为正，A 端电位低于 B 端电位），二极管加反向电压截止，电流 $i_D=0$，负载 $R_L$ 上的电流 $i_L=0$，负载 $R_L$ 上的电压 $v_L=0$。

在交流电压 $v_2$ 工作的整个周期内，$R_L$ 上只有自上而下的单方向电流，实现了半波整流。

半波整流电路的输出电压 $V_L$ 只有输入电压 $v_2$ 的一半，电源利用率低，输出电压的脉动大，在实际应用中没有实用价值。通过下面两个单元的制作我们即可学习到如何将输入电压的整个周期都得到充分利用的整流电路。

图 10.1.9 所示电路，T 是中心抽头的双输出电压 6V 的降压变压器，负载电阻 R 为 1kΩ，整流二极管 VD 为 1N4007。

（1）按图 10.1.9（a）连接电路，经复查确定电路连接正确后再通电检测。

（2）用万用表分别测出输出电压 $V_L$ 和电流 $I_L$ 的大小及方向，并记录在表 10.1.3 中。

（3）将二极管 $VD_1$、$VD_2$ 同时反接，如图 10.1.9（b）所示，并用同样的方法测出输出电压 $U_L$ 和电流 $I_L$ 的大小及方向，并记录在表 10.1.3 中。

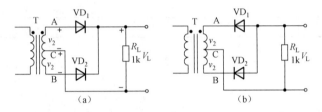

图 10.1.9 单相全波整流电路

表 10.1.3 单相全波整流电路参数测试

|  | $v_2$ | $v_L$ | $I_L$ | $v_L/v_2$ | $V_L$ 电压方向 |
|---|---|---|---|---|---|
| 图（a） |  |  |  |  |  |
| 图（b） |  |  |  |  |  |

从前面测量可知，当输入电压为正半周时，＿＿＿（$VD_1$/$VD_2$）导通，＿＿＿（$VD_1$/$VD_2$）截止；当输入电压为负半周时，＿＿＿（$VD_1$/$VD_2$）导通，＿＿＿（$VD_1$/$VD_2$）截止。电路在交流电的整个周期内，负载 $R_L$ 上都有单向脉动直流电压输出，所以称为全波整流电路，$V_L$=＿＿＿$V_2$。

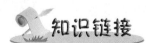

### 单相全波整流电路工作原理

通过前面的电路制作，以及利用示波器进行波形观察，我们看到了全波整流电路的输出波形 $v_L$，那么其形成原因是怎样的呢？同样我们通过学习其工作原理即可了解其形成原因。

在图 10.1.9 所示参考方向下，$v_2$ 为正半周时，A 端为正、B 端为负，A 端电位高于中心抽头 C 端电位，且 C 处电位又高于 B 端电位，二极管 $VD_1$ 加正向电压导通，$VD_2$ 加反向电压截止，

电流 $i_{D1}$ 自 A 端经二极管 $VD_1$ 自上而下的流过负载 $R_L$ 到变压器中心抽头 C 端。因为二极管 $VD_1$ 的正向压降很小，可以认为负载两端电压 $V_L$ 与 $v_2$ 几乎相等，即 $V_L=v_2$。

$v_2$ 为负半周时，A 端为负、B 端为正，B 端电位高于中心抽头 C 端电位，且 C 处电位又高于 A 端电位，二极管 $VD_1$ 加反向电压截止，$VD_2$ 加正向电压导通，电流 $i_{D2}$ 自 B 端经二极管 $VD_2$ 也自上而下的流过负载 $R_L$ 到变压器中心抽头 C 端，因为二极管 $VD_2$ 的正向压降很小，可以认为负载两端电压 $V_L$ 与 $v_2$ 几乎相等，即 $V_L=v_2$。

在交流电压 $v_2$ 工作的整个周期内，$i_{D1}$ 和 $i_{D2}$ 叠加形成全波脉动直流电流 $i_L$，在 $R_L$ 上只有自上而下的单方向电流 $i_L$，在 $R_L$ 两端得到全波脉动直流电压 $v_L$，实现了全波整流。

做一做

图 10.1.10 所示电路，T 是输出电压为 6V 的降压变压器，负载电阻 $R_L$ 为 1kΩ，4 个整流二极管 VD 为 1N4007。

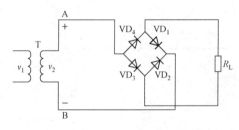

图 10.1.10　单相桥式整流电路

（1）按图 10.1.10 连接电路，经复查确定电路连接正确后再通电检测。

（2）用万用表分别测出输出电压 $U_L$ 和电流 $I_L$ 的大小及方向，并记录在表 10.1.4 中。

（3）断开二极管 $VD_2$，用同样的方法测出输出电压 $U_L$ 和电流 $I_L$，并记录在表 10.1.4 中。

（4）将所有二极管同时反接，用同样的方法测出输入输出电压波形、输出电压 $V_L$ 和电流 $I_L$，并记录在表 10.1.4 中。

表 10.1.4　单相桥式整流电路参数测试

| | $v_2$ | $v_L$ | $I_L$ | $v_L/v_2$ | $V_L$ 电压方向 |
|---|---|---|---|---|---|
| 正常情况下 | | | | | |
| 断开二极管 $VD_2$ | | | | | |
| 所有二极管反接 | | | | | |

讨　论

1. 按图 10.1.10 所示连接电路时，输入电压 $V_2$ 是＿＿＿＿（双向正弦交流/单向全波）的波形，通过整流后，输出电压 $V_L$ 变成了＿＿＿＿（双向正弦交流/单向全波）的波形，$V_L=$＿＿＿$V_2$。

2. 当断开二极管 $VD_2$ 后，输出电压 $V_L$ 变成了＿＿＿＿（单向半波/单向全波），$V_L=$＿＿＿$U_2$，原因是电路由＿＿＿＿（桥式/半波）整流电路变为＿＿＿＿（桥式/半波）整流电路。

3. 当将所有二极管同时反接后，与没有反接前的输出电压波形比较，他们是＿＿＿＿（一样/不一样），原因是电压极性＿＿＿＿（发生/不发生）变化。

4. 二极管桥式整流电路是利用了二极管＿＿＿＿的特性，从而实现了整流。经整流后的输出波形与＿＿＿＿（半波/全波）整流电路的输出波形基本相同。

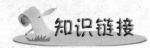

## 单相桥式整流电路工作原理

通过前面的电路制作及通过示波器进行波形观察,我们看到了桥式整流电路的输出波形 $V_L$,那么其形成原因是怎样的呢?同样我们通过学习其工作原理即可了解其形成原因。

在图 10.1.10 所示参考方向下,$v_2$ 为正半周时,A 端为正、B 端为负,A 端电位高于 B 端电位,二极管 $VD_1$ 和 $VD_3$ 加正向电压且两管导通,$VD_2$ 和 $VD_4$ 加反向电压且两管截止,电流 $i_1$ 自 A 端流过 $VD_1$、$R_L$、$VD_3$ 到 B 端,它是自上而下流过 $R_L$ 的。

$v_2$ 为负半周时,A 端为负、B 端为正,A 端电位低于 B 端电位,二极管 $VD_2$ 和 $VD_4$ 加正向电压导通,$VD_1$ 和 $VD_3$ 加反向电压截止,电流 $i_2$ 自 B 端流过 $VD_2$、$R_L$、$V_2$ 到 A 端,它是自上而下流过 $R_L$ 的。

在交流电压 $v_2$ 工作的整个周期内,$i_1$ 和 $i_2$ 叠加形成全波脉动直流电流 $i_L$,在 $R_L$ 上只有自上而下的单方向电流 $i_L$,在 $R_L$ 两端得到全波脉动直流电压 $V_L$,同样实现了全波整流。

三种整流电路的比较如表 10.1.5 所示。

表 10.1.5 三种整流电路的比较

| 比 较 | 半 波 | 全 波 | 桥 式 |
| --- | --- | --- | --- |
| 输出电压 $V_O$ | $0.45v_2$ | $0.9v_2$ | $0.9v_2$ |
| 输出电流 $I_O$ | $0.45v_2/R_L$ | $0.9v_2/R_L$ | $0.9v_2/R_L$ |
| 二极管平均电流 $I_D$ | $I_O$ | $1/2\ I_O$ | $1/2\ I_O$ |
| 二极管最高反向电压 $V_{RM}$ | $\sqrt{2}U_2$ | $2\sqrt{2}U_2$ | $\sqrt{2}U_2$ |
| 优 点 | 结构简单,只有一个二极管 | 输出波形脉动成分小 | 输出波形脉动成分小且二极管反向耐压降低了 |
| 缺 点 | 输出波形脉动成分大,电压低,电源利用率低 | 整流二极管的反向耐压要求高且变压器要有中心抽头 | 需要四只二极管 |

### 一、填充题

1. 二极管的图形符号是_____。
2. 二极管的文字符号用_____或_____表示。
3. 锗管的导通电压是_____V,硅管的导通电压是_____V。
4. 半导体是一种导电能力介于_____与_____之间的物体。
5. PN 结具有_____性能,即加_____电压时 PN 结导通;加_____电压时 PN 结截止。

### 二、选择题

1. 如果二极管负极接在电路中,正极接地,那么这个二极管是(   )。
    A. 发光二极管    B. 检波二极管    C. 整流二极管    D. 稳压二极管
2. 晶体二极管的正极电位是-10V,负极电位-5V,则该晶体二极管处于(   )。
    A. 零偏    B. 反偏    C. 正偏    D. 不定

3. 当晶体二极管工作在伏安特性的正向特性区，而且所受电压大于其门槛电压时，则晶体二极管相当于（　　）。

　　A. 大电阻　　　　　　B. 断开的开关　　　C. 接通的开关　　　D. 不确定

4. 二极管两端加上正向电压时（　　）。

　　A. 一定导通　　　　　　　　　　　　B. 超过死区电压才能导通

　　C. 超过 0.7V 才能导通　　　　　　　D. 超过 0.3V 才能导通

5. 稳压二极管构成的稳压电路，其接法是（　　）。

　　A. 稳压二极管与负载电阻串联

　　B. 稳压二极管与负载电阻并联

　　C. 限流电阻与稳压二极管串联后，负载电阻再与稳压二极管并联

### 三、判断改错题

1. 二极管没有正负极之分。（　　）
2. 二极管具有单向导电性，电流只能从正极流向负极。（　　）
3. 二极管只要正极电压比负极电压大就可以导通。（　　）
4. 某一电路板中的二极管，有黑圈的一端是负极。（　　）
5. 我们常见的机箱面板上的电源指示灯是发光二极管。（　　）

### 四、问答题

1. 如何用模拟式万用表判断二极管的极性与性能好坏？
2. 什么叫整流？常见二极管整流电路有几种类型？试分别画出电路原理图。
3. 如图 10.1.11 桥式整流电路中，试分析如下问题：

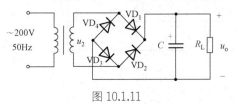

图 10.1.11

（1）若已知 $v_2$=20V，试估算 $u_o$ 的值；

（2）若有一只二极管脱焊，$u_o$ 的值如何变化？

（3）若二极管 $VD_1$ 的正负极焊接时颠倒了，会出现什么问题？

（4）若负载短接，会出现什么问题？

# 项目二　滤波电路的制作与测量

## 学习目标

- ◆ 能识读电容滤波、电感滤波、复式滤波电路图；
- ◆ 了解滤波电路的应用实例；
- ◆ 观察滤波电路的输出电压波形；
- ◆ 了解滤波电路的作用及其工作原理会判别二极管的极性和好坏。

## 工作任务

- ◆ 认识滤波电路；

- 半波整流电容滤波电路的测试；
- 桥式整流电容滤波电路的测试。

## 第1步 半波整流电容滤波电路的测试

观察图 10.2.1 所示电路，是在半波整流电路的基础上，增加了一个电容器和两个开关。需要说明的是，这两个开关在这里仅仅是为了方便做实验，实际应用电路中是不需要的。

（1）按照图 10.2.1 连接电路，经复查确定连接正确后通电检测。

（2）调节直流稳压电源，使输出电压为 6V，断开 $S_1$，对照表 10.2.1 测试相关数据并记录。

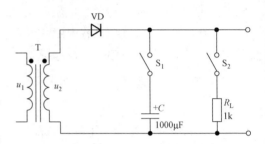

图 10.2.1 半波整流电容滤波电路

（3）闭合 $S_1$，断开 $S_2$，对照表 10.2.1 测试相关数据并记录。

（4）闭合 $S_1$，闭合 $S_2$，对照表 10.2.1 测试相关数据并记录。

表 10.2.1 半波整流电容滤波电路参数测试

|  | $U_2$ | $U_L$ | $U_L/U_2$ |
|---|---|---|---|
| 断开 $S_1$ |  |  |  |
| 闭合 $S_1$、断开 $S_2$（空载） |  |  |  |
| 闭合 $S_1$、闭合 $S_2$（有载） |  |  |  |

从前面的测试结果，可以总结出如下结论。

（1）输出电压与输入电压之间的关系：

| 输出电压平均值 $U_L$ | | |
|---|---|---|
| 无滤波 | 有滤波 | |
| | 空载 | 有载 |
| $U_L$=（　　）$U_2$ | $U_L$=（　　）$U_2$ | $U_L$=（　　）$U_2$ |

（2）在半波整流电路中接入电容滤波后，能使输出电压变_____（平滑/不平滑），脉动成分_____（减少/增加），输出电压_____（提高/降低）。

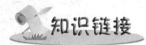

通过项目一的实验，我们知道整流电路虽然可将交流电变成直流电，但其脉动成分较大，

在一些要求直流电平滑的场合是不适用的,需加上滤波电路,把脉动直流电中的脉动成分或纹波成分进一步过滤,以得到较为平滑的直流输出电压。

图 10.2.2 所示是几种常见滤波电路。从图中我们可以看出滤波电路中的主要元器件是电容器和电感器,这些器件都能够储存能量。那么它是如何实现滤波的呢?滤波效果又如何呢?带着这些疑问,我们再做几个实验。

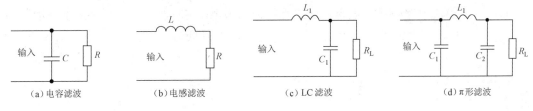

图 10.2.2 几种常见的滤波电路

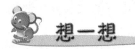

半波整流电容滤波电路有何故障,如何来判断与检修。

## 第 2 步 桥式整流电容滤波电路的测试

观察图 10.2.3 所示电路,是在桥式整流电路的基础上,增加了一个电容器和两个开关。需要说明的是,这两个开关在这里仅仅是为了方便做实验,实际应用电路中是不需要的。

(1) 按照图 10.2.3 连接电路,经复查确定连接正确后通电检测。
(2) 调节直流稳压电源,使输出电压为 6V,断开 $S_1$,对照表 10.2.2 测试相关数据并记录。
(3) 闭合 $S_1$,断开 $S_2$,对照表 10.2.2 测试相关数据并记录。
(4) 闭合 $S_1$,闭合 $S_2$,对照表 10.2.2 测试相关数据并记录。

表 10.2.2 桥式整流电容滤波电路参数测试

|  | $U_2$ | $U_L$ | $U_L/U_2$ |
| --- | --- | --- | --- |
| 断开 $S_1$ |  |  |  |
| 闭合 $S_1$、断开 $S_2$(空载) |  |  |  |
| 闭合 $S_1$、闭合 $S_2$(有载) |  |  |  |

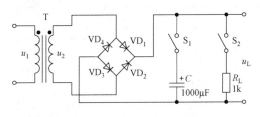

图 10.2.3 桥式整流电容滤波电路

从前面的测试结果,可以总结出如下的结论。
(1) 输出电压与输入电压之间的关系:

| 输出电压平均值 $U_L$ | | |
|---|---|---|
| 无滤波 | 有滤波 | |
| | 空载 | 有载 |
| $U_L$=（　　）$U_2$ | $U_L$=（　　）$U_2$ | $U_L$=（　　）$U_2$ |

（2）在桥式整流电路中接入电容滤波后，能使输出电压变_____（平滑/不平滑），脉动成分_____（减少/增加），输出电压_____（提高/降低）。

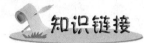

### 1. 滤波电路的类型与特点

用来实现滤波功能的电路除了电容滤波电路外，常见的滤波电路还有电感滤波和复式滤波电路。

（1）电容滤波电路：如图 10.2.2（a）所示，它是利用电容两端的电压不能突变的特性，将电容与负载并联，使负载电压波形变得平滑。这种滤波电路结构简单，输出电压较高，纹波较小，但带载能力较差。一般在负载电流较小且变化不大的场合下使用。

（2）电感滤波电路：如图 10.2.2（b）所示，它是利用通过电感中的电流不能突变的特点，将电感与负载串联，是负载电压波形变得平滑。这种电路工作频率越高，电感越大，负载越小，则滤波效果越好，整流管不会受到浪冲击涌电流的冲击，适用于负载电流较大的场合，但输出电压低，体积大，故在小型电子设备中很少采用。

（3）复式滤波电路：为了进一步提高滤波效果，可将电容与电感组成复合滤波电路，常见的有 LC 型滤波、π 型滤波电路。如图 10.2.2（c）、（d）所示。

### 2. 几种电容滤波电路参数的计算

整流电路接入电容滤波后，电路参数发生了变化，因此在选择器件时也是不同的，相关参数如表 10.2.3 所示。

表 10.2.3　接入电容滤波电路后的参数

| 滤波电路形式 | 输出电压平均值 $U_O$ | | 整流二极管参数 | |
|---|---|---|---|---|
| | 有载时 | 空载时 | 电流 $I_D$ | 最高反向工作电压 $U_{RM}$ |
| 半波整流 | $U_2$ | $\sqrt{2}U_2$ | $I_L$ | $2\sqrt{2}U_2$ |
| 全波整流 | $1.2U_2$ | $\sqrt{2}U_2$ | $1/2\ I_L$ | $2\sqrt{2}U_2$ |
| 桥式整流 | $1.2U_2$ | $\sqrt{2}U_2$ | $1/2\ I_L$ | $2\sqrt{2}U_2$ |

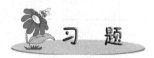

### 一、填充题

1. 在滤波电路中，滤波电容应和负载_____联，滤波电感应和负载_____联。

2. 直流电源中，除电容滤波电路外，还有_____、_____等滤波电路。

3. 桥式整流电容滤波电路中，滤波电容值增大时，输出直流电压_____，负载电阻值增大时，输出直流电压_____。

4. 直流电源中的滤波电路用来滤除整流后单相脉动电压中的_____成分，使之成为平滑_____的。

## 二、选择题

1. 直流稳压电源中滤波电路的目的是（　　）。
   A. 将交流变为直流
   B. 将高频变为低频
   C. 将交、直流混合量中的交流成分滤掉

2. 在桥式整流电容滤波电路中，负载电压 $U_L$ 为（　　）。
   A. $U_L=0.45U_2$　　B. $U_L=0.9U_2$　　C. $U_L=1.2U_2$　　D. $U_L=1.4U_2$

## 三、判断改错题

1. 整流电路可将正弦电压变为脉动的直流电压。（　　）
2. 若 $U_2$ 为电源变压器副边电压的有效值，则半波整流电容滤波电路和全波整流电容滤波电路在空载时的输出电压均为 $\sqrt{2}U_2$。（　　）
3. 在变压器副边电压和负载电阻相同的情况下，桥式整流电路的输出电流是半波整流电路输出电流的 2 倍。（　　）
4. 电容滤波电路适用于小负载电流，而电感滤波电路适用于大负载电流。（　　）
5. 在单相桥式整流电容滤波电路中，若有一只整流管断开，输出电压平均值变为原来的一半。（　　）

## 四、问答题

1. 单相桥式整流电容滤波电路如图 10.2.4 所示，已知交流电源频率 $f=50Hz$，$u_2=15V$，$R_L=1k\Omega$。试估算

（1）输出电压 $u_L$；
（2）流过二极管的电流；
（3）二极管承受的最高反向电压。

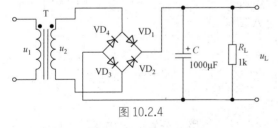

图 10.2.4

2. 画出单相桥式整流电容滤波电路，若要求 $u_L=20V$，$u_O=100mA$，试求：

（1）变压器副边电压有效值 $u_2$、整流二极管参数 $i_D$ 和 $u_{RM}$；

（2）滤波电容容量和耐压；
（3）电容开路时的输出电压；
（4）负载电阻开路时的输出电压。

3. 单相半波整流电容滤波电路如图 10.2.5 所示，已知负载电阻 $R_L=600\Omega$，变压器副变电压 $u_2=20V$。试求：
（1）输出电压 $u_L$；

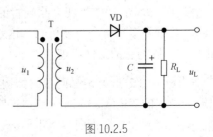

图 10.2.5

（2）流过二极管的电流 $i_D$；

（3）二极管承受的最高反向电压。

## 项目三　家用调光台灯电路的制作与调试

### 学习目标

- ◆ 能识读晶闸管图形与文字符号，了解它们的工作原理；
- ◆ 熟悉晶闸管的工作条件、主要参数；
- ◆ 掌握晶闸管电极与性能好坏的判别方法；
- ◆ 会制作和调试家用调光台灯。

### 工作任务

- ◆ 认识晶闸管；
- ◆ 制作家用调光台灯。

### 第 1 步　认识晶闸管

1. 按照图 10.3.1 所示正确连接电路（老师应给出元器件 VT 的管脚排列图）；
2. 只闭合开关 $S_1$，灯泡_____（亮/灭）；
3. 只闭合开关 $S_2$，灯泡_____（亮/灭）；
4. 闭合开关 $S_1$ 后，闭合开关 $S_2$，灯泡_____（亮/灭）；
5. 若灯泡亮后，仅断开开关 $S_1$，灯泡_____（亮/灭）；
6. 若灯泡亮后，仅断开开关 $S_2$，灯泡_____（亮/灭）。

从实验结果，我们可以初步得出结论：器件 VT 相当于一个_____（开关/熔断器），但其导通必须受_____（A/K/G）端的控制，一旦导通又不受_____（A/K/G）端控制。

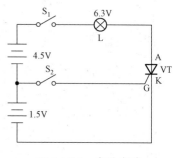

图 10.3.1　实验电路

### 知识链接

图 10.3.1 中的器件 VT 叫晶闸管，又叫可控硅。它有三个电极，分别叫阳极 A、阴极 K、控制极 G，从图 10.3.2（b）晶闸管的电路符号可以看出，它和二极管一样是一种单方向导电的器件，关键是多了一个控制极 G，这就使它具有与二极管完全不同的工作特性。

1. 晶闸管的工作原理

图 10.3.2（a）是晶闸管的结构示意图，它是四层三端器件，它有 $J_1$、$J_2$、$J_3$ 三个 PN 结，可以把它中间的 NP 分成两部分，构成一个 PNP 型三极管和一个 NPN 型三极管的复合管。

当晶闸管承受正向阳极电压时，为使晶闸管导通，必须使承受反向电压的 PN 结 $J_2$ 失去阻挡作用。每个晶体管的集电极电流同时就是另一个晶体管的基极电流。因此是两个互相复合的晶体管电路，当有足够的门极电流 $I_G$ 流入时，就会形成强烈的正反馈，使两晶体管饱和导通。

由于两管构成的正反馈作用，所以一旦可控硅导通后，即使控制极 G 的电流消失了，可控硅仍然能够维持导通状态，由于触发信号只起触发作用，没有关断功能，所以这种晶闸管是不可关断的。

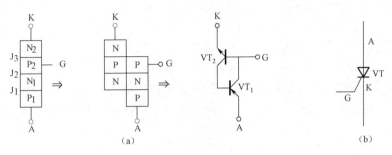

图 10.3.2  可控硅结构示意图和符号图

### 2．晶闸管的工作条件

由于晶闸管只有导通和关断两种工作状态，所以它具有开关特性，这种特性需要一定的条件才能转化，此条件见表 10.3.1。

表 10.3.1  可控硅导通和关断条件

| 状　态 | 条　件 | 说　明 |
| --- | --- | --- |
| 从关断到导通 | 1. 阳极（A）电位高于阴极（K）电位<br>2. 控制极（G）有足够的正向电压和电流 | 两者缺一不可 |
| 维持导通 | 1. 阳极（A）电位高于阴极（K）电位<br>2. 阳极（A）电流大于维持电流 | 两者缺一不可 |
| 从导通到关断 | 1. 阳极（A）电位低于阴极（K）电位<br>2. 阳极（A）电流小于维持电流 | 任一条件即可 |

### 3．国产晶闸管的型号

按国家有关部门规定，晶闸管的型号命名及其含义如图 10.3.3 所示。

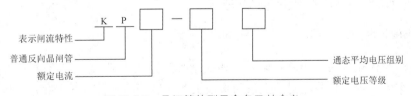

图 10.3.3  晶闸管的型号命名及其含义

晶闸管的种类较多，其他代号还有：K—快速型、S—双向型、N—逆导型、G—可关断型。如 KS100—12G 表示额定电流为 100A，额定电压为 1200V 的双向型晶闸管。

### 4．晶闸管的使用注意事项

选用晶闸管的额定电压时，应参考实际工作条件下的峰值电压的大小，并留出一定的余量。一般其额定峰值电压和额定电流均应高于受控电路的最大工作电压和最大工作电流 1.5~2 倍。

### 5. 晶闸管的主要参数

（1）额定正向平均电流 $I_F$：在环境温度小于 40℃和标准散热条件下，允许连续通过晶闸管的工频正弦半波电流的平均值。

（2）维持电流 $I_H$：在控制极开路和规定环境温度下，维持晶闸管导通的最小阳极电流。当晶闸管正向电流小于维持电流 $I_H$ 时，会自行关断。

（3）触发电压 $U_G$ 和触发电流 $I_G$：在规定的环境温度下，阳极—阴极间加一定正向电压，使晶闸管从阻断状态转变为导通状态所需要的最小控制极直流电压和电流。一般 $U_G$ 为（1～5）V，$I_G$ 为几十至几百 mA，为保证可靠触发，实际值应大于额定值。

除以上几个主要参数外，晶闸管还有一些其他参数，如：正向转折电压 $U_{BO}$，正向重复峰值电压 $U_{DRM}$，反向重复峰值电压 $U_{RRM}$，正向平均电压 $U_F$，控制极反向电压 $U_{GRM}$ 和浪涌电流 $I_{FSM}$ 等。

在实训室找几个不同型号的晶闸管测试其正向平均电流 $I_F$，维持电流 $I_H$，触发电压 $U_G$ 和触发电流 $I_G$。

## 第 2 步　判别晶闸管的电极、性能

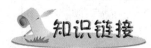

#### 1. 判断各电极

检测时先应判别出晶闸管的电极。对于小功率晶闸管，利用万用表的"R×1k"挡，两表笔任意测量两极间电阻的阻值，直到测得某两极正反向阻值相差很大为止，这时，在阻值小的那次测量中，黑表笔所接的是晶闸管的 K，红表笔接的是 G，剩下的则是 A。对于大功率晶闸管（一般体积大的功率大），可用"R×10k"挡或"R×1k"挡检测，但测得的阻值分别比上述小功率晶闸管小 1～2 个数量级，判别法完全相同。

#### 2. 判断晶闸管的好坏

用万用表 R×1k 挡或 R×10k 挡测量普通晶闸管阳极 A 与阴极 K 之间的正、反向电阻，正常时均应为无穷大（∞）。若测得的阻值为零或很低，说明晶闸管内部击穿短路或漏电。

用 R×10 挡或 R×100 挡，测控制极 G 和阴极 K 之间的正、反向电阻，若两次测量的阻值均很小或很大，表明控制极 G 与阴极 K 之间短路或开路。若正反向阻值相等或相近，说明晶闸管已失效，其 G 极、K 极间失去单向导电作用。

#### 3. 触发能力检测

对于小功率的普通晶闸管（工作电流小于 5A），可用万用表 R×1 挡测量。测量时，黑表笔接阳极 A，红表笔接阴极 K，此时表针不动，即阻值为无穷大，用镊子将阳极 A 与控制极 G 短

接（也可以用手直接捏住），相当于给控制极加上正向触发电压，此时若电阻值较小（阻值应因型号有所差异），则表明晶闸管因触发而导通。再断开控制极 G（在测量过程中不能断开阳极 A），若指针示值然保持不动，则说明晶闸管触发性能良好。

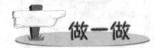

给出部分型号的晶闸管与其他器件，能正确判断出晶闸管及其极性并完成表 10.3.2，且画出平面图。

表 10.3.2

| 序号 | 管脚之间的阻值 | | | | 平面图 | 触发性能是否良好 |
|---|---|---|---|---|---|---|
| | $R_{GK}$ | $R_{KG}$ | $R_{AK}$ | $R_{KA}$ | | |
| 1 | | | | | | |
| 2 | | | | | | |
| 3 | | | | | | |
| 4 | | | | | | |

1. 晶体二极管组成的整流电路，电路形式一旦确定后，当输入的交流电压不变时，输出的直流电压值是_____的（可变/固定），一般____（能/不能）任意控制和改变，因此这种整流电路通常称为_____（可控/不可控）整流电路。
2. 二极管具有_____特性，有_____和_____两种状态；晶闸管有_____和_____两种工作状态，所以它具有_____特性，这种特性需要一定的条件才能转化。
3. 晶闸管能不能组成整流电路？如果能，试分析它与二极管整流电路的区别。

## 第 3 步　制作家用调光台灯电路

1. 根据图 10.3.4 所示的电路原理图对电路装配图（图 10.3.5）进行核对，按原理图信号流通的路径找出各个元件在印制电路板图所对应的位置。
2. 按元件清单清点元件，并用万用表进行元件的质量检测，对于双向晶闸管应能判别其好坏和对应的管脚。（提示：器件 VT 没有正负极之分，可直接安装）
3. 根据装配图选择所用的元件，按元件成形规范对元件进行预加工成形，根据插件规范对各元器件进行安装。带开关电位器的开关直接焊接在电路板中的开关孔上，电位器的三个接线端通过硬导线连接到印制电路板上的所在位置。印制电路板四周用 4 个螺母固定、支撑。
4. 将元器件正确焊接在印刷电路板上，印制电路板的焊接质量满足工艺要求。
5. 从电路板上对应的位置引出调光开关的引出线，将负载台灯串接在该开关电路中，并接上交流电源插头。

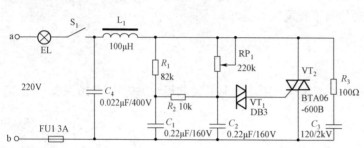
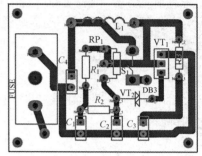

图 10.3.4 调光台灯电路原理图　　　　图 10.3.5 调光台灯电路装配图

6. 认真检查各元件安装无误后接上 220V 交流电源插头，打开旋转开关，转动电位器，电灯的亮度应随着旋转电位器转动角度而改变，用万用表测量电灯两端在电位器的两个极端位置时的电压，从而得出该调光开关的调压范围。

7. 调节电位器使电灯的亮度在三种状态（亮→暗→灭），并用示波器分别观测电容 $C_2$ 和电灯两端的电压波形，并记录在表 10.3.3 中。

表 10.3.3

| 被测量端 | 波　形 | | |
|---|---|---|---|
| | 灯亮 | 灯暗 | 灯灭 |
| 电容 $C_2$ 两端 | | | |
| 电灯两端 | | | |

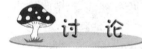

1. 本电路中 VT 相当于一个_____。
2. 器件 VT 的 G 极受____、____、____、____等器件控制。
3. 器件 FU1 在电路中起_____作用。
4. 器件 $L_1$、$C_4$ 在电路中起_____作用。

### 知识链接

图 10.3.4 为调光台灯电路的原理图。图中由电位器 $RP_1$ 和电容 $C_2$ 以及电阻 $R_1$ 和电容 $C_1$ 组成两个移相网络，它能实现大于 90° 的移相范围，它们决定了双向晶闸管的导通角。触发电路由双向触发二极管 VT 构成。双向晶闸管为电路的核心控制元件，它的导通和关闭决定了电路的输出电压。$R_3$ 和 $C_3$ 构成阻容保护电路，对双向晶闸管进行过电压保护。$L_1$ 和 $C_4$ 构成滤波电路，目的是为了防止射频信号的干扰。电路中由熔断器作为整个电路的短路保护。电路的工作过程是：接通电源后，交流电源半个周期电压通过两个移相网络为电容 $C_3$ 上充电，当 $C_3$ 上的电压达到双向触发二极管的导通电压时，双向触发二极管导通，为双向晶闸管提供触发电流，双

向晶闸管导通，使电灯得电。当交流电流过零点的时候，双向晶闸管能自行关断，同样原理，下一半周交流电使双向晶闸管以同样的导通角导通，使电灯得电，能稳定发光。当改变 $RP_1$ 时，改变了 $C_3$ 上的电压上升到触发二极管导通的时间，从而改变了加到电灯两端的电压，灯光的亮度随之而改变。当 $RP_1$ 的数值大于某一数值时，可能 $C_3$ 的充电电压在电源的半个周期内，达不到双向可控硅的触发电压，灯也不能发光，故能把灯光的亮度控制在一定范围内。可见通过改变 $RP_1$ 的数值，可以改变双向晶闸管的导通角，从而达到调亮的目的。

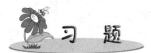

## 习 题

### 一、填空题

1．晶闸管像二极管一样，具有可控_____特性。

2．为了保证晶闸管可靠与迅速地关断，通常在管子阳极电压下降为零之后，加一段时间的_____电压。

3．选用晶闸管的额定电压值应比实际工作时的最大电压大_____倍，使其有一定的电压裕量。

4．选用晶闸管的额定电流时，根据实际最大电流计算后至少还要乘以_____。

5．在螺栓式晶闸管上有螺栓的一端是_____极。

6．晶闸管一旦被触发导通后，_____极完全失去控制作用。

7．把晶闸管承受正向电压起到触发导通之间的电角度称为_____。

8．元件从正向电流降为零到元件恢复正向阻断的时间称为_____。

9．如晶闸管的型号为 KK200—9，请说明 KK 表示_____；200 表示_____，9 表示_____。型号为 KS100—8 的元件表示_____管、它的额定电压为 ____伏、额定电流为_____安。

### 二、简答题

1．试说明晶闸管的结构。

2．晶闸管都有哪些重要参数？

3．晶闸管导通的条件是什么？导通时，其中电流的大小由什么决定？晶闸管阻断时，承受电压的大小由什么决定？

4．如何用万用表判断晶闸管的好坏、管脚？

5．如何选用晶闸管？

# 学习领域十一　晶体管及放大电路

## 项目一　共射极放大电路的安装和测试

### 学习目标

- ◆ 了解三极管的结构及符号；
- ◆ 能合理选择三极管，并会用万用表判别三极管的类型和引脚及三极管的好坏；
- ◆ 能识读共射放大电路的电路图；
- ◆ 了解共射放大电路的电路构成特点和主要元器件的作用；
- ◆ 了解小信号放大器的静态工作点和性能指标的含义；
- ◆ 了解多级放大器的三种级间耦合方式及特点。

### 工作任务

- ◆ 三极管的结构及符号的识别；
- ◆ 合理选择三极管，并会用万用表判别三极管的类型和引脚及三极管的好坏；
- ◆ 识读共射放大电路的电路图；
- ◆ 共射放大电路的电路构成特点和主要元器件的作用；
- ◆ 小信号放大器的静态工作点和性能指标的含义；
- ◆ 多级放大器的三种级间耦合方式及特点。

## 项 目 实 施

### 第 1 步　认识半导体三极管

在我们实际生活中家电是最常见的用电器，而在这些用电器中就有许许多多的三极管，如果某个三极管损坏将会导致用电器的故障。在半导体器件中，广泛应用于各种电子电路的半导体三极管与二极管有何区别，工作原理如何？下面我们将着重讨论三极管的构造、原理及其工作特性。

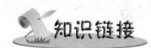

#### 半导体三极管的结构

半导体三极管是由两个相距很近的 PN 结组成的，图 11.1.1 和图 11.1.2 所示分别为 NPN 型和 PNP 型三极管的结构与符号。它们是在每个半导体材料上引出一个极，分别称为集电极（用字母 C 或 c 表示)、基极(用字母 B 或 b 表示)和发射极(用字母 E 或 e 表示)。三个半导体材料区分别称为集电区、基区和发射区。发射区与基区之间的 PN 结称为发射结,集电区与基区之间的 PN 结称为集电结。在电路图形符号上两种类型的半导体三极管的发射极箭头方向(代表发射结加正向电压时电流的方向)不同。PNP 型三极管的发射极箭头朝内,NPN 型三极管的发射极箭头朝外。三极管在电路图中的图形符号如图 11.1.2(b)和图 11.1.3(b)所示。在电路中三极管文字符号常用字母"V"和"VT"来表示(注:本书采用 VT)。

NPN 型三极管的结构与符号(图 11.1.1)。

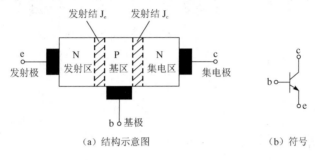

图 11.1.1　NPN 型三极管

PNP 型三极管的结构与符号(图 11.1.2)。

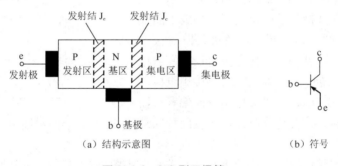

图 11.1.2　PNP 型三极管

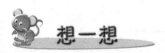

在实际使用时,三极管不能用两个二极管代替,可不可以将发射极和集电极互换使用?

### 半导体三极管的封装与分类

由于三极管的功率大小不同,它们的体积和封装形式也不一样。三极管常采用金属、玻璃或塑料封装,图 11.1.3 为常见三极管。

图 11.1.3 常见三极管外形

### 1. 三极管放大作用

为了使晶体管具有电流放大作用,在电路的连接(即外部条件)上必须使发射结加正向电压(正向偏置),集电结加反向电压(反向偏置)。

将一个 NPN 型晶体管接成如图 11.1.4 所示的电路。将 $R_B$ 和 $E_B$ 接在基极与发射极之间,构成了晶体管的输入回路,$E_B$ 的正极接基极,负极接发射极,使发射结正向偏置。将 $R_C$ 和 $E_C$ 接在集电极与发射极之间构成输出回路,$E_C$ 的正极接 $R_C$ 后再接集电极,负极接发射极,且 $E_C>E_B$,所以集电结反向偏置。输入回路与输出回路的公共端是发射极,所以此种联结方式称共射接法。

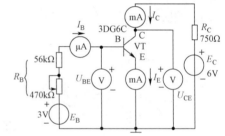

图 11.1.4 晶体管电流放大与分配的实验电路

为了定量地说明晶体管的电流放大与分配关系,用图 11.1.4 所示的实验电路来测量这三个电流。所得数据如表 11.1.1 所示。

表 11.1.1 晶体管的电流关系表

| $I_B$/mA | 0 | 0.02 | 0.04 | 0.06 | 0.08 | 0.10 |
|---|---|---|---|---|---|---|
| $I_C$/mA | <0.001 | 0.70 | 1.50 | 2.30 | 3.10 | 3.95 |
| $I_E$/mA | <0.001 | 0.72 | 1.54 | 2.36 | 3.18 | 4.05 |

由以上数据可知:

(1) 当 $I_B=0$ 时,$I_C=I_E$ 并且很小,约等于零;

(2) 每组数据均满足

$$I_E=I_C+I_B \tag{11.1}$$

(3) 每组数据的 $I_C$ 均远大于 $I_B$,$I_C$ 与 $I_B$ 的比值称为晶体管共射接法时的静态(直流)电流放大系数,用 $\bar{\beta}$ 表示,即

$$\bar{\beta}=\frac{I_C}{I_B}=\frac{2.30}{0.06}=38.3 \tag{11.2}$$

（4）基极电流 $I_B$ 的微小变化$\Delta I_B$，会引起集电极电流 $I_C$ 的很大变化$\Delta I_C$，$\Delta I_C$ 与$\Delta I_B$ 的比值称为晶体管共射接法时的动态（交流）电流放大系数，用$\beta$表示。即

$$\beta = \frac{\Delta I_C}{\Delta I_B} = \frac{2.30-1.50}{0.06-0.04} = \frac{0.80}{0.02} = 40 \quad (11.3)$$

### 2. 三极管主要参数

（1）交流电流放大系数$\beta$（或 $h_{FE}$）：集电极输出电流的变化量$\Delta I_c$ 与基极输入电流的变化量$\Delta I_b$之比，即：$\beta = \Delta I_c/\Delta I_b$，一般晶体管的$\beta$大约在 10～200 之间。

（2）集电极最大允许电流 $I_{CM}$：当集电极电流 $I_C$ 增加到某一数值，引起$\beta$值下降到额定值的 2/3 或 1/2，这时的 $I_C$ 值称为 $I_{CM}$。

（3）发射极—基极反向击穿电压 $BV_{EBO}$：当集电极开路时，发射结的反向击穿电压称为 $BV_{EBO}$。

（4）集电极最大允许耗散功率 $P_{CM}$：集电流过 $I_C$，温度要升高，管子因受热而引起参数的变化不超过允许值时的最大集电极耗散功率称为 $P_{CM}$。

### 3. 三极管引脚分布

（1）金属封装三极管引脚分布规律

金属封装三极管引脚分布类型有以下几种，其分布如图 11.1.5 所示。其中图（a）所示为功率三极管，只有两个引脚，其管壳为集电极 c，上面是发射极 e，下面是基极 b。图（b）所示从外壳凸出点开始顺时针 e、b、c 脚。图（c）所示三个引脚呈等腰三角形排列，e、c 脚为底边。

（2）塑料封装三极管引脚分布规律

塑料封装三极管引脚分布类型较多，识别时要分清型号，常见小功率管将有字的一端朝向自己，依次为 e、b、c。中功率管为 b、c、e，如图 11.1.6 所示。

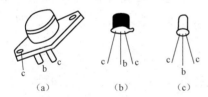

图 11.1.5  金属封装三极管引脚分布

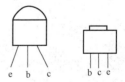

图 11.1.6  塑料封装三极管引脚分布

### 4. 三极管检测

（1）中、小功率三极管的检测

测量极间电阻：将万用表置于 R×100 挡或 R×1k 挡，按照红、黑表笔的 6 种不同接法进行测试。其中，发射结和集电结的正向电阻值比较低，其他 4 种接法测得的电阻值都很高，约为几百千欧至无穷大。

（2）大功率晶体三极管的检测

利用万用表检测中、小功率三极管的极性、管型及性能的各种方法，对检测大功率三极管来说基本上适用。但是，由于大功率三极管的工作电流比较大，因而其 PN 结的面积也较大。PN 结较大，其反向饱和电流也必然增大。所以，若像测量中、小功率三极管极间电阻那样，使用万用表的 R×1k 挡测量，必然测得的电阻值很小，好像极间短路一样，所以通常使用 R×10 挡

或 R×1 挡检测大功率三极管。

（3）带阻尼行输出三极管的检测

将万用表置于 R×1 挡，通过单独测量带阻尼行输出三极管各电极之间的电阻值，b-e 与 e-b 电阻较小为 20～50Ω。b-c 结等效二极管的正向电阻，一般测得的阻值也较小；c-b 结等效二极管的反向电阻，测得的阻值通常为无穷大。e-c 反向电阻，测得的阻值一般都较大，约 300～∞；c-e 的阻值一般都较小，约几欧至几十欧。

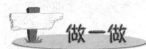

（1）用万用表测试彩色电视机行输出管，并将测试的数据记录下来。想一想与普通的大功率管测试的各数据是不是一样。

（2）找一个型号为 9013 的三极管，利用万用表测试其各引脚间阻值，并分辨其三个引脚。

## 第 2 步　分析三极管的三种工作状态与连接方式

在家用电器中，很多都用上了三极管，这些三极管的工作状态是不是都一样呢？在不同条件下，三极管在电路中分别工作在放大、饱和、截止状态。这三种状态应满足什么条件呢？

### 1. 三极管的工作状态

（1）截止状态

当加在三极管发射结的电压小于 PN 结的导通电压，基极电流为零，集电极电流和发射极电流都为零，三极管这时失去了电流放大作用，集电极和发射极之间相当于开关的断开状态，我们称三极管处于截止状态。

（2）放大状态

当加在三极管发射结的电压大于 PN 结的导通电压，并处于某一恰当的值时，三极管的发射结正向偏置，集电结反向偏置，这时基极电流对集电极电流起着控制作用，较小的基极电流变化会引起较大的集电极电流变化，使三极管具有电流放大作用，其电流放大倍数 $\beta = \Delta I_c / \Delta I_b$，这时三极管处放大状态。

（3）饱和状态

当加在三极管发射结的电压大于 PN 结的导通电压，并当基极电流增大到一定程度时，集电极电流不再随着基极电流的增大而增大，而是处于某一定值附近，这时三极管失去电流放大作用，集电极与发射极之间的电压很低，集电极和发射极之间相当于开关的导通状态。三极管的这种状态称之为饱和状态。

根据三极管工作时各个电极的电位高低，就能判别三极管的工作状态，因此，在维修过程中，可用万用表测量三极管各脚的电压，从而判别三极管的工作情况和工作状态。

### 2. 三极管的三种基本联结方式

三极管有三个电极，在构成放大器时只能提供三个端子，因此必然有一个电极作为输入和输出的公共端。所以，三极管在构成放大器时，就有三种基本联结方式：把三极管的发射极作为公共端子时的电路称为共发射极电路（ce），其余还有共基极电路（cb）和共集电极电路（cc），如图11.1.7所示。

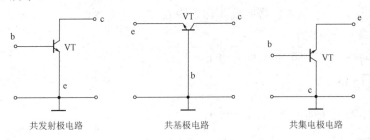

图11.1.7　三极管的三种基本联结方式

1. 硅三极管三个电极的电压如图11.1.8所示，此时三极管工作于_____状态。
2. 放大电路如图11.1.9所示，已知硅三极管的 $\beta = 50$，则该电路中三极管的工作状态为（　　）。

　　A. 截止　　　　　　B. 饱和　　　　　　C. 放大　　　　　　D. 无法确定

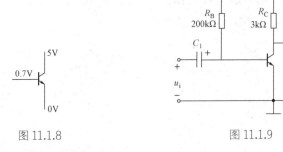

图11.1.8　　　　　　　　图11.1.9

## 第3步　分析放大器电路

设计放大器欲达到预期的指标，往往要经过计算、测量、调试等多次反复才能完成。因此，掌握放大器的测量技术是很重要的。

放大器的一个基本任务是将输入信号进行不失真的放大。这就要求晶体管放大器必须设置合适的静态工作点（否则就要出现截止失真或饱和失真）。

### 知识链接

基本放大电路一般是指由一个三极管或场效应管组成的放大电路。从电路的角度来看，可以将基本放大电路看成一个双端口网络。放大的作用体现在如下方面：

（1）放大电路主要利用三极管或场效应管的控制作用放大微弱信号，输出信号在电压或电流的幅度上得到了放大，输出信号的能量得到了加强。

（2）输出信号的能量实际上是由直流电源提供的，只是经过三极管的控制，使之转换成信号能量，提供给负载。

（3）利用三极管的电流放大作用，可以构成放大器，其有 4 个端子，两个输入信号的端子称为输入端；两个输出信号的端子称为输出端。

放大电路的结构示意图如图 11.1.10 所示。

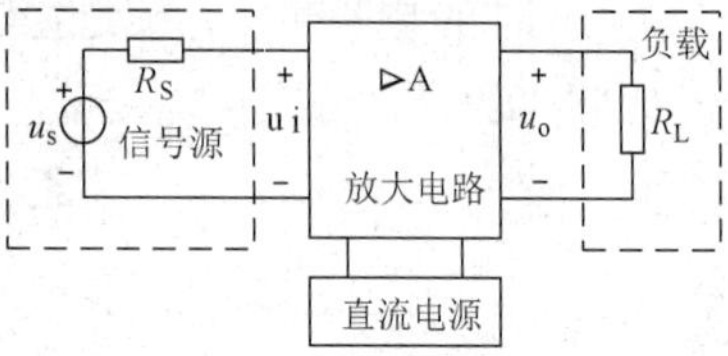

图 11.1.10　放大电路结构示意图

### 1．基本放大电路

基本放大电路的电路图如图 11.1.11 所示。

### 2．静态工作点（$I_{BQ}$、$U_{BEQ}$、$I_{CQ}$、$U_{CEQ}$）

根据图 11.1.12 所示直流通路估算 $I$：

$$I_{BQ} = \frac{V_{CC} - U_{BEQ}}{R_b} = \frac{V_{CC} - 0.7}{R_b} \approx \frac{V_{CC}}{R_b} \quad (11.4)$$

式中，$R_b$ 称为偏置电阻，$I_B$ 称为偏置电流。

根据直流通路估算 $U_{CE}$、$I_C$：

$$I_{CQ} \approx \beta I_B, U_{CEQ} = V_{CC} - I_C R_C \quad (11.5)$$

### 3．图解法

先估算 $I_B$，然后在输出特性曲线上做出直流负载线，与 $I_B$ 对应的输出特性曲线与直流负载线的交点就是 Q 点，如图 11.1.13 所示。

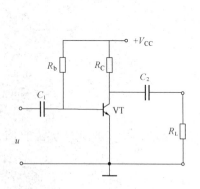

图 11.1.11　基本放大电路

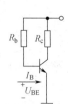

图 11.1.12　直流通路

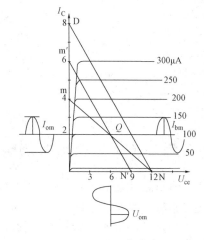

图 11.1.13　直流负载线

三极管电路如图 11.1.14 所示，已知三极管的 $\beta = 80$，$U_{BE(on)} = 0.7V$，$r_{bb} = 200\Omega$，输入信号 $u_s = 20\sin\omega t(\text{mV})$，电容 C 对交流的容抗近似为零。试计算电路的静态工作点参数 $I_{BQ}$、$I_{CQ}$、$U_{CEQ}$。

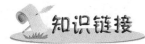

### 1. 共射基本放大电路

在实践中，放大电路的用途是非常广泛的，它能够利用 BJT 的电流控制作用把微弱的电信号增强到所要求的数值，例如常见的扩音机就是一个把微弱的声音变大的放大电路。声音先经过话筒变成微弱的电信号，经过放大器，利用 BJT 的控制作用，把电源供给的能量转为较强的电信号，然后经过扬声器（喇叭）还原成为放大了的声音。

（1）电路原理图

共射组态基本放大电路如图 11.1.15 所示。在该电路中，输入信号加在基极和发射极之间，耦合电容器 $C_1$ 和 $C_e$ 视为对交流信号短路。输出信号从集电极对地取出，经耦合电容器 $C_2$ 隔除直流量，仅将交流信号加到负载电阻 $R_L$ 之上。放大电路的共射组态实际上是指放大电路中的三极管是共射组态。

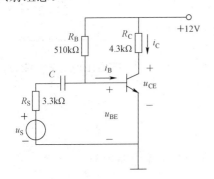

图 11.1.14　三极管电路

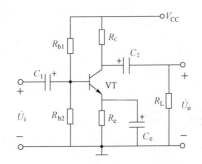

图 11.1.15　共射组态交流基本放大电路

（2）各元件作用

三极管 VT：起放大作用。在输入信号的控制之下，通过三极管将直流电源的能量，转换为输出信号的能量。

负载电阻 $R_c$、$R_L$：将变化的集电极电流转换为电压输出。

偏置电路 $R_{b1}$、$R_{b2}$、$R_e$：提供合适的偏置，保证三极管工作在线性区，使信号不产生失真。这种由上下两个电阻 $R_{b1}$、$R_{b2}$ 提供偏置的形式也称为分压偏置，或称为射极偏置。

耦合电容 $C_1$、$C_2$：输入耦合电容 $C_1$ 保证交流信号加到发射结，但又不影响发射结偏置。输出耦合电容 $C_2$ 保证信号输送到负载，不影响集电结偏置。

直流电源 $V_{CC}$：为放大电路提供工作电源，给三极管放大信号提供能源。

### 2. 多级放大器

小信号放大电路的输入信号一般都是微弱信号，为了推动负载工作，输入信号必须经多级放大，多级放大电路各级间的连接方式称为耦合。通常使用的耦合方式有阻容耦合、直接耦合和变压器耦合。阻容耦合在分立元件多级放大器中广泛使用，在集成电路中多用直接耦合，变压器耦合现仅在高频电路中有用。

（1）阻容耦合放大器

阻容耦合多级放大器是利用电阻和电容组成的 RC 耦合电路实现放大器级间信号的传递，两级阻容耦合放大器的电路如图 11.1.16 所示。

（2）变压器耦合放大器

变压器耦合放大器的第一级与第二级之间通过变压器传递交流信号，直流没有联系，静态工作点是独立的，如图 11.1.17 所示。

（3）直接耦合放大器

采用直接耦合方式将第一级的输出信号通过导线直接加到第二级的输入端，信号能顺利传递，但此时第一级和第二级的直流工作状态互相影响，如图 11.1.18 所示。

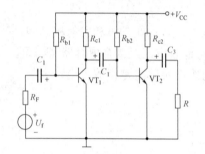
图 11.1.16　阻容耦合放大器图

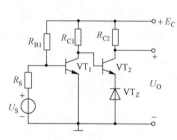
图 11.1.17　变压器耦合放大器　　图 11.1.18　直接耦合放大器

多级放大器的三种耦合方式各有何特点，分别用在哪些常见电路中？

一、选择题

1. 在单级共射放大电路中，若输入电压为正弦波形，则 $v_o$ 和 $v_i$ 的相位（　　）。
    A. 同相　　　　　　　B. 反相　　　　　　C. 相差 90°　　　　　D. 不确定
2. 当晶体管工作在放大区时，（　　）。
    A. 发射结和集电结均反偏　　　　　B. 发射结正偏，集电结反偏
    C. 发射结和集电结均正偏
3. 当超过下列哪个参数时，三极管一定被击穿（　　）。
    A. 集电极最大允许功耗 $P_{CM}$　　　　B. 集电极最大允许电流 $I_{CM}$
    C. 集-基极反向击穿电压 $V_{(BR)CBO}$
4. 用直流电压表测得放大电路中的三极管的三个电极电位分别是 $V_1$=2.8V，$V_2$=2.1V，$V_3$=7V，那么此三极管是（　　）型三极管，$V_1$=2.8V 的那个极是（　　），$V_2$=2.1V 的那个极是（　　），$V_3$=7V 的那个极是（　　）。
    A. NPN　　　　　B. PNP　　　　　C. 发射极　　　　　D. 基极　　　　　E. 集电极

二、分析判断下列各电路能否正常放大

1.
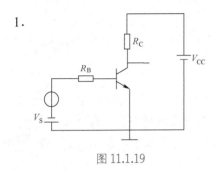
图 11.1.19

2.
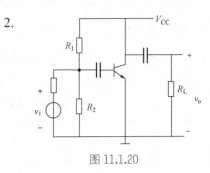
图 11.1.20

## 项目二　集成运算放大器电路的制作

### 学习目标

- ◇ 了解反馈的概念，负反馈应用于放大器中的类型；对放大电路性能的影响；
- ◇ 了解集成运放的电路结构，了解集成运放的符号及器件的引脚功能；
- ◇ 了解集成运放的理想特性在实际中的应用，能识读反相放大器、同相放大器电路图。

### 工作任务

- ◇ 了解反馈的概念，负反馈应用于放大器中的类型；对放大电路性能的影响；
- ◇ 了解集成运放的电路结构，了解集成运放的符号及器件的引脚功能；
- ◇ 了解集成运放的理想特性在实际中的应用，能识读反相放大器、同相放大器电路图。

## 项 目 实 施

### 第 1 步　认识反馈电路

在生命科学领域和许多实际的工程领域及非工程领域中，都存在着各种类型的反馈。例如，人体的感觉器官和大脑是一个完整的信息反馈系统。再如，动力系统、电力系统、计算机系统、通信系统，以及各种各样的控制系统都要依赖反馈控制手段来使得系统正常运行并保持系统的稳定。而且，不管是在大的系统还是在小的系统中，反馈概念和理论均得到了日益广泛的应用。

**知识链接**

1. 基本概念

前面各领域讨论放大电路的输入信号与输出信号间的关系时，只涉及了输入信号对输出信号的控制作用,这称做放大电路的正向传输作用。然而,放大电路的输出信号也可能对输入信号产生反作用,简单地说,这种反作用就叫做反馈。

### 2. 反馈的分类

(1) 按反馈信号来分,有直流反馈和交流反馈。

(2) 按反馈的作用效果来分,有负反馈与正反馈。

反馈信号 $X_F$ 送回到输入回路与原输入信号 $X_I$ 共同作用后,对净输入信号 $X_{ID}$ 的影响有两种结果如图 11.2.1 所示:一种是使净输入信号 $X_{ID}$ 比没有引入反馈时减小了,有 $X_{ID}=X_I-X_F$,称这种反馈为负反馈;另一种是使净输入信号 $X_{ID}$ 比没有引入反馈时增加了,有 $X_{ID}=X_I+X_F$,称这种反馈为正反馈。在放大电路中一般引入负反馈。

(3) 按反馈的信号取样的方式来分,有电压反馈与电流反馈。

在反馈放大电路中,反馈网络把输出电压的一部分或全部取出来送回到输入回路,这时反馈信号是输出电压的一部分或全部,即反馈信号与输出电压成正比 ($x_f=Fv_o$),称为电压反馈,如图 11.2.2(a) 所示。

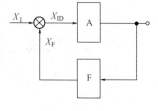

图 11.2.1

如果反馈信号是输出电流的一部分或全部,即反馈信号与输出电流成正比 ($x_f=Fi_o$),称为电流反馈,如图 11.2.2(b) 所示。

判断是电压反馈还是电流反馈时,常用"输出短路法",即假设负载短路 ($R_L=0$),使输出电压 $v_o=0$,看反馈信号是否有反馈信号还存在。若存在,则说明反馈信号与输出电压成比例,是电压反馈;若反馈信号不存在了,则说明反馈信号不是与输出电压成比例,而是与输出电流成比例,是电流反馈。

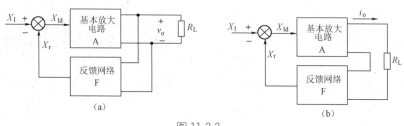

图 11.2.2

(4) 按照反馈信号与输入信号的连接方式来分,有串联反馈与并联反馈。

在串联反馈中,反馈信号和输入信号是在输入端以电压方式求和的,如图 11.2.3 所示。
在并联反馈中,反馈信号和输入信号是在输入端以电流方式求和的,如图 11.2.4 所示。

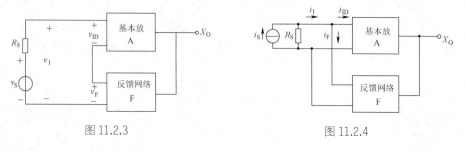

图 11.2.3　　　　　　　　　图 11.2.4

### 3. 4 种组态的反馈放大电路

(1) 电压串联负反馈放大电路

电压负反馈的重要特点是具有稳定输出电压的作用。

（2）电压并联负反馈放大电路

为增强负反馈的效果，电压并联负反馈放大电路宜采用内限很大的信号源，即电流源或近似电流源。又将其称为电流控制的电压源，或电流—电压变换器。

（3）电流串联负反馈放大电路

电流负反馈的特点是维持输出电流基本恒定，例如，当 $V_i$ 一定，由于负载电阻 $R_L$ 变动（或 $b$ 值下降）使输出电流减小时，引入负反馈后，电路将进行图 11.2.5 所示自动调整过程。

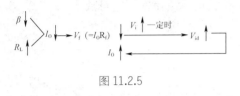

图 11.2.5

（4）电流并联负反馈放大电路

电流并联负反馈放大电路可以稳定输出电流，也称为电流控制的电流源。

分析如图 11.2.6 所示电路为何种反馈电路。

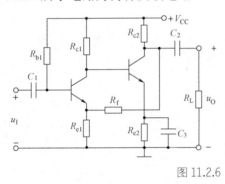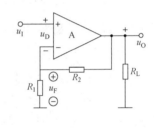

图 11.2.6

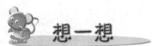

在实际的应用电路中，如何来正确判断反馈的类型?举例说明正、负反馈。

### 负反馈对放大器性能的影响

直流负反馈能够稳定放大电路的静态工作点，而交流负反馈则可用来改善放大电路的动态性能，分析如下。

（1）提高了增益稳定性

提高放大器增益的稳定性是相对的，而不稳定是绝对的，只不过可以使这种不稳定减小到最小程度罢了。

（2）减小了非线性失真

由于电子器件的非线性特性，总会使放大器在输出端产生一定的非线性失真，而负反馈是利用失真来减小失真，但不能消除失真。

（3）拓展了通频带

通频带（$f_{bw}$）是指放大倍数在允许波动的范围内所对应的频率范围，通频带的扩展也是以牺牲放大器增益为代价的。

（4）对输入、输出电阻的影响

① 对输入电阻的影响：串联负反馈使输入电阻增大，并联负反馈使输入电阻减小。

② 对输出电阻的影响：电压负反馈使输出电阻减小，电流负反馈使输出电阻增大。

## 第2步　认识集成运放及电路

运算放大器（简称"运放"）的作用是调节和放大模拟信号。常见的应用包括数字示波器和自动测试装置、视频和图像计算机板卡、医疗仪器、电视广播设备、航行器用显示器和航空运输控制系统、汽车传感器、计算机工作站和无线基站。

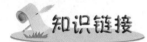

### 1. 集成运放的电路组成

集成运放是以双端为输入，单端对地为输出的自接耦合型高增益放大器。

### 2. 集成运放的表示符号及引出端

（1）集成运放的表示符号：图 11.2.7（a）、（b）所示为集成运放的表示符号。

（2）集成运放的引出端：集成运放的引出端集成运放共有 5 个引出端，如图 11.2.7（c）所示。输入端：即信号输入端，它有两个，通常用"+"表示同相端，用"-"表示反相端。电源端：集成运放为有源器件，工作时必须外接电源。一般有两个电源端，对双电源的运放，其中一个为正电源端，另一个为负电源端；对单电源的运放，一端接正电源，另一端接地。

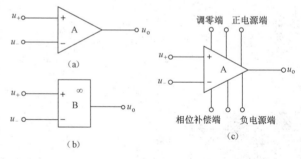

图 11.2.7　集成运放的表示符号及引出端

### 3. 反相比例运算放大器

集成运放外围加接适当的反馈网络，可以组合成多种不同功能的电路。而集成运放最基本、最广泛的应用是比例运算放大器，它又分为反相比例运算放大器和同相比例运算放大器。

（1）反相比例运算原理图如图 11.2.8 所示。

（2）反相比例运算输出电压 $u_o$ 和输入电压 $u_i$ 的关系为

$$u_o = -\frac{R_f}{R_1}u_i \tag{11.6}$$

### 4. 同相比例运算放大器

（1）同相比例运算原理图如图 11.2.9 所示。

（2）同相比例运算输出电压 $u_o$ 和输入电压 $u_i$ 的关系为

$$u_o = \left(1 + \frac{R_f}{R_1}\right) u_i \tag{11.7}$$

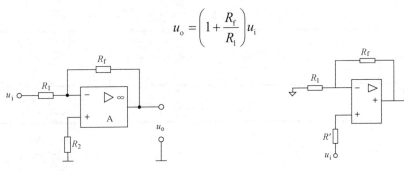

图 11.2.8 反相比例运算 　　　　　　　图 11.2.9 同相比例运算

**集成运算放大器的基本运算**

**1. 目的**

使学生掌握集成运放的基本电路的分析；

使学生掌握集成运放的基本电路的测量。

**2. 设备**

双踪示波器一台；双路直流稳压电源一台；功率函数发生器一台；万用表一块；实验板一块。

**3. 内容**

（1）运算放大器调零（$u_o$=0），把运算放大器的反相、同相输入端接地，调节调零电位器 RP，使输出电压 $u_o$=0。调好±15V 电源，断开电源开关，按原理图（图 11.2.10 和图 11.2.11）所示接线。接通电源开关，在实验板±15V 接线柱内侧对线路板的"地"端应能分别测出+15V 和–15V 电压，否则实验电路将不能正常工作。

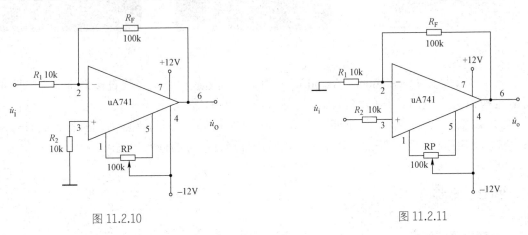

图 11.2.10 　　　　　　　　　　　　　图 11.2.11

（2）在进行运算放大器调零、比例运算和加法运算时，反馈电阻网络要始终接入线路中，使放大器电路处于闭环状态。

（3）测量输入、输出电压时，万用表最好用 2.5V 挡。

（4）将数据填入表 11.2.1 和表 11.2.2 中。其中 $R_1$=10kΩ，$R_f$=100kΩ，$R_2$=10kΩ。

表 11.2.1　反相比例运算

| $u_i$(V) | -0.2 | -0.1 | 0 | 0.1 | 0.2 |
|---|---|---|---|---|---|
| $u_o$(V) | | | | | |

表 11.2.2　同相比例运算

| $u_i$(V) | -0.2 | -0.1 | 0 | 0.1 | 0.2 |
|---|---|---|---|---|---|
| $u_o$(V) | | | | | |

**看一看**

如图 11.2.12 所示是集成运算放大器在实际中的应用与实物，你还能举些例子吗？

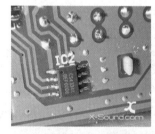

图 11.2.12

集成运算放大器（Operational Amplifier）简称集成运放，是由多级直接耦合放大电路组成的高增益模拟集成电路。它的增益高（可达 60～180dB），输入电阻大（几十千欧至百万兆欧），输出电阻低（几十欧），共模抑制比高（60～170dB），失调与漂移小，而且还具有输入电压为零时输出电压亦为零的特点，适用于正、负两种极性信号的输入和输出。

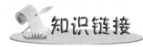

**知识链接**

### 1. 集成电路的概念

近几十年来，随着微电子技术的不断发展，集成电路（Integrated Circuits，IC）得到了惊人的发展。集成电路是继承电子管、晶体管之后的第三代具有电路功能的电子器件。集成电路是把晶体管、必要的元件和连接导线，集中制造在一小块半导体基片上而形成具有电路功能的器件。

## 2. 集成电路的分类

（1）按所用器件不同分为：双极型（BJT）集成电路和单极型（MOS）集成电路。

（2）按功能可分为：模拟集成电路（运算放大器、稳压器、音响电路、电视电路及非线性电路）、数字集成电路（TTL 电路、HTL 电路、ECL 电路、CMOS 电路、存储器及微型机电路）、接口电路（电平转换器、电压比较器、线驱动接收器及外围驱动器）及特殊电路（传感器、通信电路、机电类仪表电路及消费类电路）。

（3）按集成度可分为：小规模集成电路（SSI，即包含的管子和元件在一百个以下）、中规模集成电路（MSI，即包含的管子和元件在 100～1000 个之间）、大规模集成电路（LSI，即包含的管子和元件在 1000～10 万个之间），以及超大规模集成电路（VLSI，即包含的管子和元件在 10 万个以上）。

（4）按外形可分为：圆形（金属外壳晶体管封装型，适用于大功率）、扁平形（稳定性好、体积小）和双列直插式（有利于采用大规模生产技术进行焊接，因此获得广泛的应用）。

## 3. 集成电路的特点

由于集成电路具有体积小、重量轻、耗电省、成本低、可靠性高和电性能优良等突出优点。因此，集成电路得到了极为广泛的应用，而这种应用又促进了集成电路的发展。

### 集成电路引出端的识别

使用集成电路前，必须认真查对集成电路的引出端，确定电源、地端、输入、输出及控制等端的端号，以免因错接而损坏器件。引出端排列的一般规律如下。

### 1. 圆形集成电路

圆形结构的集成电路形似晶体管，体积较大，外壳用金属封装，引出端数有 3、5、8 和 10 多种。识别时，应面向引出端正视，从定位端按顺时针方向依次为 1、2、3、4…如图 11.2.13 所示，这种封装用于模拟集成电路。

### 2. 扁平和双列直插式集成电路

（1）扁平形平插式结构

这类结构的集成电路通常以色点作为引出端的参考标记。识别时，从外壳顶端看，将色点置于正面左方位置，靠近色点的引出端即为第 1 引出端，然后按逆时针方向读出第 1、2、3、4…各引出端，如图 11.2.14 所示。

图 11.2.13　圆形集成电路

图 11.2.14　扁平形平插式集成电路

### (2) 扁平形直插式结构（塑料封装）

塑料封装的扁平形直插式集成电路通常以凹槽作为引出端的标记。识别时，从外壳顶端看，将凹槽置于正面左方位置，靠近凹槽左下方的第一个引出端即为第 1 引出端，然后按逆时针方向读出第 1、2、3、4…各引出端。如图 11.2.15 所示。

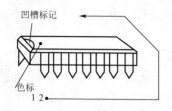

图 11.2.15　扁平形直插式集成电路（塑料封装）

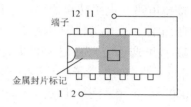

图 11.2.16　扁平形直插式集成电路（陶瓷封装）

### (3) 扁平形直插式结构（陶瓷封装）

这种结构的集成电路通常以凹槽或金属封片作为引出端参考标记。识别方法同上。如图 11.2.16 所示。

### (4) 扁平单列直插式结构

这种结构的集成电路，通常以倒角或凹槽作为引出端参考标记。识别时，将引出端向下置标记于左方，则可从左向右读出各引出端。有的集成电路没有任何标记，此时应将印有型号的一面正向朝着自己，按上述方法读出各端子。如图 11.2.17 所示。

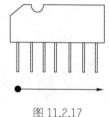

图 11.2.17

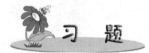

## 习　题

### 一、选择题

1. 负反馈放大电路的含义是（　　）。
   A. 输出与输入之间有信号通路
   B. 电路中存在反向传输的信号通路
   C. 除放大电路之外还有信号通路
   D. 电路中存在使输入信号削弱的反向传输信号
2. 集成运算放大器在电路结构上放大级之间通常采用（　　）。
   A. 阻容耦合　　　B. 变压器耦合　　　C. 直接耦合　　　D. 光电耦合
3. 集成运算放大器输入级通常采用（　　）。
   A. 共射放大电路　B. OCL 互补对称电路　C. 差分放大电路　D. 偏置电路
4. 在交流负反馈的 4 种组态中，要求互导增益 $A_{iuf} = I_i/U_i$ 稳定应选（　　）。
   A. 电压串联负反馈　　　　　　　B. 电压并联负反馈
   C. 电流串联负反馈　　　　　　　D. 电流并联负反馈
5. 在交流负反馈的 4 种组态中，要求互阻增益 $A_{uif} = U_o/I_i$ 稳定应选（　　）。
   A. 电压串联负反馈　　　　　　　B. 电压并联负反馈
   C. 电流串联负反馈　　　　　　　D. 电流并联负反馈

二、填空题

1. 对于串联负反馈放大电路，为使反馈作用强，应使信号源内阻_____。
2. 对于并联反馈放大电路，为使反馈作用强，应使信号源内阻_____。
3. 反馈放大电路的含义是_____。
   A. 输出与输入之间有信号通路   B. 电路中存在反向传输的信号通路   C. 除放大电路以外还有信号通路
4. 构成反馈通路的元器件_____。
   A. 只能是电阻、电容或电感等无源元件   B. 只能是晶体管、集成运放等有源器件   C. 可以是无源元件，也可是以有源器件
5. 反馈系数是指_____。
   A. 反馈网络从放大电路输出回路中取出的信号   B. 反馈到输入回路的信号   C. 反馈到输入回路的信号与反馈网络从放大电路输出回路中取出的信号之比

三、计算题

1. 试计算图 11.2.18 所示电路的输出电压 $u_0$。
2. 如图 11.2.19 所示为积分电路，求其输出电压与输入电压的关系式。

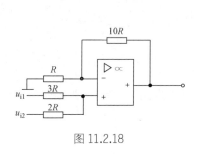

图 11.2.18

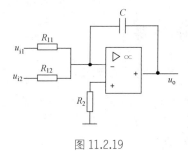

图 11.2.19

# 项目三　低频功率放大器的制作

## 学习目标

◆ 了解低频功率放大电路的基本要求和分类；
◆ 了解典型功放集成电路的引脚功能及应用；
◆ 掌握低频功率放大电路的制作。

## 工作任务

◆ 低频功率放大电路的基本要求和分类；
◆ 典型功放集成电路的引脚功能及应用；
◆ 低频功率放大电路的制作。

# 项目实施

## 第 1 步　认识低频功率放大电路

前面所讨论及制作的各类放大器均具有功率放大的作用，但它们属于小信号放大，输出功率很低，主要要求输出电压或电流幅度得到足够的放大，所以称为电压放大器或电流放大器。但在某些场合，需要放大器输出较大的功率以驱动功率型负载，功率型负载有：音响放大器中的扬声器（loudspeaker）、电视机（TV set）的显像管和计算机（computer）监视器等。

如图 11.3.1 所示为常见低频功率放大电路在实际中的应用。

图 11.3.1　常见低频功率放大电路的应用

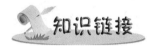

### 1．功率放大电路的要求

放大电路实质上都是能量转换电路。对功率放大器也提出了一定的要求：
（1）输出功率 $P_o$ 尽可能大。
（2）效率 $\eta$ 要高。
（3）非线性失真要小。
（4）功放管的散热性能要好。

### 2．功率放大器的分类

从功率放大电路静态工作点 $Q$ 在交流负载线上位置的不同来看，功率放大器可分为甲类、乙类和甲乙类等。

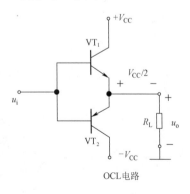

图 11.3.2　OCL 电路

**想一想**

放大电路实质上都是能量转换电路。对实际应用的中功率放大器有何具体的要求。

## 第 2 步　分析 OCL 与 OTL 电路

功率放大电路有多种形式，目前应用最为广泛的是 OCL 和 OTL 电路，这两种电路都是直接偶合的直流放大器。

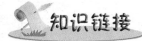

### 1. 电路结构

图 11.3.2 所示电路由两个对称的工作在乙类状态的射极输出器组合而成。$VT_1$（NPN 型）和 $VT_2$（PNP 型）是两个特性一致的互补晶体管；电路采用双电源供电，负载直接接到 $VT_1$、$VT_2$ 的发射极上。因电路没有输出电容和变压器，故称为无输出电容电路，简称 OCL 电路。

### 2. 工作原理

（1）设 $u_i$ 为正弦波，当 $u_i$ 处于正半周时，$VT_1$ 导通，$VT_2$ 截止，输出电流 $i_L = i_{C1}$ 流过 $R_L$，形成输出正弦波的正半周。

（2）当 $u_i$ 处于负半周时，$VT_1$ 截止，$VT_2$ 导通，输出电流 $i_L = -i_{C2}$ 流过 $R_L$，其方向与 $i_{C1}$ 相反，形成输出正弦波的负半周。

因此，在信号的一个周期内，输出电流基本上是正弦波电流。由此可见，该电路实现了在静态时管子无电流通过，而有信号时，$VT_1$、$VT_2$ 轮流导通，组成所谓推挽电路。由于电路结构和两管特性对称，工作时两管互相补充，故称"互补对称"电路。

### 3. OCL 性能指标

（1）最大不失真输出功率 $P_{om}$ 为

$$P_{om} = U_{CC}^2/2R_L \tag{11.8}$$

（2）效率 $\eta$ 为

$$\eta = P_{om}/P_E \times 100\% \tag{11.9}$$

在 OCL 电路中其输出端的电压有何特点？并说明在实际维修中如何来判断其故障点？

### 知识链接

OCL 电路具有线路简单，效率高等特点，但需要用两个电源供电，目前使用更为广泛的是单电源互补对称电路，即 OTL 电路。

### 1. OTL 电路

（1）电路结构

图 11.3.3 所示电路由两个对称的工作在乙类状态的射极输出器组合而成。$VT_1$（NPN 型）和 $VT_2$（PNP 型）是两个特性一致的互补晶体管；电路采用单电源供电，负载通过电容器接到 $VT_1$、$VT_2$ 的发射极上，简称 OTL 电路。

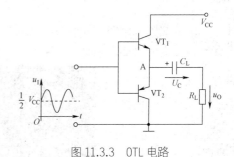

图 11.3.3 OTL 电路

（2）工作原理

设 $u_i$ 为正弦波，当 $u_i$ 处于正半周时，$VT_1$ 导通，$VT_2$ 截止，输出电流 $i_L = i_{C1}$ 流过 $R_L$，形成

输出正弦波的正半周，此时电容器充电。

当 $u_i$ 处于负半周时，$VT_1$ 截止，$VT_2$ 导通，输出电流 $i_L = -i_{C2}$ 流过 $R_L$，其方向与 $i_{C1}$ 相反，形成输出正弦波的负半周，此时电容器放电。

因此，在信号的一个周期内，输出电流基本上是正弦波电流。由此可见，该电路实现了在静态时管子无电流通过，而有信号时，$VT_1$、$VT_2$ 轮流导通，组成所谓推挽电路。由于电路结构和两管特性对称，工作时两管互相补充，故称"互补对称"电路。

（3）OTL 性能指标：最大不失真输出功率

$$P_{om} = V_{CC}^2 / 8R_L \qquad (11.10)$$

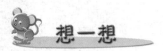

在 OTL 放大电路中，电容器的作用是什么？如果该电容器失效对电路有何影响？

### 集成运放电路的装接与测试

**1. 目的**

（1）了解 LM324 特点与功能；

（2）掌握集成运放电路的装接与测试。

**2. 元器件选择**

IC 集成块 LM324，$R_1$、$R_2$、$R_4 \sim R_6$ 电阻为 $2k\Omega \times 5$，$R_3$ 电阻为 $1k\Omega$，$R_7 \sim R_9$、$R_{11}$、$R_{12}$ 电阻为 $20k\Omega \times 5$，$R_{10}$、$R_{13}$ 电阻为 $36k\Omega \times 2$，$R_{14}$、$R_{17}$ 电阻为 $15k\Omega \times 4$，$L_1 \sim L_5$ 短接线印制板一块

**3. 安装、调试与检测**

由 LM324 四运放电路组成的集成运放组合电路，如图 11.3.4 所示。

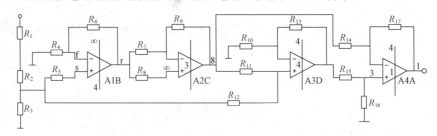

图 11.3.4　LM324 集成运放电路

按装配图 11.3.5 正确安装元器件 检查各元器件安装是否正确，特别重点检查集成块的安装情况。检查无误后，接通 +5V 电源，整机电流约为 2mA。

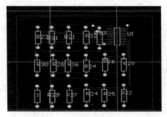 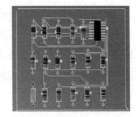

图 11.3.5　PCB 图和装配图

## 甲乙类单电源互补对称电路

图 11.3.6 是采用一个电源的互补对称原理电路，图中的 $VT_3$ 组成前置放大级，$VT_2$ 和 $VT_1$ 组成互补对称电路输出级。在输入信号 $v_i$ =0 时，一般只要 $R_1$、$R_2$ 有适当的数值，就可使 $I_{C3}$、$V_{B2}$ 和 $V_{B1}$ 达到所需大小，给 $VT_2$ 和 $VT_1$ 提供一个合适的偏置，从而使 K 点电位 $V_K$= $V_C$= $V_{CC}/2$。当加入信号 $v_i$ 时，在信号的负半周，$VT_1$ 导电，有电流通过负载 $R_L$，同时向 C 充电；在信号的正半周，$VT_2$ 导电，则已充电的电容 C 起着双电源互补对称电路中电源 $-V_{CC}$ 的作用，通过负载 $R_L$ 放电。只要选择时间常数 $R_L C$ 足够大（比信号的最长周期还大得多），就可以认为用电容 C 和一个电源 $V_{CC}$ 可代替原来的 $+V_{CC}$ 和 $-V_{CC}$ 两个电源的作用。

值得指出的是，采用一个电源的互补对称电路，由于每个管子的工作电压不是原来的 $V_{CC}$，而是 $V_{CC}/2$，即输出电压幅值 $V_{om}$ 最大也只能达到约 $V_{CC}/2$，所以前面导出的计算 $P_o$、$P_T$、和 $P_V$ 的最大值公式，必须加以修正才能使用。修正的方法也很简单，只要以 $V_{CC}/2$ 代替原来的公式中的 $V_{CC}$ 即可。

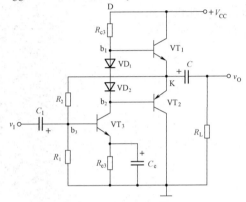

图 11.3.6 甲乙类单电源互补对称电路

### 一、选择题

1. 设计一个输出功率为 10W 的扩音机电路，若用乙类推挽功率放大，则应选两个功率管的功率至少为（　　）。
   A. 1W　　　　B. 2W　　　　C. 4W　　　　D. 5W

2. 与甲类功率放大方式比较，乙类推挽方式的主要优点是（　　）。
   A. 不用输出变压器　　　　B. 不用输出端大电容
   C. 无交越失真　　　　　　D. 效率高

3. 乙类放大电路是指放大管的导通角等于（　　）。
   A. 360°　　　　B. 180°　　　　C. 90°　　　　D. 小于 90°

### 二、填空

1. 甲类放大电路是指放大管的导通角等于＿＿＿＿，乙类放大电路则其导通角等于＿＿＿＿，在甲乙类大电路中，放大管导通角＿＿＿＿。

2. 乙类推挽功率放大电路的＿＿＿＿较高，在理想情况下其数值可达＿＿＿＿。但这种电路会产生一种被称为＿＿＿＿失真的特有的非线性失真现象。为了消除这种失真，应当使推挽功率放大电路工作在＿＿＿＿类状态。

3. 设计一个输出功率为 20W 的扩音机电路，若用乙类推挽功率放大，则应选至少为＿＿＿＿的功率管两个。

### 三、判断对错

1. 功率放大电路的主要作用是向负载提供足够大的功率信号。（    ）
2. 功率放大电路所要研究的问题就是一个输出功率的大小问题。（    ）
3. 顾名思义，功率放大电路有功率放大作用，电压放大电路只有电压放大作用而没有功率放大作用。（    ）
4. 由于功率放大电路中的晶体管处于大信号工作状态，所以微变等效电路方法已不再适用。（    ）
5. 在功率放大电路中，输出功率最大时，功放管的功率损耗也最大。（    ）

## 项目四　谐振电路的制作与调试

### 学习目标

- ◆ 了解常用振荡器（如 LC 振荡器、石英晶体振荡器等）的主要特点；
- ◆ 掌握谐振电路的制作与调试。

### 工作任务

- ◆ 常用振荡器（如 LC 振荡器、石英晶体振荡器等）主要特点；
- ◆ 谐振电路的制作与调试。

## 项　目　实　施

### 第 1 步　认识正弦波振荡器

正弦波振荡器是一种不需要外加输入信号，能够自己产生特定频率正弦波输出信号的电路，在无线电通信、仪器仪表及广播电视等领域有着广泛的应用。

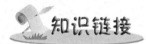

**1. 振荡器基本知识**

在无须外加激励信号的情况下，将直流电源的能量转换成按特定频率变化的交流信号能量的电路，称为振荡器或振荡电路。

振荡器与放大器都是能量转换装置，它们都是把直流电源的能量转换为交流能量输出，但是，放大器需要外加激励，即必须有信号输入，而振荡器不需要外加激励。因此，振荡产生的信号是自激信号，常称为自激振荡器。

**2. 正弦波振荡器的基本结构和工作原理**

（1）正弦波振荡器的基本结构

正弦波振荡器由一个基本放大器和一个带有选频功能的正反馈网络组成。正弦波振荡器的结构方框图如图 11.4.1 所示，它没有输入信号，正反馈信号 AF 就是基本放大器的输入信号 $\dot{X}_i$。

（2）正弦波振荡器振荡的条件为

$$\dot{A}_u \dot{F}_u = 1 \tag{11.11}$$

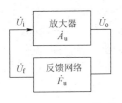

图 11.4.1 正弦波振荡器结构方框图

$$\dot{A}\dot{F} = 1 \Rightarrow \begin{cases} |\dot{A}\dot{F}| = 1 & \text{振幅平衡条件} \\ \varphi_A + \varphi_F = 2n\pi & n = 0,1,2\cdots \text{ 相位平衡条件} \end{cases} \tag{11.12}$$

即正反馈

式中，A 为基本放大电路的电压放大倍数；F 为反馈电路的反馈系数。

总之，要产生稳定的正弦振荡，振荡器必须满足起振条件、平衡条件和稳定条件，三者缺一不可。

**3. 正弦波振荡器**

正弦波振荡器是一种不需要外加输入信号，能够自己产生特定频率正弦波输出信号的电路，在无线电通信、仪器仪表及广播电视等领域有着广泛的应用。

振荡器产生振荡必须满足什么条件？

（1）正弦波振荡器的基本组成
① 三极管放大器：起能量控制作用。
② 正反馈网络：将输出信号反馈一部分至输入端。
③ 选频网络：用以选取所需要的振荡频率，以使振荡器能够在单一频率下振荡，从而获得需要的波形。

（2）LC 正弦波振荡器
LC 正弦波振荡器是以 LC 谐振回路作为选频网络的正弦波振荡器。典型电路有变压器反馈式振荡器和三点式振荡器。
① 变压器反馈式振荡器：
电路如图 11.4.2 所示，基本放大器由三极管及分压式偏置电路构成，选频网络由变压器初级线圈 L 和电容 C 组成，反馈电压由变压器次级线圈 $L_1$ 取出经耦合电容 $C_b$ 送到三极管的基极。
相位平衡条件：相位平衡条件就是电路必须是正反馈。利用瞬时极性法判别，设三极管基极极性为正，则集电极极性为负，L 加点端极性为正，故 $L_1$ 加点同名端极性为正，反馈信号与假设输入信号极性相同，满足相位平衡条件。

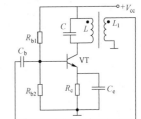

图 11.4.2 变压器反馈式振荡器

振荡器的振荡频率为 LC 谐振回路的谐振频率，即

$$f_o \approx \frac{1}{2\pi\sqrt{LC}} \tag{11.13}$$

变压器反馈式振荡器的特点是结构简单、易起振及调节方便，但由于分布电容的影响，在频率太高时，输出波形不好，频率稳定性较差，一般用于几百千赫兹至几十兆赫兹。

② 电感三点式振荡器：

电路如图 11.4.3 所示，三极管及其分压式偏置电路构成基本放大器，$L_1$、$L_2$、$C$ 组成的并联谐振回路为选频网络，由 $L_2$ 两端取出反馈电压经耦合电容 $C_e$ 和旁路电容 $C_b$ 加到三极管的发射结。

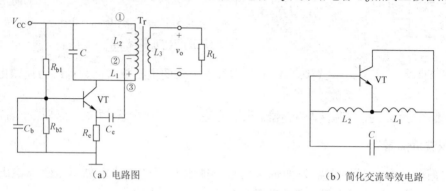

(a) 电路图　　　　　　　　(b) 简化交流等效电路

图 11.4.3　电感三点式振荡器

三点式振荡器相位平衡条件的判别，我们可以通过以下法则来判别：如晶体管集电极、发射极之间接的 $X_{ce}$ 与基极、发射极之间接的 $X_{be}$ 电抗性质相同（同为电感或同为电容），基极、集电极之间接的 $X_{cb}$ 与 $X_{be}$、$X_{ce}$ 电抗性质相反，即满足相位平衡条件（射同基反）。

电感三点式振荡器的振荡频率为：

$$f \approx \frac{1}{2\pi\sqrt{(L+L+2M)C}} \tag{11.14}$$

电感三点式振荡器的特点：易起振，输出电压幅度大，频率调节方便，但输出波形较差。多用于振荡频率在几十兆赫兹以下的电路中。

③ 电容三点式振荡器：

电路如图 11.4.4 所示，三极管及其分压式偏置电路构成基本放大器，$L$、$C_1$、$C_2$ 组成的并联谐振回路为选频网络，由 $C_1$ 两端取出反馈电压经耦合电容 $C_b$ 和旁路电容加到三极管的发射结。

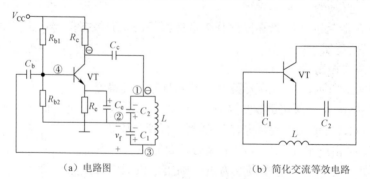

(a) 电路图　　　　　　　　(b) 简化交流等效电路

图 11.4.4　电感三点式振荡器

同电感三点式振荡器的振荡条件一样，电容三点式振荡器的振荡频率为

$$f \approx \frac{1}{2\pi\sqrt{L\dfrac{C_1 C_2}{C_1 + C_2}}} \tag{11.15}$$

电容三点式振荡器的特点：输出波形好，振荡频率可以很高，但频率调节不方便。多用在固定频率放大器。

图 11.4.5 所示是石英晶体谐振器的实物图。

图 11.4.5　石英晶体谐振器的实物图

### 石英振荡器

石英晶体振荡器是采用石英谐振器做选频网络的振荡器。石英晶体谐振器的电路符号和等效电路如图 11.4.6（a）、（b）所示。由石英晶体谐振器的等效电路可以看出，石英晶体谐振器有两个谐振频率：一个是串联谐振频率 $f_s$；一个是并联谐振频率 $f_p$。

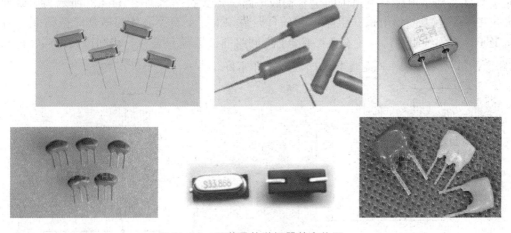

（a）符号　　　　（b）等效电路　　　　（c）电抗特性

图 11.4.6　石英晶体谐振器的符号、等效电路及电抗特性

$$f_s = \frac{1}{2\pi\sqrt{LC}} \tag{11.16}$$

$$f_p = \frac{1}{2\pi\sqrt{L\dfrac{CC_o}{C+C_o}}} = f_s\sqrt{1+\frac{C}{C_o}} \tag{11.17}$$

由于 $C \approx C_o$,因此 $f_s$ 与 $f_p$ 非常接近。

石英晶体特性:

如图 11.4.6(c)所示,由石英晶体谐振器的电抗特性曲线可以看出,当 $f > f_p$ 或 $f < f_s$ 时,石英晶体谐振器呈容性;当 $f$ 在 $f_s$、$f_p$ 之间时,石英晶体谐振器呈感性。

石英晶体振荡电路有串联型和并联型两种类型。图 11.4.7 所示为并联型石英晶体振荡电路,石英晶体相当于电感与电路中的电容构成电路三点式振荡器。图 11.4.8 所示为串联型石英晶体振荡电路,石英晶体串接在电路中,只有振荡频率等于石英晶体的串联谐振频率 $f_s$ 时,晶体阻抗最小,且为纯阻性,满足振荡条件。LC 回路的谐振频率应与 $f_s$ 相同,该电路经过晶体和 LC 回路两次选频,其频率稳定性和输出波形都非常好。

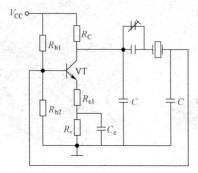
图 11.4.7 并联型石英晶体振荡电路

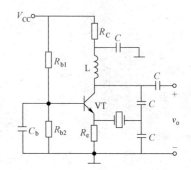
图 11.4.8 串联型石英晶体振荡电路

1. 为什么只有环路增益等于 1 才能产生振荡?
2. 影响电容三点式振荡频率的主要因素是什么?

1. 试判断图 11.4.9(a)~(f)所示交流通路中,哪些能产生振荡,哪些不能产生振荡?若能产生振荡,则说明属于哪种振荡电路。

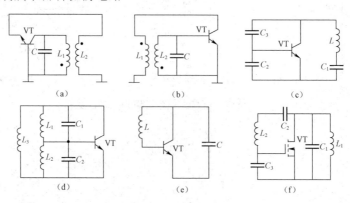

图 11.4.9

2. 试改正图 11.4.10（a）～（e）所示各振荡器电路中的错误，并指出电路类型。图中 $C_B$、$C_C$、$C_E$ 均为旁路电容或隔直流电容，$L_C$、$L_E$、$L_S$ 均为高频扼流圈。

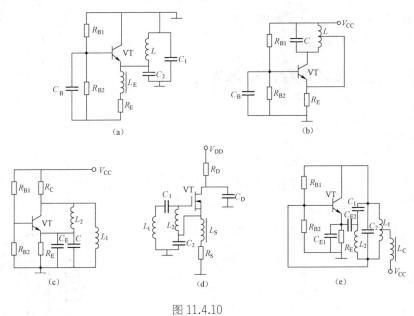

图 11.4.10

3. 试指出图 11.4.11 所示各振荡器电路的错误，并改正，画出正确的振荡器交流通路，图中 $C_B$、$C_C$、$C_C$ 均为旁路电容或隔直流电容。

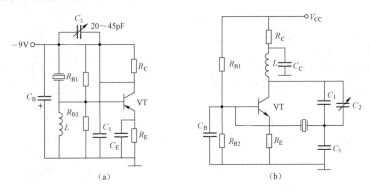

图 11.4.11

# 项目五　稳压电源的制作与调试

## 学习目标

✧ 了解稳压电源的组成与主要技术指标；
✧ 熟悉简单串联型稳压电路的组成与工作原理；
✧ 会制作简单串联型稳压电路；
✧ 能调试、测量串联型稳压电源电路的输出电压和纹波系数等。

## 工作任务

◆ 认识串联型稳压电源电源电路原理图；
◆ 制作与调试串联型电源电路。

### 第 1 步 认识串联型稳压电源电路

如图 11.5.1 所示，是一个简单的直流稳压电源，电路由交流变压器 T、二极管 $VD_1 \sim VD_4$（构成桥式整流电路）、电容 $C_1$（滤波）以及其他一些器件组成，实现 3~6V 直流电压输出。

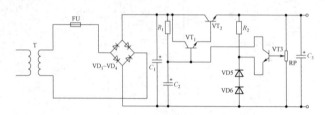

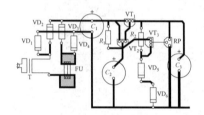

图 11.5.1 串联型稳压电源原理图　　图 11.5.2 串联型稳压电源装配图

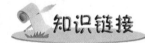

串联型稳压电源方框图如图 11.5.3 所示，一般有降压电路、整流电路、滤波电路和调压稳压电路 4 部分组成。稳压电路部分又由基准电压源、输出电压采样电路、电压比较放大电路和输出电压调整电路组成。

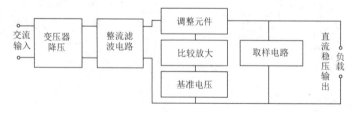

图 11.5.3 串联型稳压电源方框图

（1）降压电路

降压电路一般使用单相交流变压器，选用电压和功率依照后级电路的设计需求而定。

（2）整流电路

整流电路的主要作用是把经过变压器降压后的交流电通过整流变成单个方向的直流电。常见的整流电路主要有全波整流电路、桥式整流电路、倍压整流电路。

（3）滤波电路

通过滤波电路，使整流后的脉动直流电，变成稍平滑的直流电。常见的滤波电路有电容滤波电路、电感滤波电路、L形滤波电路、π形滤波电路。

(4) 稳压电路

串联型稳压电路的本质是一个具有深度负反馈的电压反馈型功率放大器，一般由基准电压源、输出电压采样电路、电压比较放大电路和输出电压调整电路组成。

按照串联式稳压电路方框图及各部分作用，画出图10.5.1的电路组成，如图11.5.4所示。

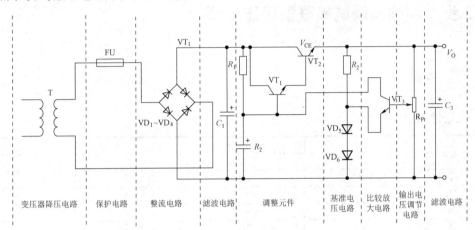

图11.5.4　串联型稳压电源

$VT_1$、$VT_2$组成调整管，$VT_3$为比较放大电路，$R_2$、$VD_5$、$VD_6$组成基准电压电路，本电路的基准电压$V_{REF}$为1.4V，RP为输出电压调节电路。

这种稳压电路的主回路由调整管与负载串联构成，输出电压$V_O=V_I-V_{CE}$，其变化量由反馈网络取样，并经放大电路放大后去控制调整管的基极电压，从而改变调整管的$V_{CE}$大小。

当输入电压$V_I$增加(或负载电流$I_O$减小)时，导致输出电压$V_O$增加，反馈电压也随之增加(电位器RP中点电压)。$V_F$与基准电压$V_{REF}$相比较，其差值电压经比较放大电路放大后使调整管的$V_B$和$I_C$减小，于是调整管的ce间电压$V_{CE}$增大，使$V_O$下降，从而维持$V_O$基本恒定。

**实例电路分析**

如图11.5.4所示，电源变压器T次级的低压交流电，经整流、滤波后，送给稳压电路。稳压电路由复合调整管$VT_1$、$VT_2$、比较放大管$VT_3$、稳压作用的硅二极管$VD_5$、$VD_6$和取样微调电位器RP等组成。

$R_2$是提供$VD_5$、$VD_6$正向电流的限流电阻。$R_1$是的集电极负载电阻，又是复合调整管基极的偏流电阻。$C_2$是考虑到在市电电压降低的时候，为了减小输出电压的交流成分而设置的。$C_3$的作用是降低稳压电源的交流内阻和纹波。

由于$VT_3$的发射极对地电压是通过二极管$VD_5$、$VD_6$稳定的，可以认为$VT_3$的发射极对地电压是不变的，这个电压叫做基准电压。

如果输出电压有减小的趋势，$VT_3$基极发射极之间的电压也要减小，这就使$VT_3$的集电极电波流减小，集电极电压增大。由于$VT_3$的集电极和$VT_2$的基极是直接耦合的，$VT_3$集电极电压增大，也就是$VT_2$的基极电压增大，这就使复合调整管加强导通，管压降减小，维持输出电压不变。同样，如果输出电压有增大的趋势，通过$VT_3$的作用又使复合调整管的管压降增大，维持输出电压不变。

在图 11.5.4 串联型稳压电源电路图中,如将硅二极管 $VD_5$、$VD_6$ 改为稳压二极管,该稳压二极管如何接入电路中?如接反有何现象?

## 第 2 步 制作与调试串联型稳压电源

一、元器件清单

| 序号 | 名称 | 型号规格 | 数量 | 元件标号 |
|---|---|---|---|---|
| 1 | 二极管 | IN4001 | 4 | $VD_1 \sim VD_4$ |
| 2 | 二极管 | IN4148 | 2 | $VD_5$、$VD_6$ |
| 3 | 三极管 | 9013 | 2 | $VT_1$、$VT_2$ |
| 4 | 三极管 | 9011 | 1 | $VT_3$ |
| 5 | 电阻 | 2kΩ | 1 | $R_1$ |
| 6 | 电阻 | 680Ω | 1 | $R_2$ |
| 7 | 微调电位器 | 1kΩ | 1 | RP |
| 8 | 电解电容器 | 470μF/25V | 1 | $C_1$ |
| 9 | 电解电容器 | 47μF/16V | 1 | $C_2$ |
| 10 | 电解电容器 | 100μF/16V | 1 | $C_3$ |
| 11 | 电源变压器 | 220V/9V | 1 | T |
| 12 | 熔断丝 | 0.5A | 1 | F |
| 其他:印刷电路板,熔断丝座,接线固定片,黑胶布,导线若干等 | | | | |

二、制作步骤

1. 读图:根据电路原理图和装配图的对应关系,找出各个元件所在位置。
2. 检测:按元件清单清点元件,并检测其好坏。
3. 安装:根据装配图正确安装各元器件,进行焊接。
4. 调试:

(1) 检查元件安装正确无误后,接通电源。

(2) 调节 RP 的阻值,测出输出电压的可调范围,并记入表 11.4.1 中。

(3) 调节 RP 的阻值,使输出电压为 3V。

(4) 输出电压为 3V 时,接上 30Ω 负载电阻。观察输出电压是否有变化。

(5) 测量 $V_1$、$V_2$、$V_3$ 各脚电压,并记入表 11.4.1 中。

(6) 测量串联稳压电源的输出负载电流,并记入表 11.4.1 中。

(7) 用毫伏表测量电源输出端($C_3$ 两端)的交流电压分量的有效值(纹波电压),并计入表 10.4.1 中。

表 11.4.1

| 测 量 | 电 压 值 | | |
|---|---|---|---|
| | $V_E$ | $V_B$ | $V_C$ |
| $V_1$ | | | |
| $V_2$ | | | |
| $V_3$ | | | |
| 输出电压调节范围 | | | |
| 输出负载电流 | | | |
| 纹波电压 | | | |

## 讨 论

1．本电路中基准电压元件是_____，可以改用_____。
2．本电路输出电压调节范围在_____之间，如果要使输出电压提高到 12V，一般应调整_____、_____等元器件。
3．调整元件采用 $VT_1$、$VT_2$ 复合管是为了_____。

## 习 题

一、填充题

1．直流电源中，除电容滤波电路外，其他形式的滤波电路包括_____、_____等。
2．桥式整流电容滤波电路中，滤波电容值增大时，输出直流电压_____，负载电阻值增大时，输出直流电压_____。
3．直流电源中的滤波电路用来滤除整流后单相脉动电压中的_____成分，使之成为平滑的_____。
4．CW7805 的输出电压为_____；CW79M24 的输出电压为_____。
5．串联型稳压电路中比较放大电路的作用是将_____电压与_____电压的差值进行_____。
6．单相_____电路用来将交流电压变换为单相脉动的直流电压。
7．串联型稳压电路由_____、_____、_____和_____等部分组成。
8．直流电源中的稳压电路作用是当_____波动、_____变化或_____变化时，维持输出直流电压的稳定。

二、选择题

1．直流稳压电源中滤波电路的目的是（　　）。
　　A．将交流变为直流　　　　　　　　B．将高频变为低频
　　C．将交、直流混合量中的交流成分滤掉

2. 滤波电路应选用（　　）。
   A. 高通滤波电路　　　　　B. 低通滤波电路　　　　　C. 带通滤波电路
3. 若要组成输出电压可调、最大输出电流为3A的直流稳压电源，则应采用（　　）。
   A. 电容滤波稳压管稳压电路　　　　　B. 电感滤波稳压管稳压电路
   C. 电容滤波串联型稳压电路　　　　　D. 电感滤波串联型稳压电路
4. 串联型稳压电路中的放大环节所放大的对象是（　　）。
   A. 基准电压　　　　　B. 取样电压　　　　　C. 基准电压与取样电压之差
5. 硅稳压管稳压电路，稳压管的稳定电压应选负载电压（　　）。
   A. 大于　　　　　B. 小于　　　　　C. 等于
6. 硅稳压管稳压电路，稳压管的电流应选负载电流（　　）。
   A. 大于　　　　B. 小于　　　　C. 等于　　　　D. 大于2倍
7. 桥式整流电路在接入电容滤后，输出电流电压（　　）。
   A. 升高了　　　　　B. 降低了　　　　　C. 保持不变

## 三、问答题

1. 串联式直流稳压电源有哪几部分组成，各部分的作用是什么？
2. 衡量直流稳压电源的质量指标有哪几项，其含义是什么？
3. 如图 11.5.4 所示直流稳压电源电路，已知变压器次级电压有效值为 15V，稳压管 VD5 的稳压值为 7.5V，电阻 $R_1$、$R_2$、RP 分别为 1kΩ，1.5kΩ，1kΩ。求：
   （1）电路中调整管、放大环节、基准电压、采样电路分别有哪些期间组成？
   （2）该电路输出电压调节范围为多少？
   （3）当 RP 处于中点时，输出电压是多少？
   （4）如果将 R4 上端接到 $VT_2$ 的集电极，电路能否正常工作，为什么？
4. 如图 11.5.5 所示直流稳压电源电路，当出现以下几种情况时，试分析故障现象，输出电压为多少？
   （1）$VT_1$ 发射结断路；
   （2）$VT_2$ 发射结烧断；
   （3）$VT_2$ 发射极和集电极之间短路；
   （4）电位器 RP 接触不良；
   （5）$R_1$ 开路；
   （6）$R_2$ 开路；
   （7）$VD_5$ 断路。

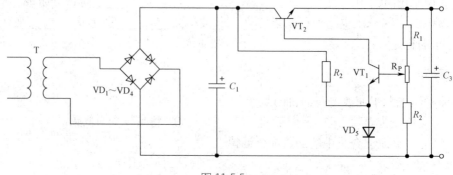

图 11.5.5

# 学习领域十二　数字电子技术基础

## 项目一　数字电路的认识

### 学习目标

- ◇ 了解数字信号的特点；理解模拟信号与数字信号的区别；
- ◇ 了解二进制的表示方法，了解二进制与十进制数之间的相互转换；
- ◇ 了解 8421BCD 码的表示形式；
- ◇ 能列举模拟信号与数字信号的实例，能列举实际生活中应用的不同进制数。

### 工作任务

- ◇ 数字信号的特点；模拟信号与数字信号的区别；
- ◇ 二进制的表示方法，二进制与十进制数之间的相互转换；
- ◇ 8421BCD 码的表示形式；
- ◇ 能列举模拟信号与数字信号的实例，能列举实际生活中应用的不同进制数。

## 项 目 实 施

### 第 1 步　认识数字集成电路

虽然计算机能极快地进行运算，但其内部并不像人类在实际生活中使用的十进制，而是使用只包含 0 和 1 两个数值的二进制。数制也称计数制，是用一组固定的符号和统一的规则来表示数值的方法。

图 12.1.1 所示的波形图是我们实际常见的模拟信号与数字信号，你能区分它们吗？

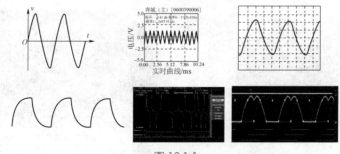

图 12.1.1

## 1. 模拟信号与数字信号的区别

（1）模拟信号、数字信号的特点

模拟信号的特点是幅度取值是连续的，数字信号的特点是幅度取值是离散的。

（2）模拟信号、数字信号的优、缺点

模拟通信的优点是直观且容易实现，但存在保密性差、抗干扰能力弱的缺点。数字信号克服了模拟信号的缺点。

## 2. 数制

（1）数制的基本概念

用一组固定的数字与统一的规则来表示数的方法，按进位的原则计数。

（2）数制的种类

① 十进制数：基本数码为 10 个记数符号，即 0、1、2、…、9。每一个数码符号根据它在这个数中所在的位置（数位），按"逢十进一"来决定其实际数值。基数为 10。

② 二进制数：基本数码为 0,1 逢二进一，借一当二。

除了二进制、十进制数外，还有八进制、十六进制，这里就不一一介绍。

（3）数制间的相互转换

① 其他数制转换为十进制数。按权展开相加法，即将其他数制的数写成 $N$ 的各次幂之和形式，然后按十进制计算结果。

例：$(10111.101)_2 = 1×2^4 + 0×2^3 + 1×2^2 + 1×2^1 + 1×2^0 + 1×2^{-1} + 0×2^{-2} + 1×2^{-3}$
$= 16+4+2+1+0.5+0.125 = (23.625)_{10}$

② 十进制转换为二进制。转换基本规则：整数——除基数取余法；小数——乘基数取整法；混合数——将整数部分和小数部分分别进行转换，再用小数点连接起来。

例：$(25)_{10} = (11001)_2$　　　$(0.625)_{10} = (0.101)_2$　　　$(25.625)_{10} = (11001.101)_2$

例：$(66)_{10} = (1000010)_2$　　$(0.576)_{10} ≈ (0.1001)_2$　　$(66.576)_{10} ≈ (1000010.1001)_2$

注意：十进制小数不一定都能转换成完全等值的二进制小数，所以有时要取近似值。

图 12.1.2 所示为常见数字电子产品。图 12.1.2（a）为八路抢答器，图 12.1.2（b）为流水灯电路。

（a）八路抢答器　　　　　　　　　　（b）流水灯电路

图 12.1.2　常见数字电子产品

## 3. 数字集成电路的分类与特点

（1）数字集成电路有双极型集成电路（如 TTL、ECL）和单极型集成电路（如 CMOS）两大类，每类中又包含有不同的系列品种。

① TTL 数字集成电路：这类集成电路内部输入级和输出级都是晶体管结构，属于双极型数字集成电路。其主要系列有：74 系列、74H 系列、74S 系列、74LS 系列、74ALS 系列和 74AS 系列。

② CMOS 集成电路：CMOS 数字集成电路是利用 NMOS 管和 PMOS 管巧妙组合而成的电路，属于一种微功耗的数字集成电路。主要系列有：标准型 4000B/4500B 系列、74HC 系列和 74AC 系列。

（2）数字集成电路的特点，即 CMOS 集成电路的主要特点有：具有非常低的静态功耗、具有非常高的输入阻抗、宽的电源电压范围、扇出能力强、抗干扰能力强、逻辑摆幅大。

## 4. 集成电路引脚识别

双列直插式（DIP）集成电路引脚排列与封装，如图 12.1.3 所示。

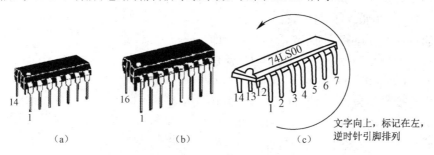

图 12.1.3　双列直插式集成电路引脚排列与封装形式

其中，图（a）DIP 引脚为 14 脚，图（b）DIP 引脚为 16 脚，图（c）表示集成电路引脚排列是从豁口或标志处逆时针递增（小点对着 1 脚）。DIP 引脚的数量按电路需要有 8、14、16、20、22、24、28 和 40 等。

认识如图 12.1.4 所示的数字集成电路。标注集成电路的管脚顺序，并上网查询其功能、类型及工作条件。

74LS32　　　　　　　　　　　　CD4011

图 12.1.4　数字集成电路

## 第 2 步 二进制数的逻辑运算与化简

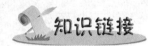

### 1. 二进制数逻辑运算

算术运算是将一个二进制数的所有位作为一个整体来考虑的,而逻辑运算则是对二进制数按位进行操作,这意味着逻辑运算没有进、借位。基本逻辑运算包括"与"、"或"、"非"以及"异或"等4种运算。

(1) 逻辑加法(或运算),用+表示,即

$$A+B=C \tag{12.1}$$

运算法则:0+0=0  0+1=1  1+0=1  或  1+1=1(注意:1+1=1 无进位问题。)

规则:两个变量有一个为1,结果为1,否则为0。(并行)

例:11001010+00001111=11001111

(2) 逻辑乘法(与运算),用×或·表示,即

$$A \times B=C, A.B=C \quad 或 \quad AB=C \tag{12.2}$$

运算法则:0×0=0  0×1=0  1×0=0  1×1=1

规则:两个变量均为1,结果为1,否则为0。(串行)

例:1101101101×1100101011=1100101001

(3) 逻辑否定(非),用逻辑变量上方加一横线表示。

运算法则:$\overline{0}=1$(非 0 等于 1)   $\overline{1}=0$(非 1 等于 0)

规则:两个变量的相反结果。

(4) 异或逻辑运算,用⊕表示。

运算法则:0⊕0=0  0⊕1=1  1⊕0=1  1⊕1=0

规则:两个变量相同,结果为0,否则为1。

例:11001010⊕00001111=11000101

### 2. 逻辑函数的化简

进行逻辑设计时,根据逻辑问题归纳出来的逻辑函数式往往不是最简逻辑表达式,并且可以有不同的形式。可见,实现这些逻辑函数就会有不同的逻辑电路。对逻辑函数进行化简和变换,可以得到最简的函数式和所需要的形式,从而设计出最简捷的逻辑电路。这对于节省元器件,优化生产工艺,降低成本和提高系统的可靠性,提高产品在市场上的竞争力是非常重要的。

运用逻辑代数的基本定律和公式对逻辑函数式化简的方法,称为代数化简法。基本的化简方法有以下几种。

(1) 并项法

利用 $A+\overline{A}=1$ 的关系,将两项合并为一项,并消去一个变量。

例 1: $\overline{ABC}+AB\overline{C}=AB(C+\overline{C})=AB$

（2）吸收法

利用 A+AB=A 的关系，消去多余的因子。

例2：
$$ABC + \overline{A}D + \overline{C}D + BD = ABC + (\overline{A} + \overline{C})D + BD$$
$$= ABC + \overline{AC}\,D + BD$$
$$= ABC + \overline{AC}\,D$$
$$= ABC + \overline{A}\,D + \overline{C}D$$

（3）消去法

运用 $A + \overline{A}B = A + B$，消去多余因子。

例3：　　　　$AB + \overline{A}C + \overline{B}C = AB + (\overline{A} + \overline{B})C = AB + \overline{AB}\,C = AB + C$

（4）配项法

在不能直接运用公式、定律化简时，可通过乘 1 项"$A + \overline{A} = 1$"或加入零项"$A \cdot \overline{A} = 0$"进行配项、化简。

例4：
$$AB + \overline{BC} + ACD = AB + \overline{BC} + ACD(B + \overline{B})$$
$$= AB + \overline{BC} + ABCD + A\overline{B}CD$$
$$= AB(1 + CD) + \overline{BC}(1 + AD)$$
$$= AB + \overline{BC}$$

证明下列各逻辑函数等式。

① $A(\overline{A} + B) + B(B + C) + B = B$

② $AB + A\overline{B} + \overline{A}B + \overline{A}\,\overline{B} = 1$

③ $(A + B)(\overline{A} + C) = \overline{A}B + AC$

化简下列各逻辑函数式。

① $Y = AB(BC + A)$

② $Y = (A+B)(A\overline{B})$

③ $Y = \overline{ABC}(B + \overline{C})$

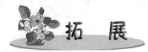

**卡诺图化简法**

用一种有规律排列的方格图来表达逻辑函数，并采用直观的合并项的方法来化简逻辑函数，这种方格图叫卡诺图。

**1. 卡诺图编排规律和特点**

卡诺图是逻辑函数真值表的一种图形化表示，$n$ 个变量的逻辑函数的卡诺图有 $2^n$ 方格组成，每一个方格与一种变量取值相对应，即卡诺图中的每个小方格与一个最小项对应。例如二变量逻辑函数可有（00，01，10，11）4 种变量取值，（$\overline{AB}, \overline{A}B, A\overline{B}, AB$）4 个最小项。二变量的卡诺图可用图 12.1.5（a）和（b）两种形式来表示。(a) 图采用变量取值表示，(b) 图采用最小项变量表示，两者是等效的。(a) 图中的最小项下标和 (b) 图中的最小项仅仅是为了说明对应关系，画卡诺图时并不需要写出它们。

$n$ 个变量卡诺图的 $2^n$ 方格且按邻接关系排列，相邻两个方格的变量取值只有一个不同，即任何两个相邻的最小项中只有一个变量是互补的，其余变量都是相同的。换句话说，卡诺图中变量取值只有一个不同的两方格是相邻的方格。因此，为使相邻两行或两列之间变量取值仅一个不同，变量值不是按二进制数的顺序排列，而是按（00，01，11，10）循环码的顺序排列。图 12.1.6 所示为三变量，图 12.1.7 所示为 4 变量的卡诺图，每个方格对应的最小项标号，不是按一般的递增顺序排列，而是具有跳跃的。如在 4 变量卡诺图中，$m_3$ 排在 $m_2$ 前面，$m_7$ 排在 $m_6$ 的前面等等。

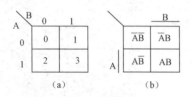

图 12.1.5　2 变量的卡诺图 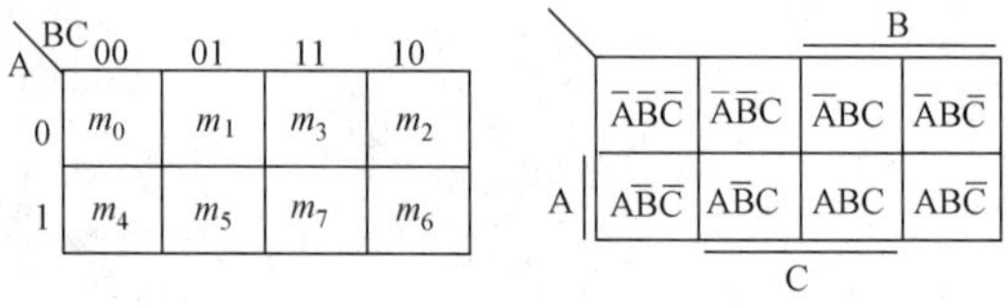　　　　　图 12.1.6　3 变量的卡诺图

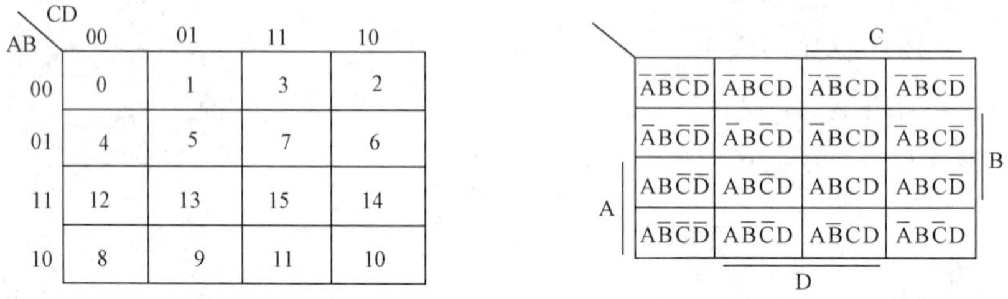

图 12.1.7　4 变量的卡诺图

**2. 用卡图诺表示逻辑函数**

（1）从真值表到逻辑函数：若已知函数的真值表，则在那些使 F=1 的输入组合所对应的小方格中填"1"，其余的填"0"。

（2）从标准式到逻辑函数：若已知函数的标准式，则对于标准式中出现了的最小项（或最大项），在所对应的小方格中填"1"（或"0"），其余填"0"（或"1"）。

**3. 用卡诺图化简得到最简与——或表达式的步骤**

（1）根据逻辑函数画出逻辑函数的卡诺图。

（2）合并最小项。对卡诺图上相邻的"1"方格画包围圈，并注意以下要点：

包围圈中的"1"的个数必须为 $2^n$ 个（$n=0, 1, 2\cdots$），画尽可能大的包围圈——以便消去更多的变量因子。某些"1"方格可被重复圈。画尽可能少的包围圈——以便使与-或表达式中的乘积项最少，只需画必要的圈，若某个包围圈中所有的"1"均被别的包围圈圈过，则这个包围圈是多余的。不能漏圈任何一个"1",若某个"1"没有与其他"1"相邻,则单独圈出。

(3) 写出每个包围圈所对应与项的表达式(变量发生变化的自动消失,变量无变化的保留,见"0"用反变量,见"1"用原变量)。

(4) 将所有包围圈所对应的乘积项相或,就得到最简与-或表达式。

### 一、填空题

1. 二进制数 $(11011011)_2$ 的等值八进制数是 (_____)$_8$。
2. 二进制数 $(1101101)_2$ 的等值十进制数是 (_____)$_{10}$。
3. 逻辑代数的三个重要规则是_____、_____、_____。
4. 逻辑函数 $F=\overline{A}\ \overline{B}\ \overline{C}\ \overline{D}+A+B+C+D=$_____。
5. 逻辑函数 $F=\overline{AB}+\overline{A}B+A\overline{B}+AB=$_____。

### 二、选择题

1. 两输入与非门输出为 0 时,输入应满足 (    )。
   A. 两个同时为 1          B. 两个同时为 0
   C. 两个互为相反          D. 两个中至少有一个为 0
2. 把十进制数 511 转换为对相应的二进制数是 (    )。
   A. 11101110      B. 111111111      C. 100000000      D. 10000001
3. 把二进制数 100110 转换成相应的十进制数是 (    )。
   A. 39            B. 36             C. 38             D. 37
4. 把二进制数 1101101110 转换为八进制数是 (    )。
   A. 1555          B. 1557           C. 1556           D. 1558
5. 与模拟电路相比,数字电路主要的优点有 (    )。
   A. 容易设计      B. 通用性强       C. 保密性好       D. 抗干扰能力强

# 项目二　逻辑门电路的测试

## 学习目标

- 了解与门、或门、非门等基本逻辑门;
- 了解与非门、或非门、与或非门等复合逻辑门的逻辑功能,并能识别其电路图符号;
- 了解 TTL 门电路的型号及其使用常识,能识别引脚;
- 了解 CMOS 门电路的型号及其使用常识,能识别引脚,掌握其安全操作的方法。

## 工作任务

- 与门、或门、非门等基本逻辑门的认识;

- 与非门、或非门、与或非门等复合逻辑门的逻辑功能的理解，识别其电路图符号；
- TTL 门电路的型号及其使用常识，能识别引脚；
- CMOS 门电路的型号及其使用常识，能识别引脚，其安全操作的方法的掌握。

# 项 目 实 施

## 第 1 步  逻辑门电路

用以实现基本逻辑运算和复合逻辑运算的单元电路通称为门电路。常用的门电路在逻辑功能上有：与门，或门，非门，与非门，或非门，与或非门，异或门等。

在图 12.2.1 所示电路中，开关 A 和 B 串联控制灯 Y。分析两个开关在不同条件下灯的工作状态。

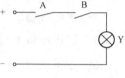

图 12.2.1  与逻辑电路

**与逻辑关系和与运算**

（1）与逻辑的定义：仅当决定事件（Y）发生的所有条件（A，B，C…）均满足时，事件（Y）才能发生。

（2）逻辑符号：

（3）逻辑表达式为： $Y = A \cdot B$ （12.1）

（4）真值表：如表 12.2.1 所示。

（5）与门波形图如图 12.2.2 所示。

与逻辑关系可总结为：有 0 出 0，全 1 出 1。

表 12.2.1  与门真值表

| A | B | Y |
|---|---|---|
| 0 | 0 | 0 |
| 0 | 1 | 0 |
| 1 | 0 | 0 |
| 1 | 1 | 1 |

图 12.2.2  与门波形图

按如图 12.2.3 所示二极管与门电路接好。A、B 是它的两个输入端，Y 是输出端。也可以认为 A、B 是它的两个输入变量，Y 是输出变量。假设输入信号低电平为 0V，高电平为 3V，按不同的输入信号可有下述几种情况，将测试数据填入下表：

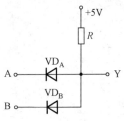

图 12.2.3 二极管与门电路

表 12.2.2 与门电平关系表

| $U_A$/V | $U_B$/V | $U_Y$/V |
|---|---|---|
| 0 | 0 | |
| 0 | 3 | |
| 3 | 0 | |
| 3 | 3 | |

### 想一想

在图 12.2.4 所示电路中，开关 A 和 B 并联控制灯 Y。分析两个开关在不同条件下灯的工作状态。

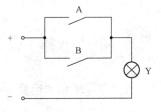

图 12.2.4 或逻辑电路

### 做一做

按如图 12.2.5 所示二极管与门电路接好。A、B 是它的两个输入端，Y 是输出端。也可以认为 A、B 是它的两个输入变量，Y 是输出变量。假设输入信号低电平为 0V，高电平为 3V，按不同的输入信号可有下述几种情况，将测试数据填入表 12.2.3 中。

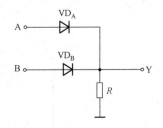

图 12.2.5 二极管或门电路

表 12.2.3 或门电平关系表

| $U_A$/V | $U_B$/V | $U_Y$/V |
|---|---|---|
| 0 | 0 | |
| 0 | 3 | |
| 3 | 0 | |
| 3 | 3 | |

### 知识链接

或逻辑关系和或运算

（1）或逻辑的定义：当决定事件（Y）发生的各种条件（A，B，C...）中，只要有一个或多个条件具备，事件（Y）就发生。

（2）逻辑符号：

（3）逻辑表达式为： $Y = A + B$ （12-2）

（4）真值表：如表 12.2.4 所示。

表 12.2.4 或门真值表

| A | B | Y |
|---|---|---|
| 0 | 0 | 0 |
| 0 | 1 | 1 |
| 1 | 0 | 1 |
| 1 | 1 | 1 |

### 想一想

根据图 12.2.6 所给 A、B 波形，试画出或门波形图？

或逻辑关系可总结为：有 1 出 1，全 0 出 0。

在图 12.2.7 所示电路中，分析开关 A 断开与闭合时，灯的状态。

图 12.2.6　或门波形图　　　图 12.2.7　非逻辑电路

## 知识链接

**1. 非逻辑和非运算**

（1）非逻辑的定义：当决定事件（Y）发生的条件（A）满足时，事件不发生；条件不满足，事件反而发生。

在图 12.2.8 所示为三极管非门电路试分析该三极管非门电路的逻辑功能。

（2）逻辑符号：A ─▭1▭─ Y

（3）逻辑表达式为：
$$Y = \overline{A} \tag{12.3}$$

（4）非门电路的真值表：如表 12.2.5 所示。

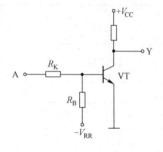

图 12.2.8　三极管非门电路

表 12.2.5　非门电路真值表

| 输入 | 输出 |
|---|---|
| A | Y |
| 0 | 1 |
| 1 | 0 |

非逻辑关系可总结为：取反。

**2. 复合逻辑门电路**

（1）与非门

① 与非逻辑的定义：先进行与运算，再进行非运算的两级逻辑运算。

② 与非逻辑符号如图 12.2.9 所示。

③ 与非运算可表示为
$$L = \overline{ABC} \tag{12.4}$$

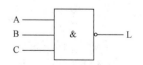

图 12.2.9　与非逻辑符号

④ 与非逻辑真值表如表 12.2.6 所示。

与非逻辑关系可总结为：见 0 为 1，全 1 为 0。

(2)"或非"逻辑门电路

① 或非逻辑的定义：先进行或运算，再进行非运算的两级逻辑运算。

② 或非逻辑符号如图 12.2.10 所示。

③ 或非运算可表示为

$$L = \overline{A+B+C}$$

④ 或非逻辑真值表如表 12.2.7 所示。

与非逻辑关系可总结为：见 1 为 0，全 0 为 1。

(3) 异或门

① 异或逻辑符号如图 12.2.11 所示。

② 异或运算的逻辑函数表达式为

$$L = A\overline{B}+\overline{A}B，L = A \oplus B \tag{12.5}$$

③ 异或真值表如表 12.2.8 所示。

与非逻辑关系可总结为：相异为 1，相同为 0。

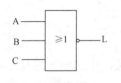

图 12.2.10　或非逻辑符号

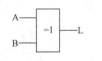

图 12.2.11　异或逻辑符号

表 12.2.6　与非真值表

| A | B | C | L |
|---|---|---|---|
| 0 | 0 | 0 | 1 |
| 0 | 0 | 1 | 1 |
| 0 | 1 | 0 | 1 |
| 0 | 1 | 1 | 1 |
| 1 | 0 | 0 | 1 |
| 1 | 0 | 1 | 1 |
| 1 | 1 | 0 | 1 |
| 1 | 1 | 1 | 0 |

表 12.2.7　或非真值表

| A | B | C | L |
|---|---|---|---|
| 0 | 0 | 0 | 1 |
| 0 | 0 | 1 | 0 |
| 0 | 1 | 0 | 0 |
| 0 | 1 | 1 | 0 |
| 1 | 0 | 0 | 0 |
| 1 | 0 | 1 | 0 |
| 1 | 1 | 0 | 0 |
| 1 | 1 | 1 | 0 |

表 12.2.8　异或真值表

| A | B | L |
|---|---|---|
| 0 | 0 | 0 |
| 0 | 1 | 1 |
| 1 | 0 | 1 |
| 1 | 1 | 0 |

## 第 2 步　认识 TTL 逻辑门电路

世界上生产最多、使用最多的为半导体集成电路。半导体数字集成电路（以下简称数字集成电路）主要分为 TTL、CMOS、ECL 三大类。

ECL、TTL 为双极型集成电路，构成的基本元器件为双极型半导体器件，其主要特点是速度快、负载能力强，但功耗较大、集成度较低。双极型集成电路主要有 TTL 电路、ECL 电路等类型。其中 TTL 电路的性能价格比最佳，故应用最广泛。

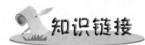

### 1. TTL 集成电路的产品系列和外形封装

TTL 集成电路是以双极型晶体管（即通常所说的晶体管）为开关元件，输入级采用多发射极晶体管形式，开关放大电路也都是由晶体管构成，所以称为晶体管-晶体管-逻辑，即 TTL。TTL 电路在速度和功耗方面，都处于现代数字集成电路的中等水平。它的品种丰富、互换性强，一般均以 74（民用）或 54（军用）为型号前缀。

TTL 与非门 74LS00 和 74LS20 芯片的引脚排列图如图 12.2.12 所示。由于 TTL 电路具有比较高的速度，比较强的抗干扰能力和足够大的输出幅度，再加上带负载能力比较强，因此在工业控制中得到了最广泛的应用。但由于 TTL 电路的功耗较大，目前还不适合制作大规模集成电路。

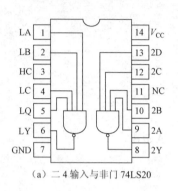 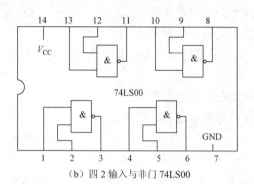

（a）二 4 输入与非门 74LS20　　　　　　（b）四 2 输入与非门 74LS00

图 12.2.12　74LS20 和 74LS00 的引脚排列图

### 2. CMOS 门电路

CMOS 门电路是由 NMOS 和 PMOS 管组成，初态功耗也只有毫瓦级，电源电压变化范围在 +3～+18V。它的集成度很高，易制成大规模集成电路。图 12.2.13 所示为 CC4096 的引脚排列图。

由于 CMOS 电路输入阻抗很高，容易接受静电感应而造成极间击穿，形成永久性的损坏，因此，在工艺上除了在电路输入端加保护电路外，使用时应注意器件在导电容器内存放，器件引线可用金属导线、导电泡沫等将其一并短路。$V_{DD}$ 接电源正极，$V_{SS}$ 接电源负极（通常接地），不允许反接。同样在装接电路，拔插集成电路时，必须切断电源，严禁带电操作。多余输入端不允许悬空，应按逻辑要求处理接电源或地，否则将会使电路的逻辑混乱并损坏器件。另外，CMOS 门不使用的输入端，不能闲置呈悬空状态。

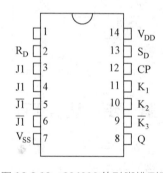

图 12.2.13　CC4096 的引脚排列图

### 实训　用基本逻辑门电路功能测试

#### 1. 实训目的

（1）验证常用门电路的逻辑功能。
（2）了解常用 74LS 系列门电路的引脚分布。
（3）根据所学常用集成逻辑门电路设计一组合逻辑电路。

#### 2. 实验原理

集成逻辑门电路是最简单、最基本的数字集成元件。任何复杂的组合电路和时序电路都可用逻辑门通过适当的组合连接而成。目前已有门类齐全的集成门电路，例如"与门"、"或门"、"非门"、"与非门"等。虽然，中、大规模集成电路相继问世，但组成某一系统时，仍少不了各种门电路。因此，掌握逻辑门的工作原理，熟练、灵活地使用逻辑门是数字技术工作者所必备的基本功之一。

TTL 集成门电路集成片管脚分别对应逻辑符号图中的输入、输出端，电源和地一般为集成块的两端，如 14 管脚集成块，则 7 脚为电源地（GND），14 脚为电源正（$V_{CC}$），其余管脚为输入和输出。

管脚的识别方法是：将集成块正面（有字的一面）对准使用者，以左边凹口或小标志点"?"为起始脚，从下往上按逆时针方向向前数 1、2、3、…、$n$ 脚。使用时，查找 IC 手册即可知各管脚功能。

### 3．内容与步骤

TTL 门电路逻辑功能验证。

（1）与门功能测试：将 74LS08 集成片（管脚排列图见图 12.2.14）插入 IC 空插座中，输入端接逻辑开关，输出端接 LED 发光二极管，管脚 14 接+5V 电源，管脚 7 接地，即可进行实验。将结果用逻辑"0"或"1"来表示，并填入表 12.2.9 中。

（2）或门功能测试：将 74LS32 集成片（管脚排列图见图 12.2.15）插入 IC 空插座中，输入端接逻辑开关，输出端接 LED 发光二极管，管脚 14 接+5V 电源，管脚 7 接地。将结果用逻辑"0"或"1"来表示并填入表 12.2.9 中。

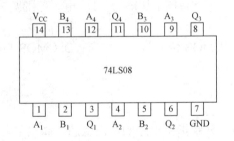

图 12.2.14　74LS08 集成电路管脚排列图

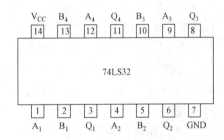

图 12.2.15　74LS32 四 2 输入或门管脚排列图

（3）与非门功能测试：将 74LS00 集成片（管脚排列图见图 12.2.16）插入 IC 空插座中，输入端接逻辑开关，输出端接 LED 发光二极管，管脚 14 接+5V 电源，管脚 7 接地。将结果用逻辑"0"或"1"来表示，并填入表 12.2.9 中。

（4）或非门功能测试：将 74LS00 和 74LS32 集成块插入 IC 空插座中，输入端接逻辑开关，输出端接 LED 发光二极管，管脚 14 接+5V 电源，管脚 7 接地。将结果用逻辑"0"、"1"来表示并填入表 12.2.9 中。

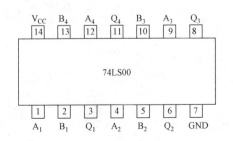

图 12.2.16　74LS00 2 输入四与非门管脚排列图

表 12.2.9　输入、输出关系表

| 输入 | | 输出 | | | |
|---|---|---|---|---|---|
| | | 与门 | 或门 | 与非门 | 或非门 |
| B($K_2$) | A($K_1$) | Q=AB | Q=A+B | Q=$\overline{AB}$ | Q=$\overline{A+B}$ |
| 0 | 0 | | | | |
| 0 | 1 | | | | |
| 1 | 0 | | | | |
| 1 | 1 | | | | |

## 习题

**一、判断题**

1. 当 TTL 与非门的输入端悬空时相当于输入为逻辑 1。（ ）
2. 普通的逻辑门电路的输出端不可以并联在一起，否则可能会损坏器件。（ ）
3. 三态门的三种状态分别为：高电平、低电平、不高不低的电压。（ ）
4. TTL OC 门（集电极开路门）的输出端可以直接相连，实现线与。（ ）
5. CMOS 电路和 TTL 电路在使用时，不用的管脚可悬空。（ ）

**二、选择题**

1. 三态门输出高阻状态时，（ ）是正确的说法。
   A. 用电压表测量指针不动   B. 相当于悬空
   C. 电压不高不低         D. 测量电阻指针不动
2. 对于 TTL 与非门闲置输入端的处理，可以（ ）。
   A. 接电源   B. 通过电阻 3kΩ 接电源   C. 接地   D. 与有用输入端并联
3. CMOS 数字集成电路与 TTL 数字集成电路相比突出的优点是（ ）。
   A. 微功耗   B. 高速度   C. 高抗干扰能力   D. 电源范围宽
4. 以下电路中常用于总线应用的有（ ）。
   A. TSL 门（三态门）   B. OC 门   C. CMOS 传输门   D. CMOS 与非门
5. 下面几种逻辑门中，可以用作双向开关的是（ ）。
   A. CMOS 传输门   B. 或非门   C. 异或门

**三、综合题**

1. 12.2.17 所示各门电路均为 74 系列 TTL 电路，分别指出电路的输出状态（高电平、低电平或高阻态）。

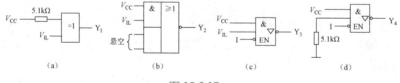

图 12.2.17

2. 图 12.2.18 所示各门电路均为 CC4000 系列的 CMOS 电路，分别指出电路的输出状态是高电平还是低电平。

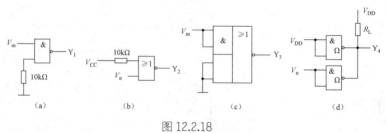

图 12.2.18

3. 二极管的开关条件是什么？导通和截止时各有什么特点？
4. 半导体三极管的开关条件是什么？饱和导通和截止时各有什么特点？

# 学习领域十三　组合逻辑电路和时序逻辑电路

## 项目一　认识组合逻辑电路

### 学习目标

- 掌握组合逻辑电路的分析方法；
- 掌握组合逻辑电路的设计仿真及应用；
- 能熟练看懂组合逻辑电路图和解决三人表决器及其电路在设计中出现的问题。

### 工作任务

- 组合逻辑电路的分析；
- 组合逻辑电路的设计仿真及应用；
- 识读组合逻辑电路图和解决三人表决器及其电路在设计中出现的问题。

## 项 目 实 施

数字系统中常用的各种数字部件，就其结构和工作原理而言可分为两大类，即组合逻辑电路和时序逻辑电路，组合逻辑电路的框图如图 13.1.1 所示。

$$L_1 = f_1(A_1, A_2, \cdots, A_i)$$
$$L_2 = f_2(A_1, A_2, \cdots, A_i)$$
$$\cdots\cdots$$
$$L_j = f_j(A_1, A_2, \cdots, A_i)$$

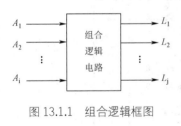

图 13.1.1　组合逻辑框图

### 知识链接

**1. 组合电路的特点**

（1）逻辑功能特点

电路任一时刻的输出状态只决定于该时刻各输入状态的组合，而与电路的原状态无关。即输出与输入之间没有反馈延迟通路。

（2）电路结构特点

组合电路就是由门电路组合而成，电路中没有记忆单元，没有反馈通路。

## 2. 组合电路的分析方法

由给定组合逻辑电路分析出其逻辑功能的过程如图 13.1.2 所示，分析过程一般包含 4 个步骤：

（1）由逻辑图写出各输出端的逻辑表达式；

（2）化简和变换各逻辑表达式；

（3）列出真值表；

（4）根据真值表和逻辑表达式对逻辑电路进行分析，最后确定其功能。

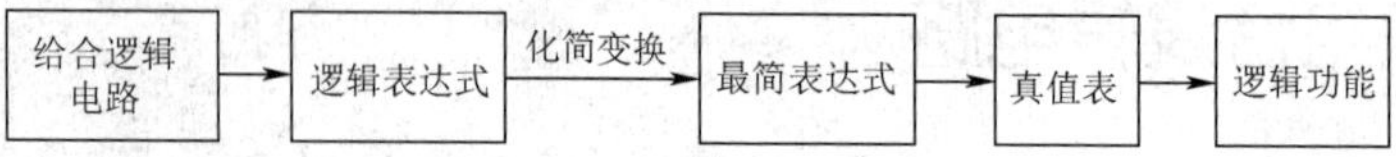

图 13.1.2　组合逻辑电路分析框图

**做一做**

1. 组合电路如图 13.1.3 所示，分析该电路的逻辑功能

（1）由逻辑图逐级写出逻辑表达式。为了写表达式方便，借助中间变量 P。

$$P=\overline{ABC}$$

$$L=AP+BP+CP=A\overline{ABC}+B\overline{ABC}+C\overline{ABC}$$

（2）化简与变换：

$$L=\overline{ABC}(A+B+C)=\overline{\overline{ABC}+\overline{A+B+C}}=\overline{ABC+\overline{A}\overline{B}\overline{C}}$$

（3）由表达式列出真值表如表 13.1.1。

（4）分析逻辑功能：

当 A、B、C 三个变量不一致时，电路输出为"1"，所以这个电路称为"不一致电路"。

表 13.1.1

| A | B | C | L |
|---|---|---|---|
| 0 | 0 | 0 | 0 |
| 0 | 0 | 1 | 1 |
| 0 | 1 | 0 | 1 |
| 0 | 1 | 1 | 1 |
| 1 | 0 | 0 | 1 |
| 1 | 0 | 1 | 1 |
| 1 | 1 | 0 | 1 |
| 1 | 1 | 1 | 0 |

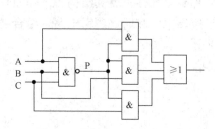

图 13.1.3　组合电路

2. 组合电路如图 13.1.4 所示，试分析其逻辑功能

（1）由逻辑图写出逻辑表达式：$L=\overline{\overline{AB}\cdot\overline{BC}\cdot\overline{AC}}=AB+BC+AC$；

（2）变换逻辑表达式；

（3）列写真值表，见表 13.1.2；

（4）分析逻辑可能：由表 13.1.2 可知，若输入有两个或两个以上的为 1（或 0），输出 Y 为 1（或 0），此电路在实际应用中可作为三人表决电路。

## 3. 组合电路的设计方法

设计步骤如图 13.1.5 所示。

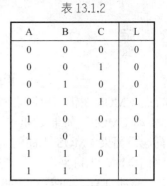

表 13.1.2

| A | B | C | L |
|---|---|---|---|
| 0 | 0 | 0 | 0 |
| 0 | 0 | 1 | 0 |
| 0 | 1 | 0 | 0 |
| 0 | 1 | 1 | 1 |
| 1 | 0 | 0 | 0 |
| 1 | 0 | 1 | 1 |
| 1 | 1 | 0 | 1 |
| 1 | 1 | 1 | 1 |

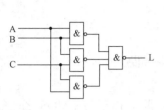

图 13.1.4　组合电路

图 13.1.5　组合电路的设计框图

## 做一做

设计一个楼上、楼下开关的控制逻辑电路，来控制楼道中的电灯，使之在上楼前，用楼下开关打开电灯，上楼后，用楼上开关关灭电灯；或者在下楼前，用楼上开关打开电灯，下楼后，用楼下开关关灭电灯。

设楼上开关为 A，楼下开关为 B，灯泡为 Y。并设 A、B 闭合时为 1，断开时为 0；灯亮时 Y 为 1，灯灭时 Y 为 0。

（1）根据逻辑要求列出真值表，如表 13.1.3 所示。

（2）由真值表写逻辑表达式：

$$Y=\overline{A}B+A\overline{B}$$

（3）变换：如图 13.1.6 所示，用与非门实现 $Y=\overline{\overline{AB}\cdot\overline{A}\overline{B}}$，用异或门实现 $Y=A\oplus B$，如图 13.1.7 所示。

表 13.1.3

| A | B | Y |
|---|---|---|
| 0 | 0 | 0 |
| 0 | 1 | 1 |
| 1 | 0 | 1 |
| 1 | 1 | 0 |

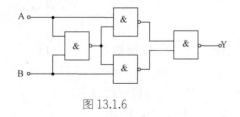

图 13.1.6

图 13.1.7

## 想一想

某汽车驾驶员培训班进行结业考试，有三名评判员，其中 A 为主评判员，B、C 为副评判员。在评判时按照少数服从多数的原则，但若主评判员认为合格，亦可通过。试用与非门构成的逻辑电路实现此评判规定。

### 逻辑门电路使用中的几个实际问题

（1）TTL 与 CMOS 逻辑门电路之间的接口技术

由 TTL 驱动 CMOS，如果 CMOS 电路的电源为+5V，那么 TTL 与 CMOS 之间的电平配合不存在什么问题。如果 CMOS 电路的电源较高，那么 TTL 的输出端仍可接一上拉电阻，但需使用集电极开路门电路，也可采用一个专用的 CMOS 电平移动器。

由 CMOS 驱动 TTL，如果 CMOS 电路的电源为+5V，那么它能直接驱动一个 T1000 系列（74LS 系列）门负载。如果 CMOS 电路的电源较高，那么可采用 CC4049/CC4050 一类集成组件作为接口器件，它们的输入端允许超过电源电压，也可采用 CC40107 或 74C906 作为接口电路，它们的电源电压与 CMOS 电路一致，同时带有 MOS 反相器。

（2）TTL 和 CMOS 电路外接负载问题

在许多实际应用场合，往往需要用 TTL 或 CMOS 电路去驱动指示灯，发光二极管 LED 及其他显示器等一类负载。

（3）多余输入端的处理

集成逻辑门电路在使用时，一般不让多余的输入端悬空，以防止干扰信号的引入。对多余输入端的处理以不改变电路工作状态及稳定可靠为原则。对于 TTL 与非门，一般可将多余的输入端通过上拉电阻接电源正端，也可利用一反相器将其输入端接地，其输出高电平可接多余的输入端。对于 CMOS 电路，多余输入端可根据需要使之接地或直接+$V_{DD}$。

#### 一、判断题

1. 组合逻辑电路任意时刻的稳态输出，与输入信号作用前电路原来状态有关。（　　）
2. 编码器能将特定的输入信号变为二进制代码；而译码器能将二进制代码变为特定含义的输出信号，所以编码器与译码器使用是可逆的。（　　）

#### 二、选择题

1. 若在编码器中有 50 个编码对象，则要求输出二进制代码位数为（　　）位。
   A. 5　　　　B. 6　　　　C. 10　　　　D. 50
2. 函数 F=$\overline{A}$C+AB+$\overline{BC}$，当变量的取值为（　　）时，将出现冒险现象。
   A. B=C=1　　B. B=C=0　　C. A=1, C=0　　D. A=0, B=0
3. 在下列逻辑电路中，不是组合逻辑电路的有（　　）。
   A. 译码器　　B. 编码器　　C. 全加器　　D. 寄存器
4. 组合逻辑电路消除竞争冒险的方法有（　　）。
   A. 修改逻辑设计　　　　　B. 在输出端接入滤波电容
   C. 后级加缓冲电路　　　　D. 屏蔽输入信号的尖峰干扰

#### 三、综合题

1. 化简图 13.1.8 所示电路，并分析其功能。

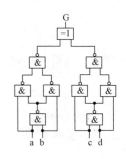

图 13.1.8

2. 设计一多数表决电路。要求 A、B、C 三人中只要有半数以上同意，则决议就能通过。但 A 还具有否决权，即只要 A 不同意，即使多数人意见也不能通过（要求用最少的与非门实现）。

# 项目二　八路抢答器电路制作

## 学习目标

- 掌握编码和译码器的基本知识和工作原理；
- 掌握常用显示器的基本知识，理解七段显示器的工作原理；
- 掌握 BCD 译码器逻辑电路工作原理，并能制作调试八路抢答器。

## 工作任务

- 编码和译码器的工作原理；
- 常用显示器的基本知识，七段显示器的工作原理；
- BCD 译码器逻辑电路工作原理，制作调试八路抢答器。

## 项 目 实 施

当我们在看智力竞赛游戏节目时，经常会看到抢答，或者是看体育比赛，如举重时裁判的表决，同学们知道抢答器及表决器是怎么做成的吗？需要什么电路呢？数字电路是近代电子技术重要基础，在实际的应用电路中除了用逻辑门电路外，大多数采用这些基本门电路的组合形式，包括计算机系统使用的编码器，译码器等都是组合逻辑门电路，且常用集成电路产品。

### 第 1 步　认识编码器

在数字系统里，常常需要将某一信息变换为特定的代码，有时又需要在一定的条件下将代码翻译出来作为控制信号，这分别由编码和译码器来完成。编码是将特定含义的输入信号（文字、数字、符号）转换成二进制代码的过程。能够实现编码功能的数字电路称为编码器。

### 知识链接

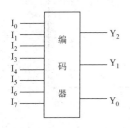

用 $n$ 位二进制代码对 $2^n$ 个信号进行编码的电路称为二进制编码器。

一般而言，$N$ 个不同的信号，至少需要 $n$ 位二进制数编码。$N$ 和 $n$ 之间满足下列关系：

$$2^n \geq N$$

#### 1. 3 位二进制编码器

3 位二进制编码器框图如图 13.2.1 所示。

图 13.2.1　编码框图

输入是 8 个需要编码的信号（互相排斥），分别用 $I_0$、$I_1$、…、$I_7$ 表示；输出是 3 位二进制编码，分别用 $Y_2$、$Y_1$、$Y_0$ 表示。其中，$I_0$、$I_1$、…、$I_7$ 是一组互相排斥的变量，其简化编码真值表如表 13.2.1 所示。

逻辑式为：

$Y_2 = I_4 + I_5 + I_6 + I_7$

$Y_1 = I_2 + I_3 + I_6 + I_7$

$Y_0 = I_1 + I_3 + I_5 + I_7$

进一步得到逻辑图，属于或门。

用与非门实现，该编码器的电路图如图 13.2.2 所示，输入采用非变量形式：

$Y_2 = \overline{\overline{I_4} + \overline{I_5} + \overline{I_6} + \overline{I_7}} = \overline{\overline{I_4} \cdot \overline{I_5} \cdot \overline{I_6} \cdot \overline{I_7}}$

$Y_1 = \overline{\overline{I_2} + \overline{I_3} + \overline{I_6} + \overline{I_7}} = \overline{\overline{I_2} \cdot \overline{I_3} \cdot \overline{I_6} \cdot \overline{I_7}}$

$Y_0 = \overline{\overline{I_1} + \overline{I_3} + \overline{I_5} + \overline{I_7}} = \overline{\overline{I_1} \cdot \overline{I_3} \cdot \overline{I_5} \cdot \overline{I_7}}$

表 13.2.1　三位二进制编码器真值表

| 输入 | 输出 | | |
|---|---|---|---|
| | $Y_2$ | $Y_1$ | $Y_0$ |
| $I_0$ | 0 | 0 | 0 |
| $I_1$ | 0 | 0 | 1 |
| $I_2$ | 0 | 1 | 0 |
| $I_3$ | 0 | 1 | 1 |
| $I_4$ | 1 | 0 | 0 |
| $I_5$ | 1 | 0 | 1 |
| $I_6$ | 1 | 1 | 0 |
| $I_7$ | 1 | 1 | 1 |

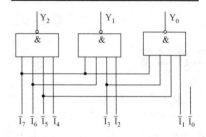

图 13.2.2　3 位二进制编码器逻辑电路图

### 2. 3 位二进制优先编码器

优先编码器——允许同时输入两个以上的编码信号，编码器给所有的输入信号规定了优先顺序，当多个输入信号同时出现时，只对其中优先级最高的一个进行编码。

需编码的 8 个输入信号 $I_0$、$I_1$、…、$I_7$ 允许有多个同时输入，但电路只对优先级别最高的进行编码（优先级别可自行设定）。

在编码器中，设 $I_7$ 级别最高、$I_6$ 次之、$I_5$ 再次之……$I_0$ 最低。其编码真值表如表 13.2.2 所示，逻辑式为：

$Y_2 = I_7 + \overline{I_7}I_6 + \overline{I_7 I_6}I_5 + \overline{I_7 I_6 I_5}I_4 = I_7 + I_6 + I_5 + I_4$

$Y_1 = I_7 + \overline{I_7}I_6 + \overline{I_7 I_6 I_5}I_3 + \overline{I_7 I_6 I_5 I_4}I_3 + \overline{I_7 I_6 I_5 I_4 I_3}I_2 = I_7 + I_6 + \overline{I_5 I_4}I_3 + \overline{I_5 I_4}I_2$

$Y_0 = I_7 + \overline{I_7 I_6}I_5 + \overline{I_7 I_6 I_5 I_4}I_3 + \overline{I_7 I_6 I_5 I_4 I_3}I_2 + \overline{I_7 I_6 I_5 I_4 I_3 I_2}I_1 = I_7 + \overline{I_6}I_5 + \overline{I_6 I_4}I_3 + \overline{I_6 I_4 I_2}I_1$

表 13.2.2　3 位二进制优先编码器真值表

| $I_7$ | $I_6$ | $I_5$ | $I_4$ | $I_3$ | $I_2$ | $I_1$ | $I_0$ | $Y_2$ | $Y_1$ | $Y_0$ |
|---|---|---|---|---|---|---|---|---|---|---|
| 1 | × | × | × | × | × | × | × | 1 | 1 | 1 |
| 0 | 1 | × | × | × | × | × | × | 1 | 1 | 0 |
| 0 | 0 | 1 | × | × | × | × | × | 1 | 0 | 1 |
| 0 | 0 | 0 | 1 | × | × | × | × | 1 | 0 | 0 |
| 0 | 0 | 0 | 0 | 1 | × | × | × | 0 | 1 | 1 |
| 0 | 0 | 0 | 0 | 0 | 1 | × | × | 0 | 1 | 0 |
| 0 | 0 | 0 | 0 | 0 | 0 | 1 | × | 0 | 0 | 1 |
| 0 | 0 | 0 | 0 | 0 | 0 | 0 | 1 | 0 | 0 | 0 |

### 3. 集成 8 线-3 线优先编码器

常见的集成 3 位二进制优先编码器 74LS148 的符号和管脚如图 13.2.3 所示。

74LS148 的功能如表 13.2.3 所示。

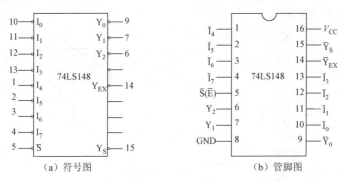

图 13.2.3　74LS148 优先编码器

在图 13.2.3 中，$\overline{I_0} \sim \overline{I_7}$ 为输入信号端，$\overline{S}$ 是使能输入端，$\overline{Y_0} \sim \overline{Y_2}$ 是三个输出端。

表 13.2.3　优先编码器 74LS148 的功能表

| $\overline{S}$ | $\overline{I_7}$ | $\overline{I_6}$ | $\overline{I_5}$ | $\overline{I_4}$ | $\overline{I_3}$ | $\overline{I_2}$ | $\overline{I_1}$ | $\overline{I_0}$ | $\overline{Y_2}$ | $\overline{Y_1}$ | $\overline{Y_0}$ | $\overline{Y_{EX}}$ | $\overline{Y_S}$ |
|---|---|---|---|---|---|---|---|---|---|---|---|---|---|
| 1 | × | × | × | × | × | × | × | × | 1 | 1 | 1 | 1 | 1 |
| 0 | 1 | 1 | 1 | 1 | 1 | 1 | 1 | 1 | 1 | 1 | 1 | 1 | 0 |
| 0 | 0 | × | × | × | × | × | × | × | 0 | 0 | 0 | 0 | 1 |
| 0 | 1 | 0 | × | × | × | × | × | × | 0 | 0 | 1 | 0 | 1 |
| 0 | 1 | 1 | 0 | × | × | × | × | × | 0 | 1 | 0 | 0 | 1 |
| 0 | 1 | 1 | 1 | 0 | × | × | × | × | 0 | 1 | 1 | 0 | 1 |
| 0 | 1 | 1 | 1 | 1 | 0 | × | × | × | 1 | 0 | 0 | 0 | 1 |
| 0 | 1 | 1 | 1 | 1 | 1 | 0 | × | × | 1 | 0 | 1 | 0 | 1 |
| 0 | 1 | 1 | 1 | 1 | 1 | 1 | 0 | × | 1 | 1 | 0 | 0 | 1 |
| 0 | 1 | 1 | 1 | 1 | 1 | 1 | 1 | 0 | 1 | 1 | 1 | 0 | 1 |

在表 13.2.2 中，输入 $I_0 \sim I_7$ 低电平有效，$I_7$ 为最高优先级，$I_0$ 为最低优先级。

优先编码器 74LS148 的应用：74LS148 编码器的应用非常广泛，如常用计算机键盘，其内部就是一个字符编码器。

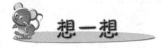

假设优先编码器有 $N$ 个输入信号和 $n$ 个输出信号，$N$ 等于多少？

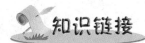

## 二-十进制编码器

（1）8421BCD 码编码器

真值表如表 13.2.4 所示，逻辑式如下：

$Y_3 = I_8 + I_9$　　$Y_2 = I_4 + I_5 + I_6 + I_7$　　$Y_1 = I_2 + I_3 + I_6 + I_7$　　$Y_0 = I_1 + I_3 + I_5 + I_7 + I_9$

逻辑电路图如图 13.2.4 所示。

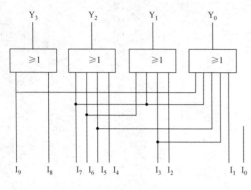

图 13.2.4　8421BCD 码编码器逻辑图

表 13.2.4　8421BCD 码编码器真值表

| 输入 | 输出 | | | |
|---|---|---|---|---|
| $I_n$ | $Y_3$ | $Y_2$ | $Y_1$ | $Y_0$ |
| $I_0$ | 0 | 0 | 0 | 0 |
| $I_1$ | 0 | 0 | 0 | 1 |
| $I_2$ | 0 | 0 | 1 | 0 |
| $I_3$ | 0 | 0 | 1 | 1 |
| $I_4$ | 0 | 1 | 0 | 0 |
| $I_5$ | 0 | 1 | 0 | 1 |
| $I_6$ | 0 | 1 | 1 | 0 |
| $I_7$ | 0 | 1 | 1 | 1 |
| $I_8$ | 1 | 0 | 0 | 0 |
| $I_9$ | 1 | 0 | 0 | 1 |

（2）8421BCD 优先编码器

8421BCD 优先编码器真值表如表 13.2.5 所示，其逻辑式（已化简）如下：

$Y_3 = I_9 + I_8$

$Y_2 = \overline{I_9 I_8} I_7 + \overline{I_9 I_8} I_6 + \overline{I_9 I_8} I_5 + \overline{I_9 I_8} I_4$

$Y_1 = \overline{I_9 I_8} I_7 + \overline{I_9 I_8} I_6 + \overline{I_9 I_8 I_5 I_4} I_3 + \overline{I_9 I_8 I_5 I_4} I_2$

$Y_0 = I_9 + \overline{I_8} I_7 + \overline{I_8 I_6} I_5 + \overline{I_8 I_6 I_4} I_3 + \overline{I_8 I_6 I_4 I_2} I_1$

表 13.2.5　8421BCD 优先编码器真值表

| $I_9$ | $I_8$ | $I_7$ | $I_6$ | $I_5$ | $I_4$ | $I_3$ | $I_2$ | $I_1$ | $I_0$ | $Y_3$ | $Y_2$ | $Y_1$ | $Y_0$ |
|---|---|---|---|---|---|---|---|---|---|---|---|---|---|
| 1 | × | × | × | × | × | × | × | × | × | 1 | 0 | 0 | 1 |
| 0 | 1 | × | × | × | × | × | × | × | × | 1 | 0 | 0 | 0 |
| 0 | 0 | 1 | × | × | × | × | × | × | × | 0 | 1 | 1 | 1 |
| 0 | 0 | 0 | 1 | × | × | × | × | × | × | 0 | 1 | 1 | 0 |
| 0 | 0 | 0 | 0 | 1 | × | × | × | × | × | 0 | 1 | 0 | 1 |
| 0 | 0 | 0 | 0 | 0 | 1 | × | × | × | × | 0 | 1 | 0 | 0 |
| 0 | 0 | 0 | 0 | 0 | 0 | 1 | × | × | × | 0 | 0 | 1 | 1 |
| 0 | 0 | 0 | 0 | 0 | 0 | 0 | 1 | × | × | 0 | 0 | 1 | 0 |
| 0 | 0 | 0 | 0 | 0 | 0 | 0 | 0 | 1 | × | 0 | 0 | 0 | 1 |
| 0 | 0 | 0 | 0 | 0 | 0 | 0 | 0 | 0 | 1 | 0 | 0 | 0 | 0 |

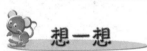

集成 8 线-3 线优先编码器 74LS148 的优先权如何设置的？结合真值表分析其逻辑关系。

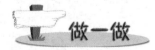

### 编码器功能测试

一、目的

（1）熟悉集成编码器。

（2）学会集成编码器的应用。

## 二、仪器和材料

（1）双踪示波器。

（2）器件 74LS00 与非门，74LS148　8-3 优先编码器。

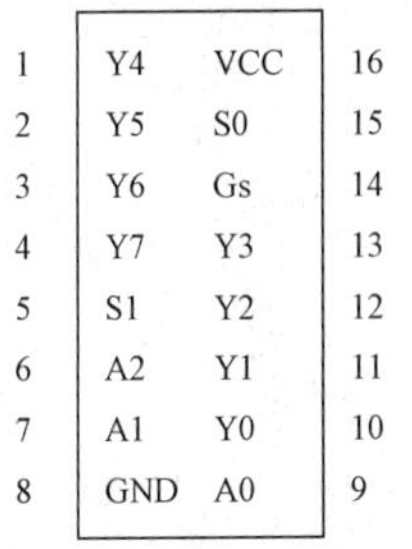

1 Y4 VCC 16
2 Y5 S0 15
3 Y6 Gs 14
4 Y7 Y3 13
5 S1 Y2 12
6 A2 Y1 11
7 A1 Y0 10
8 GND A0 9

图 13.2.5　74LS148 的引脚功能图

## 三、内容

### 1．编码器功能测试

8-3 优先编码器 74LS148 的引脚功能如图 13.2.5 所示。

将 74LS148 的 A0、A1、A2 为编码输出，接电平指示灯。Y0～Y7 为输入端，接电平开关。S0、S1 为输出端，接电平指示灯。Gs 接控制电平，改变控制电平和输入编码，观察输出的编码情况。把数据记录在自己设计的表格中。

# 第 2 步　译码器

译码器是将输入代码转换成特定的输出信号，假设译码器有 $n$ 个输入信号和 $N$ 个输出信号，如果 $N=2^n$，就称为全译码器，常见的全译码器有 2 线–4 线译码器、3 线–8 线译码器、4 线–16 线译码器等。如果 $N<2^n$，称为部分译码器，如二–十进制译码器（也称做 4 线–10 线译码器）等，其逻辑框图如图 13.2.6 所示。

$A_2$
$A_1$
$A_0$
译
码
器
$Y_7$
$Y_6$
$Y_5$
$Y_4$
$Y_3$
$Y_2$
$Y_1$
$Y_0$

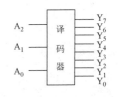

图 13.2.6　译码器逻辑框图

## 知识链接

### 1．3 位二进制译码器

**例：**用与非门设计 3 线–8 线译码器。

**解：**（1）列出译码表，见 13.2.6。

（2）写出各输出端的函数表达式：

$$\begin{cases} Y_0=\overline{A_2}\,\overline{A_1}\,\overline{A_0} \\ Y_1=\overline{A_2}\,\overline{A_1}A_0 \\ Y_2=\overline{A_2}A_1\overline{A_0} \\ Y_3=\overline{A_2}A_1A_0 \\ Y_4=A_2\overline{A_1}\,\overline{A_0} \\ Y_5=A_2\overline{A_1}A_0 \\ Y_6=A_2A_1\overline{A_0} \\ Y_7=A_2A_1A_0 \end{cases}$$

表 13.2.6　译码表

| $A_2$ | $A_1$ | $A_0$ | $Y_0$ | $Y_1$ | $Y_2$ | $Y_3$ | $Y_4$ | $Y_5$ | $Y_6$ | $Y_7$ |
|---|---|---|---|---|---|---|---|---|---|---|
| 0 | 0 | 0 | 1 | 0 | 0 | 0 | 0 | 0 | 0 | 0 |
| 0 | 0 | 1 | 0 | 1 | 0 | 0 | 0 | 0 | 0 | 0 |
| 0 | 1 | 0 | 0 | 0 | 1 | 0 | 0 | 0 | 0 | 0 |
| 0 | 1 | 1 | 0 | 0 | 0 | 1 | 0 | 0 | 0 | 0 |
| 1 | 0 | 0 | 0 | 0 | 0 | 0 | 1 | 0 | 0 | 0 |
| 1 | 0 | 1 | 0 | 0 | 0 | 0 | 0 | 1 | 0 | 0 |
| 1 | 1 | 0 | 0 | 0 | 0 | 0 | 0 | 0 | 1 | 0 |
| 1 | 1 | 1 | 0 | 0 | 0 | 0 | 0 | 0 | 0 | 1 |

（3）画出逻辑电路图如图 13.2.7 所示。

也可在输出端加上非门，输出反变量，如图 13.2.8 所示。

将上述电路做成集成电路形式，就得到集成 3 线–8 线译码器 74LS138，如图 13.2.9 所示。

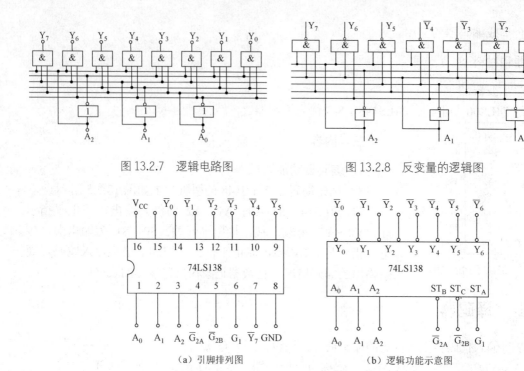

图 13.2.7 逻辑电路图　　　　图 13.2.8 反变量的逻辑图

图 13.2.9　74LS138 引脚及逻辑功能图

$A_2$、$A_1$、$A_0$ 为二进制译码输入端，$\overline{Y_7} \sim \overline{Y_0}$ 为译码输出端（低电平有效），$G_1$、$\overline{G_{2A}}$、$\overline{G_{2B}}$ 为使能输入端。当 $G_1=1$，$\overline{G_{2A}} = \overline{G_{2B}} = 0$ 时，译码器处于工作状态；否则，译码器处于禁止状态。

### 2. 二-十进制译码器

把二-十进制代码翻译成 10 个十进制数字信号的电路，称为二-十进制译码器。

二-十进制译码器的输入是十进制数的 4 位二进制编码（BCD 码），分别用 $A_3$、$A_2$、$A_1$、$A_0$ 表示；输出的是与 10 个十进制数字相对应的 10 个信号，用 $Y_9 \sim Y_0$ 表示。由于二-十进制译码器有 4 根输入线，10 根输出线，所以又称为 4 线-10 线译码器。集成 8421 BCD 码译码器 74LS42 逻辑功能及引脚如图 13.2.10 所示。

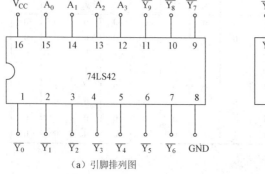

（a）引脚排列图

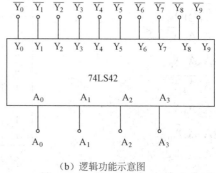

（b）逻辑功能示意图

图 13.2.10　74LS42 引脚及逻辑功能图

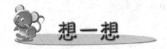

用两片 74LS138 如何实现 4 线–16 线的译码器。

**译码器功能测试**

**一、目的**

（1）熟悉集成译码器；
（2）学会集成译码器的应用。

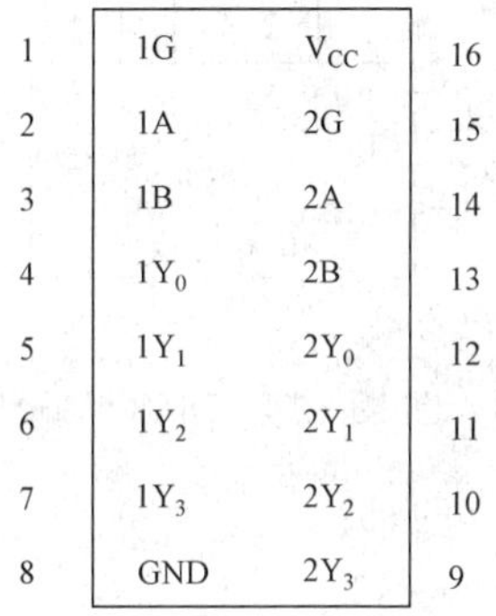

| 1 | 1G | $V_{CC}$ | 16 |
|---|---|---|---|
| 2 | 1A | 2G | 15 |
| 3 | 1B | 2A | 14 |
| 4 | $1Y_0$ | 2B | 13 |
| 5 | $1Y_1$ | $2Y_0$ | 12 |
| 6 | $1Y_2$ | $2Y_1$ | 11 |
| 7 | $1Y_3$ | $2Y_2$ | 10 |
| 8 | GND | $2Y_3$ | 9 |

图 13.2.11  74LS139 的引脚功能图

**二、仪器和材料**

（1）双踪示波器；
（2）器件 74LS139，2-4 线译码器，74LS00，与非门。

**三、内容**

将 74LS139 译码器的输入端 1G 按图 13.2.11 所示接电平控制信号，1A、1B 接电平开关，作为输入信号。$1Y_0$、$1Y_1$、$1Y_2$、$1Y_3$ 接电平指示灯，改变输入信号，观察输出译码输出的编码情况。把数据记录在自己设计的表格里。

## 第 3 步  显示器件

显示器件是用来显示数字、文字或者符号的器件。能把数字量翻译成数字显示器所能识别的信号的译码器称为数字显示译码器。

常用的数字显示器有多种类型。按显示方式分，有字形重叠式、点阵式、分段式等。按发光物质分，有半导体显示器，又称发光二极管（LED）显示器、荧光显示器、液晶显示器、气体放电管显示器、等离子体显示板等。目前应用最广泛的是由发光二极管构成的七段数字显示器。

### 1. 七段数字显示器原理

七段数字显示器就是将 7 个发光二极管（加小数点为 8 个）按一定的方式排列起来，七段 a、b、c、d、e、f、g（小数点 DP）各对应一个发光二极管，利用不同发光段的组合，显示不同的阿拉伯数字，如图 13.2.12 所示。

按内部连接方式不同，七段数字显示器分为共阴极和共阳极两种，如图 13.2.13（a）、（b）所示。

半导体显示器的优点是工作电压较低（1.5～3V）、体积小、寿命长、亮度高、响应速度快、工作可靠性高。缺点是工作电流大,每个字段的工作电流约为 10mA 左右。

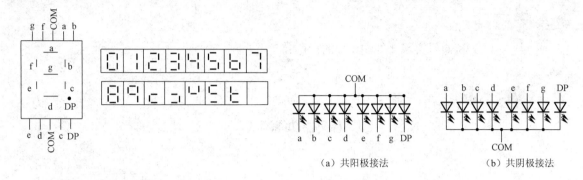

图 13.2.12 七段数字显示器及发光段组合示意图　　图 13.2.13

### 2. 集成七段译码器

七段显示译码器 7448 是一种与共阴极数字显示器配合使用的集成译码器,它的功能是将输入的 4 位二进制代码转换成显示器所需要的 7 个段信号 a~g,其引脚如图 13.2.14 所示。

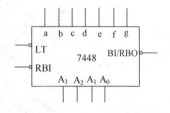

图 13.2.14　7448 引脚图

### 八路抢答器制作

八路数字集成电路抢答器由一片 CMOS 集成电路及外围元件组成,可供竞赛的 8 组人员同时抢答,也可供其他呼叫系统使用。其电路原理图如图 13.2.15 所示。

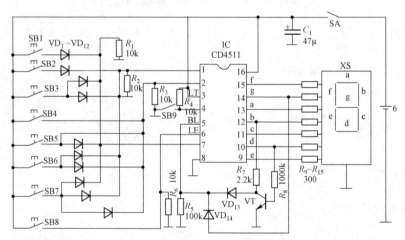

图 13.2.15　八路抢答器电路原理图

### 1. 制作目的

(1) 使学生了解组合逻辑电路的设计方法,面包板结构及其接线方法,以及八路抢答器的组成及工作原理。

(2) 使学生熟悉集成电路的引脚排列。

(3) 使学生掌握八路抢答器制作，各芯片的逻辑功能及使用方法。

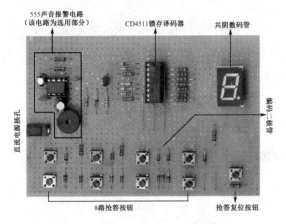

图 13.2.16　八路抢答器元件布局图

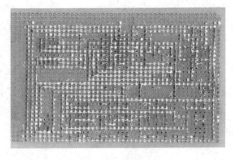

图 13.2.17　八路抢答器焊接图

**2．制作所需器材**

稳压电源、CD4511 八路抢答器套件、万能板、导线若干、万用表、电烙铁等工具。

**3．制作内容**

（1）工作原理

电路的核心是一块 CD4511 集成电路，这是一块 BCD 七段锁存、译码、驱动电路。

电路由 4 部分组成。第 1 部分由抢答器开关及编码电路组成。第 2 部分是抢答器锁存控制电路，由 VT、$VD_{13}$、$VD_{14}$ 及电阻器 $R_7$、$R_8$ 组成。第 3 部分是电路的核心 CD4511。它与抢答器锁存控制电路一起完成了抢答，以及抢答信号的先后的判断功能，并将第一个抢答信号锁存住，同时显示出来。第 4 部分是显示部分，主要由一个发光数码管组成。电阻器 $R_9 \sim R_{15}$ 是限流电阻，图 13.2.18 为其方框图。

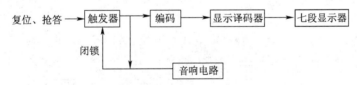

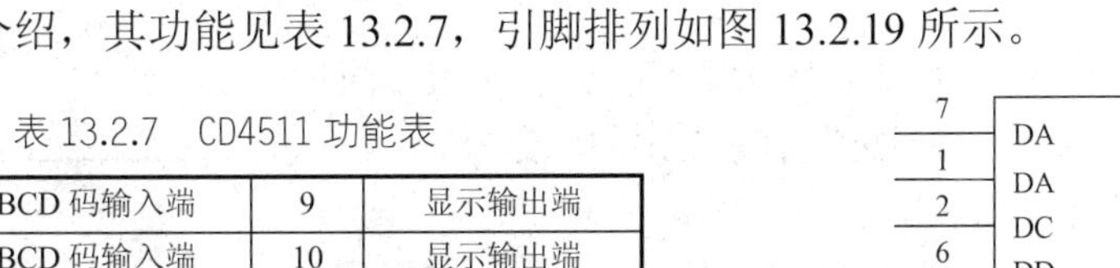

图 13.2.18　8 路抢答器的方框图

（2）CD4511 介绍，其功能见表 13.2.7，引脚排列如图 13.2.19 所示。

表 13.2.7　CD4511 功能表

| 1 | BCD 码输入端 | 9 | 显示输出端 |
|---|---|---|---|
| 2 | BCD 码输入端 | 10 | 显示输出端 |
| 3 | LT 测试端 | 11 | 显示输出端 |
| 4 | BI 为消隐端 | 12 | 显示输出端 |
| 5 | LE 为锁定允许端 | 13 | 显示输出端 |
| 6 | BCD 码输入端 | 14 | 显示输出端 |
| 7 | BCD 码输入端 | 15 | 显示输出端 |
| 8 | 电源负极 | 16 | 电源正极 |

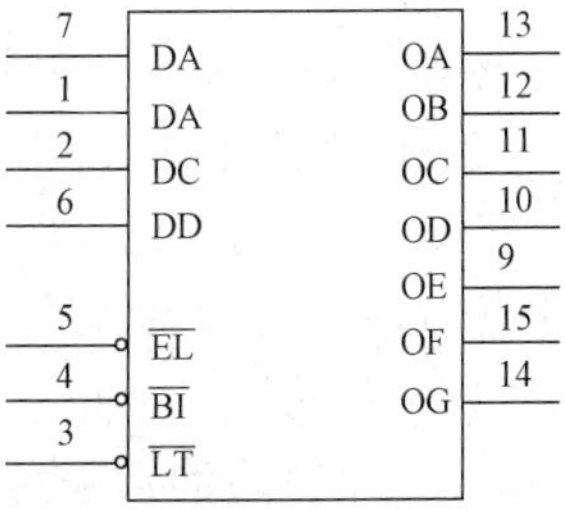

图 13.2.19　CD4511 引脚图

### 4. 制作步骤及操作

SB1～SB8 为八路抢答开关，需用导线外接到 8 组参赛选手桌前。其他元件均可安装在印制电路板上。

调试时，装好电池（6V）或稳压电源，打开电源开关，按一下 SB9，数码管应显示 "0"。当 SB1～SB8 任一开关先按下时，数码管应显示该组的数字。如 SB5 先按下，数码管应显示数字 "5"，其他开关在按下时，数字 "5" 应不变，直到再按下 SB9，数码管又显示 "0"，才可以进行下一轮的抢答。在实际制作时应注意以下问题：

（1）安装时要注意集成电路，数码管以及引脚不要接错。
（2）焊接时要注意电烙铁是否漏电和设备带静电以防止损坏集成电路。
（3）安装、设计时要注意各元件间的距离及整体布局。

当按下不同的按键时，应该显示相对应的数字，同时能将其锁存。按下清零键时，电路应处于复位状态。如出现显示数字残缺不全，原因是什么？如出现抢答结果不能锁存，原因又是什么？

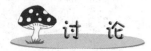

（1）在八路抢答器制作过程中，如何合理布置元件位置才能使万能板焊接面布线简洁？
（2）在焊接元器件（含 CD4511 集成块）时应注意哪些主要问题？

## 组合电路中的竞争冒险

### 1. 竞争冒险概念及产生原因

（1）竞争冒险

在组合电路中，当输入信号改变时，输出端会出现虚假信号——干扰脉冲的现象叫做竞争冒险，如图 13.2.20 中 Y 波形所示。

在负载十分敏感的电路中，要设法消除竞争冒险。

（2）产生原因

在数字电路中，任何一个门电路只要有两个输入信号同时向相反的方向变换（即由 01 变为 10，或由 10 变为 01），其输出端就可能产生干扰脉冲。

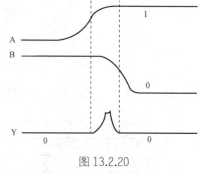

图 13.2.20

图 13.2.20 所示与非门竞争冒险产生的原因：

由于各种原因，输入信号 A、B 转换过程不可能完全相同，同时信号也不可能突变，使得在 A、B 同时变化的过程中，输出端产生了干扰脉冲信号。

### 2. 有无竞争冒险的判别方法及消除方法

可采用引入封锁脉冲（在可能产生竞争冒险的过渡过程中引入负脉冲——0）、引入选通脉冲（选通作用时间在输入信号变换的过渡过程之后）、接入滤波电容、修改设计增加冗余项等方法，其中较为有效的是修改设计增加冗余项的方法。

（1）有无竞争冒险的判别方法

写出函数表达式，作出卡诺图，若有几何相邻的乘积项，若没有则无竞争冒险，否则有竞争冒险。

（2）消除竞争冒险的方法

增加冗余项——增加这两个相邻项组成的乘积项即可。

例1：如何消除 $Y = AB + \overline{A}C$ 中的竞争冒险？

解：从其卡诺图图 13.2.21 看出，两个乘积项 AB、$\overline{A}C$ 之间存在着相邻关系，因而可能出现竞争冒险。增加相邻方格化简组成的冗余项 BC 即可消除竞争冒险。

$$Y = AB + \overline{A}C + BC$$

例2：如何消除 $Y = \overline{ABC} + BD + AC\overline{D}$ 中的竞争冒险？

从其卡诺图（图 13.2.22）可以看出，三个乘积项 $\overline{ABC}$、BD、$AC\overline{D}$ 之间存在着两个相邻关系，因而可能出现竞争冒险。增加两项冗余项 $\overline{ACD}$、ABC 即可消除。

$$Y = \overline{ABC} + BD + AC\overline{D} + ABC$$

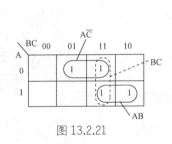

图 13.2.21

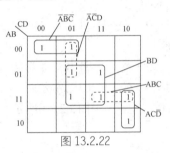

图 13.2.22

**现场可编程门阵列和现场可编程逻辑阵列**

随着大规模和超大规模集成电路的发展，单片集成器件所具有的逻辑功能越来越复杂。但是，生产一些专用的大规模集成器件则因数量少又导致成本增加。由于工艺的改进和发展，现已制造出可编程逻辑阵列（FPLA）。一片 FPGA 或一片 FPLA 可代替 20~50 片中、小规模集成器件。用户利用这种器件可编制出所需要的逻辑功能，由一片器件就可完成系统中部分或全部的逻辑设计。这种大规模集成器件通用性强，使系统结构紧凑，可靠。由于逻辑功能是由用户自己编制，因此还有保密性强的优点。

门阵列是由门电路以阵列结构形式组成的集成电路。和门阵列类似，把矩阵中某些熔断丝熔断就可得到所要求的逻辑功能。与门阵列相比，可编程逻辑阵列多一个可编程的或门阵列，因此逻辑功能更强。进行组合逻辑电路设计时，一般都可把逻辑表达式变换成与或的形式，因此，应用 FPLA 进行逻辑系统设计是比较方便的。

现有的 FPGA 产品有 74PL16L8，82S103 等；FPLA 产品有 74PL839，82S100 等。

一、判断题

1. 数据选择器与数据分配器中地址控制的作用是相同的。（　　）
2. 用 4 选 1 数据选择器不能实现 3 变量的逻辑函数。（　　）

3. 数据选择器和数据分配器的功能正好相反，互为逆过程。（  ）
4. 用数据选择器可实现时序逻辑电路。（  ）

二、选择题

1. 一个 16 选 1 的数据选择器，其地址输入（选择控制输入）端有（  ）个。
   A. 1　　　　　　B. 2　　　　　　C. 4　　　　　　D. 16
2. 4 选 1 数据选择器的数据输出 Y 与数据输入 $X_i$ 和地址码 $A_i$ 之间的逻辑表达式为 Y=（  ）。
   A. $\overline{A_1}\overline{A_0}X_0+\overline{A_1}A_0X_1+A_1\overline{A_0}X_2+A_1A_0X_3$　　B. $\overline{A_1}\overline{A_0}X_0$　　C. $\overline{A_1}A_0X_1$　　D. $A_1A_0X_3$
3. 一个 8 选 1 数据选择器的数据输入端有（  ）个。
   A. 1　　　　　B. 2　　　　　C. 3　　　　　D. 4　　　　　E. 8
4. 八路数据分配器，其地址输入端有（  ）个。
   A. 1　　　　　B. 2　　　　　C. 3　　　　　D. 4　　　　　E. 8
5. 用 4 选 1 数据选择器实现函数 $Y=A_1A_0+\overline{A_1}A_0$，应使（  ）。
   A. $D_0=D_2=0$，$D_1=D_3=1$　　　　　B. $D_0=D_2=1$，$D_1=D_3=0$
   C. $D_0=D_1=0$，$D_2=D_3=1$　　　　　D. $D_0=D_1=1$，$D_2=D_3=0$

三、综合题

1. 如图 13.2.23 所示电路为双 4 选 1 数据选择器构成的组合逻辑电路，输入变量为 A，B，C，输出函数为 $Z_1$，$Z_2$，分析电路功能，试写出输出 $Z_1$，$Z_2$ 的逻辑表达式。
2. 某组合逻辑电路如图 13.2.24 所示，列出真值表试分析其逻辑功能。

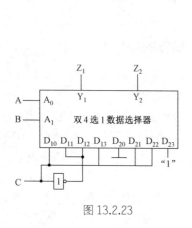

图 13.2.23

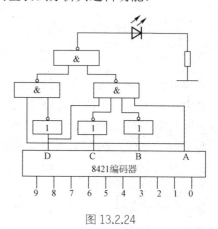

图 13.2.24

# 项目三　流水灯电路的制作

## 学习目标

✧ 了解寄存器的功能、基本构成和常见类型及应用；
✧ 了解基本 RS 触发器、同步 RS 触发器、时钟脉冲的特点及电路组成、逻辑功能；
✧ 会搭接 RS 触发器电子控制电路；

◇ 掌握时序逻辑电路、寄存器、仿真或装配调试；
 ◇ 掌握流水灯电路的制作。

## 工作任务

 ◇ 寄存器的功能、基本构成及应用；
 ◇ 基本 RS 触发器、同步 RS 触发器、时钟脉冲的特点及电路组成、逻辑功能；
 ◇ 搭接 RS 触发器电子控制电路；
 ◇ 时序逻辑电路、寄存器、仿真或装配调试；
 ◇ 流水灯电路的制作。

# 项 目 实 施

## 第 1 步  集成触发器

在数字电路中，集成触发器是构成计数器、寄存器和移位寄存器等电路的基本单元，也可作为控制逻辑电路使用。

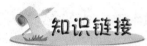

### 基本 RS 触发器

（1）基本 RS 触发器的组成结构与符号

电路组成如图 13.3.1 所示，$\overline{S}$ 和 $\overline{R}$ 是信号输入端，字母上的反号表示低电平有效（逻辑符号中用小圈表示）。它有两个输出端 Q 与 $\overline{Q}$，正常情况下，这两个输出端信号必须互补，否则会出现逻辑错误。图 13.3.1（b）是它的符号。

（2）基本 RS 触发器逻辑功能

设原状态用 $Q_n$ 表示，新状态用 $Q_{n+1}$ 表示，因为基本触发器有两个输入信号，所以有 4 种不同的组合作为输入。

设 $\overline{R}=\overline{S}=1$

状态 $Q_n=0$（$\overline{Q}_n=1$）：

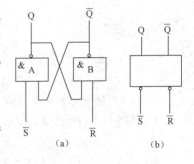

图 13.3.1  基本 RS 触发器

当 $\overline{R}=\overline{S}=1$ 输入时，$Q_n=0$ 把 B 门封锁，使 $\overline{Q}_{n+1}=1$；而 $\overline{Q}_n=1$ 和 $\overline{S}=1$ 作 A 门输入，使 A 门打开输出为 0，即 $Q_{n+1}=0$。

设原状态 $Q_n=1$（$\overline{Q}_n=0$）：

当 $\overline{R}=\overline{S}=1$ 输入时，$\overline{Q}_n=0$ 把 A 门封锁，使 $Q_{n+1}=1$；而 $\overline{Q}_{n+1}$ 和 $\overline{R}=1$ 使 B 门输出为 0，即 $Q_{n+1}=1$。

综上所述可知：在 $\overline{R}=\overline{S}=1$ 作用下，新状态总是和原状态保持一致。这种触发器逻辑功能称为保持功能，也就是触发器的记忆功能。记做

$$Q_n \xrightarrow[\text{保持}]{\overline{R}=\overline{S}=1\text{作用}} Q_{n+1} = Q_n$$

可见，要改变基本 RS 触发器的状态，必须输入合适的触发信号。

$$\overline{R}=1, \overline{S}=0$$

设原状态 $Q_n=0$（$\overline{Q}_n=1$）：

在 $\overline{R}=1$，$\overline{S}=0$ 作用下，$\overline{S}=0$ 仍把 A 门封锁，输出 $Q_{n+1}=1$，$Q_{n+1}=1$ 和 $\overline{R}=1$ 作用使 B 门输出 $\overline{Q}_{n+1}=0$。

设原状态 $Q_n=1$（$\overline{Q}_n=0$）：

在 $\overline{R}=1$，$\overline{S}=0$ 作用下，$\overline{S}=0$ 仍把 A 门封锁，输出 $Q_{n+1}=1$，$\overline{Q}_{n+1}=0$。

综上所述，无论原状态如何，只要在 $\overline{R}=1$，$\overline{S}=0$ 输入下，新的状态都变成 1 态，这种逻辑称为置 1 功能，记做

$$Q_n \xrightarrow[\text{置}1]{\overline{R}=1,\overline{S}=0\text{作用}} Q_{n+1} = 1$$

在 $\overline{R}=0$，$\overline{S}=1$：

由于电路的对称性，与 $\overline{R}=1$，$\overline{S}=0$ 这种输入分析相反，无论原状态是 1 还是 0，在 $\overline{R}=0$，$\overline{S}=1$ 作用下，新状态变为 0 态，这种功能称为置 0 功能，记做

$$Q_n \xrightarrow[\text{置}0]{\overline{R}=0,\overline{S}=1\text{作用}} Q_{n+1} = 0$$

在 $\overline{R}=0$，$\overline{S}=0$：

当 $\overline{R}=\overline{S}=0$ 输入下，A 门、B 门均被封锁，$Q_{n+1}$ 和 $\overline{Q}_{n+1}$ 均置成 1，破坏了正常的互补逻辑关系。尤其是当 $\overline{S}$ 和 $\overline{R}$ 同时由 0 跳到 1 时，输出状态到底是 1 态还是 0 态就不能确定，因此这种输入情况是不允许出现的。

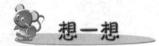

**想一想**

为什么说触发器能长期保持所记忆的信息？

（1）基本 RS 触发器的真值表

基本 RS 触发器真值表如表 13.3.1 所示。

（2）基本 RS 触发器的时序图

时序图是用高低电平反映触发器的逻辑功能的波形图，它比较直观，而且可用示波器验证。图 13.3.2 列出了基本 RS 触发器的时序图。从图中可以看出，当 $\overline{R}=\overline{S}=0$ 时，Q 与 $\overline{Q}$ 功能紊乱，但电平仍然存在；当 $\overline{R}$ 和 $\overline{S}$ 同时由 0 跳到 1 时，状态出现不定。

表 13.3.1 基本 RS 触发器真值表

| $\overline{R}$ | $\overline{S}$ | $Q_{n+1}$ |
|---|---|---|
| 0 | 0 | — |
| 0 | 1 | 0 |
| 1 | 0 | 1 |
| 1 | 1 | $Q_n$ |

表中的"—"表示状态不定。

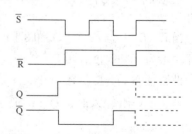

图 13.3.2 基本 RS 触发器时序图

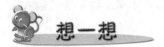

触发器与门电路有何区别。

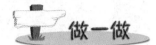

**基本 RS 触发器测试**

一、目的

（1）熟悉并验证触发器的逻辑功能。
（2）掌握 RS 触发器的使用方法和逻辑功能的测试方法。

二、仪器设备

数字电路实验箱、74LS74（CC4013），74LS00（CC4011）。

三、内容

按图 13.3.3 连接电路，用两个与非门组成基本 RS 触发器，输入端接逻辑开关的输出插口，输出端接逻辑电平显示输入接口，按表 13.3.2 的要求测试，并记录数据。

表 13.3.2　RS 触发器的逻辑功能

| $\bar{R}$ | $\bar{S}$ | Q | $\bar{Q}$ |
|---|---|---|---|
| 1 | 1→0 | | |
| | 0→1 | | |
| 1→0 | 1 | | |
| 0→1 | | | |
| 0 | 0 | | |

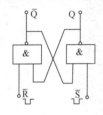

图 13.3.3　基本 RS 触发器

## 知识链接

**同步 RS 触发器**

（1）同步 RS 触发器的组成结构与符号，如图 13.3.4 所示。

（2）同步 RS 触发器触发器的逻辑功能：

当 CP=0，导引门关闭，输入信号 R、S 不能通过导引门，导引门输出均为 1，由基本 RS 触发器原理可知，输出应保持原状态，即

$$Q_{n+1} = Q_n$$

当 CP=1 时，由图 13.3.3 组成结构知道，$\bar{S}_D = \bar{S}$，

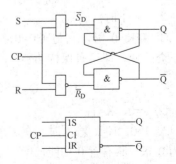

图 13.3.4　同步 RS 触发器的组成结构与符号

$\overline{R}_D = \overline{R}$,触发器的状态将随输入 S,R 而改变。由于同步 RS 触发器与基本 RS 触发器的输入端信号对应相反,所以它们的逻辑功能必定相反。

R=S=0: $Q_n \xrightarrow[\text{保持}]{R=S=0} Q_{n+1}=Q_n$

R=1,S=0: $Q_n \xrightarrow[\text{置0}]{R=0, R=1} Q_{n+1}=0$

R=0,S=1: $Q_n \xrightarrow[\text{置0}]{R=1, R=0} Q_{n+1}=1$

R=S=1: $Q_n \xrightarrow{R=S=1} Q_{n+1}=\text{—}$

(3) 同步 RS 触发器的真值表:

同步 RS 触发器的真值表如表 13.3.3 所示。

(4) 同步 RS 触发器的时序图:

同步 RS 触发器的时序图如图 13.3.5 所示。

表 13.3.3 同步 RS 触发器状态真值表

| R | S | $Q_{n+1}$ |
|---|---|---|
| 0 | 0 | $Q_n$ |
| 0 | 1 | 1 |
| 1 | 0 | 0 |
| 1 | 1 | — |

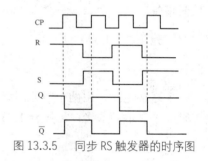

图 13.3.5 同步 RS 触发器的时序图

## 1. JK 触发器

(1) JK 触发器的组成结构与符号

JK 触发器如图 13.3.6(a) 所示,1~8 门为与非门,9 门为非门,图 13.3.6(b) 是 JK 触发器的逻辑符号。

(2) JK 触发器的逻辑功能

当 CP=0 时,主触发器始终关闭,根本不接受外加信号,故输出状态肯定不会改变,即

$$Q_{n+1}=Q_n$$

当 CP=1 时:

① J=K=0 时,它与 CP=0 作用完全一样,输出状态不会改变,即具有保持功能。

$$Q_n \xrightarrow[\text{保持}]{J=K=0} Q_{n+1}=Q_n$$

② J=0,K=1:

当 J=0,K=1 输入时,在 CP 作用下,最终状态总是为 0 态,具有置 0 功能,即

$$Q_n \xrightarrow[\text{置0}]{J=0,K=1} Q_{n+1}=0$$

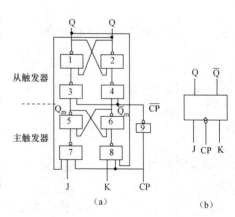

图 13.3.6 JK 触发器的组成结构与符号

③ J=1，K=0：

J=1，K=0 情况 J=0，K=1 正好相反，无论原状态如何，当 J=1，K=0 输入时，在 CP 作用后，最终的状态为 1，具有"置 1"功能，即

$$Q_n \xrightarrow{J=1,K=0}_{置1} Q_{n+1}=1$$

④ J=1，K=0：

在 CP 作用下，新状态总是和原状态相反。这种功能称为计数功能，即

$$Q_n \xrightarrow{J=K=1}_{计数} Q_{n+1}=\overline{Q}_n$$

（3）JK 触发器的真值表

表 13.3.4 是 JK 触发器状态表。

（4）时序图。

图 13.3.7 是主从 JK 触发器的时序图。

表 13.3.4　JK 触发器状态表

| J | K | $Q_{n+1}$ |
|---|---|---|
| 0 | 0 | $Q_n$ |
| 0 | 1 | 0 |
| 1 | 0 | 1 |
| 1 | 1 | $\overline{Q}_n$ |

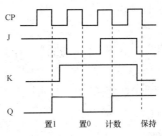

图 13.3.7　主从 JK 触发器时序图

图 13.3.8（a）给出了 T1072 的逻辑图。其中 J=J$_1$J$_2$J$_3$，K=K$_1$K$_2$K$_3$。R$_D$、S$_D$ 是异步输入端，当 R$_D$=0 时，无论 CP 是 0 还是 1，触发器都将置 0，有时又称 R$_D$ 端为清 0 端；当 S$_D$=0 时，触发器都将置 1，故又称 S$_D$ 为复位端。图 13.3.8（b）为其逻辑符号。

#### 2. T 触发器

（1）T 触发器的组成结构与符号

如果将 JK 触发器的 J、K 两端相连接，连接后的输入端称为 T 端，1~8 门为与非门，9 门为非门，如图 13.3.9（a）所示，就构成了 T 触发器，因此可根据 JK 触发器的工作过程，写出其逻辑功能。图 13.3.9（b）是 T 触发器的逻辑符号。

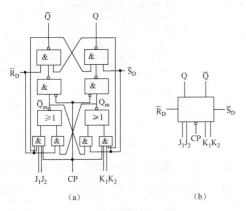

图 13.3.8　T1072 的逻辑图及其逻辑符号

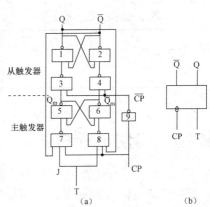

图 13.3.9　T 触发器极其逻辑符号

（2）T 触发器的真值表

表 13.3.5 为其真值表。

（3）T触发器的时序图如图13.3.10所示。

表13.3.5 T触发器简明真值表

| T | $Q_{n+1}$ |
|---|---|
| 0 | $Q_n$ |
| 1 | $\overline{Q_n}$ |

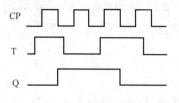

图13.3.10 T触发器的时序图

3．D触发器

（1）D触发器的组成结构与符号

D触发器逻辑电路如图13.3.11（a）所示，1~6门为与非门，图13.3.11（b）是它的符号。

（2）D触发器的逻辑功能

① D=0时：

当CP=0期间，门3和门4均关闭，因为D=0，门6被封锁，$Y_6=1$，门5在$Y_6=Y_3=1$的作用下被打开，$Y_5=0$；当CP由0跳变到1时，门4输出$Y_4=\overline{Y_3Y_4CP}=\overline{111}=0$。

② 当D=1时：

当CP=1期间，$Y_3=Y_4=1$，因为D=1，$Y_6=1$，$Y_5=1$，当CP由0跳到1时，$Y_4=1$，$Y_3=\overline{Y_5 \cdot CP}=\overline{1 \cdot 1}=0$。

综上所述：在CP上升沿到来时，若D=0，触发器状态为0；若D=1，触发器状态为1，故有时称D触发器为数字跟随器。

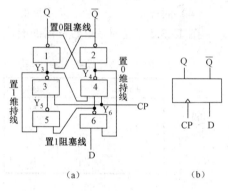

图13.3.11 D触发器逻辑电路及逻辑符号

（3）D触发器的真值表

表13.3.6是D触发器的真值表。

（4）D触发器的时序图

D触发器的时序图如图13.3.12所示。

表13.3.6 D触发器真值表

| D | $Q_{n+1}$ |
|---|---|
| 0 | 0 |
| 1 | 1 |

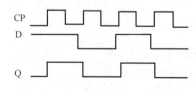

图13.3.12 D触发器的工作波形

## 第2步 时序逻辑电路

数字电路分为组合逻辑电路和时序逻辑电路。从结构上看，组合逻辑电路仅由若干逻辑门组成，没有存储电路，因而无记忆功能。而时序逻辑电路除包含组合电路外，还含有存储电路，因而具有记忆功能。

## 知识链接

### 时序逻辑电路的基本概念

（1）时序逻辑电路的结构及特点

时序逻辑电路在任何时刻的输出状态不仅取决于当时的输入信号，还与电路的原状态有关，触发器就是最简单的时序逻辑电路，时序逻辑电路中必须含有存储电路。时序电路的基本结构如图 13.3.13 所示，它由组合电路和存储电路两部分组成。

（2）时序逻辑电路的特点

① 时序逻辑电路通常包含组合电路和存储电路两个组成部分，而存储电路要记忆给定时刻前的输入输出信号，是必不可少的。

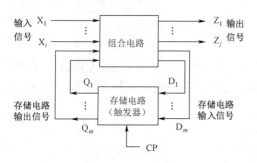

图 13.3.13 时序逻辑电路框图

② 时序逻辑电路中存在反馈，存储电路的输出状态必须反馈到组合电路的输入端，与输入信号一起，共同决定组合逻辑电路的输出。

（3）时序逻辑电路的分类

时序电路按照时钟输入方式分为同步时序电路和异步时序电路两大类。时序逻辑电路按逻辑功能可划分为寄存器、锁存器、移位寄存器、计数器和节拍发生器等。

## 想一想

时序逻辑电路与组合逻辑电路在逻辑功能和电路结构上各有什么特点？

## 知识链接

### 1．寄存器

能够暂存数码（或指令代码）的数字部件称为寄存器，寄存器根据功能可分为数码寄存器和移位寄存器两大类。

（1）数码寄存器

寄存器要存放数码，必须要存得进、记得住、取得出。因此寄存器中除触发器外，通常还有一些控制作用的门电路相配合。

图 13.3.14 为由 D 触发器组成的 4 位数码寄存器。在存数指令（CP 脉冲上升沿）的作用下，可将预先加在各 D 触发器输入端的数码，存入相应的触发

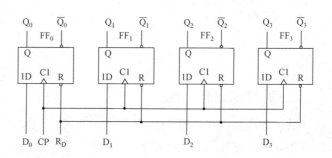

图 13.3.14 4 位数码寄存器

器中,并可从各触发器的 Q 端同时输出,所以称其为并行输入、并行输出的寄存器。

数码寄存器的特点是:

① 在存入新数码时能将寄存器中的原始数码自动清除,即只需要输入一个接收脉冲,就可将数码存入寄存器中——单拍接收方式的寄存器。

② 在接收数码时,各位数码同时输入,而各位输出的数码也同时取出,即并行输入、并行输出的寄存器。

③ 在寄存数据之前,应在 $R_D$ 端输入负脉冲清零,使各触发器均清零。

(2) 移位寄存器

① 单向移位寄存器:由 D 触发器构成的 4 位右移寄存器如图 13.3.15 所示。CR 为异步清零端。左边触发器的输出接至相邻右边触发器的输入端 D,输入数据由最左边触发器 $FF_0$ 的输入端 $D_0$ 接入。

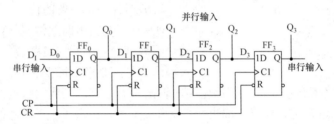

图 13.3.15  D 触发器组成的 4 位右移寄存器

除用 D 触发器外,也可用 JK、RS 触发器构成寄存器,只需将 JK 或 RS 触发器转换为 D 触发器功能即可。但 T 触发器不能用来构成移位寄存器。

② 双向移位寄存器:双向移位寄存器电路结构如图 13.3.16 所示,将右移寄存器和左移寄存器组合起来,并引入控制端 S 便构成既可左移又可右移的双向移位寄存器。

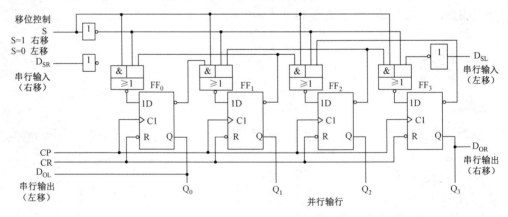

图 13.3.16  D 触发器组成的 4 位双向左移寄存器

### 2. 寄存器集成电路介绍

(1) 集成移位寄存器 74194

集成移位寄存器 74194 如图 13.3.17 所示。

(2) 集成移位寄存器的应用

移位寄存器除了具有寄存数码和将数码移位的功能外,还可以构成各种计数器和分频器。

图 13.3.18 所示为 4 位右移寄存器构成的环形计数器，图 13.3.19 为其时序图。图 13.3.20 为用 74194 构成的环形计数器，图 13.3.21 为用 74194 构成的扭环形计数器。

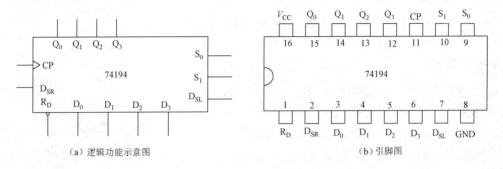

图 13.3.17　集成移位寄存器 74194

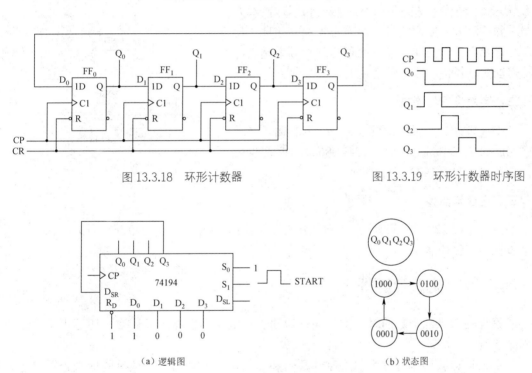

图 13.3.18　环形计数器　　　　　　　　图 13.3.19　环形计数器时序图

图 13.3.20　用 74194 构成的环形计数器

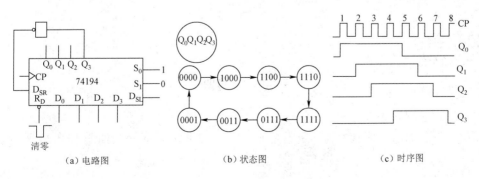

图 13.3.21　用 74194 构成的扭环形计数器

### 集成移位寄存器应用实验

**一、实验目的**

（1）了解集成移位寄存器的控制功能。

（2）掌握集成移位寄存器的应用。

图 13.3.22 为简易乒乓球游戏机电路。输入 R，L 为球拍击球信号，高电平有效，输出 $Q_D \sim Q_A$ 接 4 个发光二极管，指示乒乓球的运动轨迹。游戏规则：R 或 L 输入一个正脉冲发球，发光二极管指示球向对方移动，到达对方顶端位置时，对方必须及时接球，使球返回，否则就会失球。输入的移位脉冲频率越高，球的移动轨迹越快，接球难度越大。

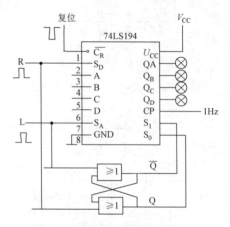

图 13.3.22　乒乓球游戏机电路图

**二、实验设备与器材**

THD-4 型数字电路实验箱，集成四-2 输入或非门（74LS02），集成四异或门（74LS860），集成 4 位移位寄存器（74LS194）。

**三、内容与步骤**

连接图 13.3.22 电路或或非门部分，R 与 L 端接逻辑开关，Q 与 $\overline{Q}$ 端接发光二极管。测试并记录电路的逻辑功能。

## 第3步　认识计数器

能累计输入脉冲个数的时序部件叫计数器。计数器不仅能用于计数，还可用于定时、分频和程序控制等。

计数器按计数进制可分为二进制计数器和非二进制计数器；按数字的增减趋势可分为加法计数器、减法计数器和可逆计数器；按计数器中各触发器翻转是否与计数脉冲同步可分为同步计数器和异步计数器。

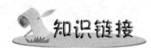

### 二进制计数器

（1）异步二进制计数器

以 3 位二进制加法计数器为例，逻辑图如图 13.3.23 所示，时序图如图 13.3.24 所示。

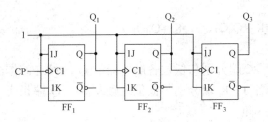
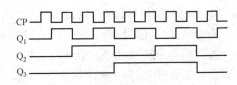

图 13.3.23 JK 触发器构成的 3 位异步二进制加法计数器　　图 13.3.24 二进制加计数器的时序图

图 13.3.25 为状态图，图 13.2.26 为二进制减法计数器状态图，图 13.3.27 为时序图。

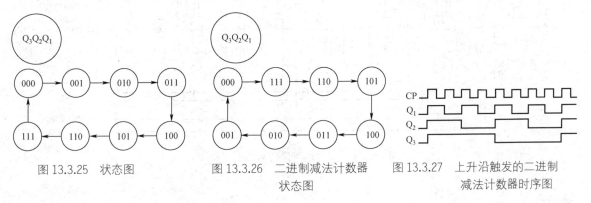

图 13.3.25　状态图　　　图 13.3.26　二进制减法计数器　　图 13.3.27　上升沿触发的二进制
　　　　　　　　　　　　　　　　　　状态图　　　　　　　　　　　减法计数器时序图

（2）同步二进制计数器

① 同步二进制加法计数器：

由 4 个 JK 触发器组成的 4 位同步二进制加法计数器的逻辑图如图 13.3.28 所示，时序图如图 13.3.29 所示。图中各触发器的时钟脉冲同时接计数脉冲 CP，因而这是一个同步时序电路。

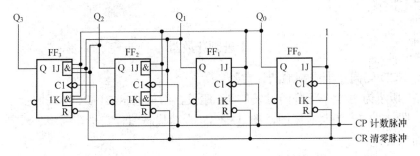

图 13.3.28　4 位同步二进制加法计数器的逻辑图

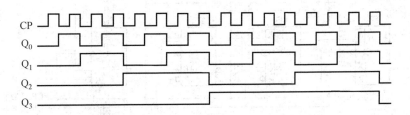

图 13.3.29　4 位同步二进制加法计数器的时序图

由逻辑图知,各触发器的驱动方程分别为

$$J_0=K_0=1,\ J_1=K_1=Q_0,\ J_2=K_2=Q_0Q_1,\ J_3=K_3=Q_0Q_1Q_2$$

② 同步二进制可逆计数器

当加/减控制信号 X=1 时,$FF_1$～$FF_3$ 中的各 J、K 端分别与低位各触发器的 Q 端相连,作加法计数;当加/减控制信号 X=0 时,$FF_1$～$FF_3$ 中的各 J、K 端分别与低位各触发器的 $\overline{Q}$ 端相连,作减法计数,实现了可逆计数器的功能。

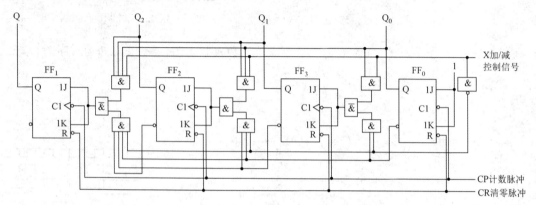

图 13.3.30　二进制可逆计数器的逻辑图

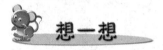

二进制计数器有哪些实例,如何分析电路。

### 十进制计数器

(1) 8421 BCD 码同步十进制加法计数器

图 13.3.31 所示为由 4 个下降沿触发的 JK 触发器组成的 8421 BCD 码同步十进制加法计数器的逻辑图。图 13.3.32 为其时序图,图 13.3.33 为其状态图。它是在同步二进制加法计数器的基础上修改而成的。

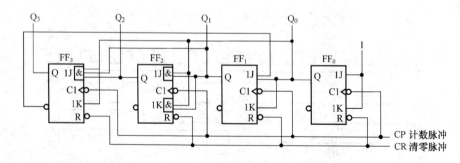

图 13.3.31　8421 BCD 码同步十进制加法计数器的逻辑图

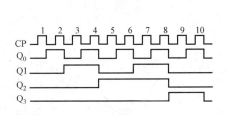

图 13.3.32　8421BCD 同步十进制加法计数器的时序图

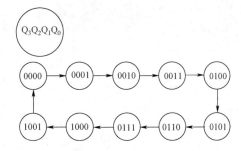

图 13.3.33　同步十进制加法计数器状态图

（2）8421 BCD 码异步十进制加法计数器

异步十进制计数器的逻辑电路图如图 13.3.34 所示，从图中可见，各触发器的时钟脉冲端不受同一脉冲控制，各个触发器的翻转除受 J、K 端控制外，还要看是否具备翻转的时钟条件，因此分析起来较复杂。

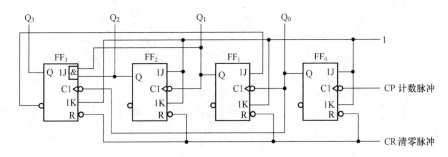

图 13.3.34　8421BCD 码异步十进制加法计数器的逻辑图

十进制计数器分几类，各有何特点？

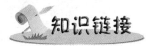

**集成计数器介绍**

集成计数器种类很多，有同步的，也有异步的。集成计数器功能比较完善，一般设有更多的附加功能，适用性强，使用也更方便。

（1）异步集成计数器 74290

二-五-十进制异步加法计数器 74290 的逻辑功能示意图和引脚图如图 13.3.35 所示。

74290 通过输入输出端子的不同连接，可组成不同进制的计数器。图 13.3.36 到图 13.3.38 分别是用 74290 组成的二进制、五进制和十进制计数器（箭头示出信号的输入输出端）。

利用反馈复位使计数器清零，从而跳过无效状态构成所需进制计数器的方法，称为反馈复位法或反馈清零法。

当计数长度较长时，可将集成计数器级联起来使用。

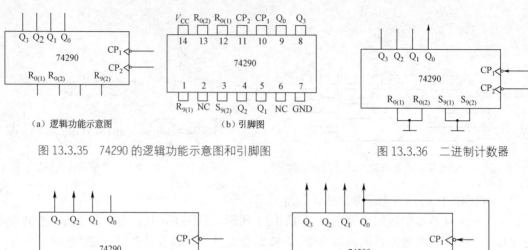

图 13.3.35　74290 的逻辑功能示意图和引脚图　　　图 13.3.36　二进制计数器

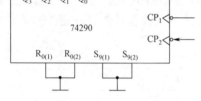

图 13.3.37　五进制计数器

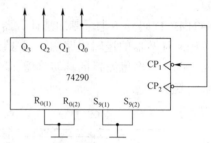

图 13.3.38　十进制计数器

（2）同步集成计数器 74161

集成芯片 74161 是同步的可预置 4 位二进制加法计数器。图 13.3.39 分别是它的逻辑功能示意图和引脚图。

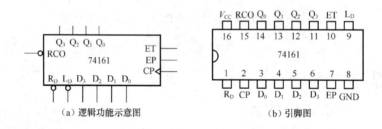

图 13.3.39　74161 的逻辑功能示意图和引脚图

74161 是集成同步 4 位二进制计数器，也就是模 16 计数器，用它可构成任意进制计数器。实现的方法有反馈复位法和反馈预置法。

集成二进制有何特点？如何测试常见的集成计数器参数？

**门电路与触发器测试**

1. 目的

（1）熟悉"与非"门的逻辑功能。

（2）学习用"与非"门组成其他门电路，并熟悉后者的逻辑功能。
（3）学习组合逻辑电路的分析与综合，组合并试验简单的逻辑电路。
（4）了解 D 触发器和 JK 触发器的逻辑功能。

### 2. 仪器设备

THD-4 数字电路实验箱 1 台，MF-10 型万用表或数字万用表 1 台， KENWOOD CS-4125A 20MHz 2 通道示波器 1 台

### 3. 内容和步骤

（1）测试"与非'门的逻辑功能；验证"0"电平对与非门的封锁控制作用，在与非门 A 输入端加入一连续脉冲，而在输入端 B 分别加入+5V 电压和接地时，用示波器观察输出端 F 波形的变化．从而验证"0"电平对与非门的封锁作用。

（2）逻辑电路的综合

用与非门设计如图 13.3.40 所示的组合逻辑电路，使之满足输出等于输入的平方关系，在实验箱上搭接逻辑电路并验证设计结果。图中 $A_1$、$A_2$ 是输入，$Q_3$、$Q_2$、$Q_1$、$Q_0$ 是输出。

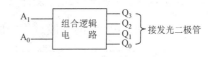

图 13.3.40 组合逻辑电路

设 A、B、C、D 是一个 8421 码的 4 位，若此码表示的数字 $x$ 符合 $x<3$ 或 $x>6$ 时，则输出为"1"，否则为"0"。试用"与非门"组成逻辑图，并在实验箱上搭接逻辑电路验证设计结果。

（3）测试触发器逻辑功能

将 74LS74 双 D 触发器的逻辑功能测试结果填入表 13.3.7 中。

表 13.3.7

| D | 0 | | | | 1 | | | |
|---|---|---|---|---|---|---|---|---|
| CP | | ↑ | | ↓ | | ↑ | | ↓ |
| $Q_{n+1}$ | 1 | | | | 0 | | | |

将 74LS112 JK 触发器逻辑功能的测试结果填入表 13.3.8 中。

表 13.3.8

| CP | | ↑ | ↓ | | ↑ | ↓ | | ↑ | ↓ | | ↑ | ↓ |
|---|---|---|---|---|---|---|---|---|---|---|---|---|
| J | 0 | 0 | 0 | 0 | 0 | 0 | 1 | 1 | 1 | 1 | | |
| K | 0 | 0 | 1 | 1 | 0 | 0 | 1 | 1 | | | | |
| $Q_{n+1}$ | 1 | | | | | | | | | | | |
|  | 0 | | | | | | | | | | | |

讨论两种触发器的各有何特点。

### 一、时序逻辑电路的分析方法和设计方法

时序逻辑电路的分析步骤如下：
（1）首先确定是同步还是异步。若是异步，须写出各触发器的时钟方程。
（2）写驱动方程。
（3）写状态方程（或次态方程）。
（4）写输出方程。若电路由外部输出，要写出这些输出的逻辑表达式，即输出方程。
（5）列状态表。
（6）画状态图和时序图。
（7）检查电路能否自启动并说明其逻辑功能。

### 二、同步时序逻辑电路的设计方法

设计同步时序电路的一般过程如图 13.3.41 所示。

图 13.3.41　同步时序电路的设计过程

### 三、锁存器

（1）锁存器原理

锁存器又称自锁电路，是用来暂存数码的逻辑部件的。图 13.3.42 所示的是 1 位锁存器逻辑电路图，它与触发器的区别是：当使能信号到来时，输出随输入数码变化（相当于输出直接接到输入端）；当使能信号结束时，输出保持使能信号跳变时的状态不变。

（2）锁存器集成电路介绍

75 是 4 位锁存器，它包括 TTL 系列中的 54/7475，54/74LS75 和 CMOS 系列中的 54/74HC75、54/74HCT75 等。其外引脚排列图如图 13.3.43 所示。

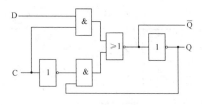

图 13.3.42　1 位锁存器逻辑电路图

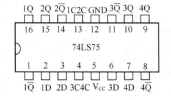

图 13.3.43　4 位锁存器 75 外引脚排列图

**十路流水灯的制作**

**1. 制作目的**

（1）对计数电路的理解，熟悉 CD4017 电路功能；

（2）结合实际元件及制作做到理论联系实际；

（3）掌握产品的布局设计、制作及调试。

### 2．制作所需器材

万用表、电烙铁、套件等。

### 3．实验内容和步骤

（1）制作过程：按如图 13.3.44 所示电路在万能板上安装。

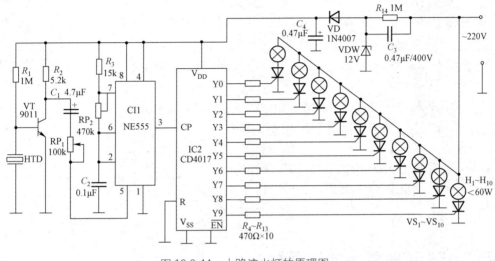

图 13.3.44　十路流水灯的原理图

（2）电路调试：接通电源后发光二极管应该能顺序点亮，调节电位器，循环速度可变。

## 一、选择题

1．$N$ 个触发器可以构成能寄存_____位二进制数码的寄存器。

   A. $N$–1　　　　　　　B. $N$　　　　　　　C. $N$+1　　　　　　　D. $2N$

2．在下列触发器中，有约束条件的是_____。

   A. 主从 JK F/F　　　B. 主从 D F/F　　　C. 同步 RS F/F　　　D. 边沿 D F/F

3．一个触发器可记录 1 位二进制代码，它有___个稳态。

   A. 0　　　　　B. 1　　　　　C. 2　　　　　D. 3　　　　　E. 4

4．存储 8 位二进制信息要___个触发器。

   A. 2　　　　　　　B. 3　　　　　　　C. 4　　　　　　　D. 8

## 二、判断题（正确打√，错误的打×）

1．D 触发器的特性方程为 $Q_{n+1}=D$，与 $Q_n$ 无关，所以它没有记忆功能。（　　）

2．RS 触发器的约束条件 RS=0 表示不允许出现 R=S=1 的输入。（　　）

3．同步触发器存在空翻现象，而边沿触发器和主从触发器克服了空翻。（　　）

4．主从 JK 触发器、边沿 JK 触发器和同步 JK 触发器的逻辑功能完全相同。（　　）

5. 若要实现一个可暂停的 1 位二进制计数器，控制信号 A=0 计数，A=1 保持，可选用 T 触发器，且令 T=A。（　　）

三、填空题

1. 触发器有____个稳态，存储 8 位二进制信息要____个触发器。

2. 一个基本 RS 触发器在正常工作时，它的约束条件是 $\bar{R}+\bar{S}=1$，则它不允许输入 $\bar{S}=$____且 $\bar{R}=$____的信号。

3. 触发器有两个互补的输出端 Q、$\bar{Q}$，定义触发器的 1 状态为_____，0 状态为_____，可见触发器的状态指的是____端的状态。

4. 一个基本 RS 触发器在正常工作时，不允许输入 R=S=1 的信号，因此它的约束条件是_____。

5. 在一个 CP 脉冲作用下，引起触发器两次或多次翻转的现象称为触发器的____，触发方式为____式或____式的触发器不会出现这种现象。

四、综合题

基本 RS 触发器 Q 的初始状态为"0"，根据给出的 $R_D$ 和 $S_D$ 的波形，试画出 Q 的波形，并列出状态表，如图 13.3.44 示。

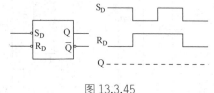

图 13.3.45

## 项目四　555 定时器构成振荡器

### 学习目标

◇ 了解多谐振荡器、单稳触发器、施密特触发器的功能及基本应用；
◇ 会装配、测试、调整 555 应用电路，能排除常见故障。

### 工作任务

◇ 多谐振荡器、单稳触发器、施密特触发器的功能及基本应用；
◇ 装配、测试、调整 555 应用电路，能排除常见故障。

## 项 目 实 施

### 第 1 步　认识 555 定时器

555 定时器是一种应用极为广泛的中规模集成电路。该电路使用灵活、方便，只需外接少量的阻容元件就可以构成单稳、多谐和施密特触发器。因而广泛用于信号的产生、变换、控制与检测。

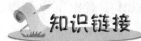

## 知识链接

目前生产的定时器有双极型和 CMOS 两种类型,其型号分别有 NE555(或 5G555)和 C7555 等多种。它们的结构及工作原理基本相同。通常,双极型定时器具有较大的驱动能力,而 CMOS 定时器具有低功耗、输入阻抗高等优点。555 定时器工作的电源电压很宽,并可承受较大的负载电流。双极型定时器电源电压范围为 5~16V,最大负载电流可达 200mA;CMOS 定时器电源电压范围为 3~18V,最大负载电流在 4mA 以下。

### 1. 电路组成

图 13.4.1 为 555 集成定时器的电气原理图和电路符号,如图 13.4.2 所示为其实物图。

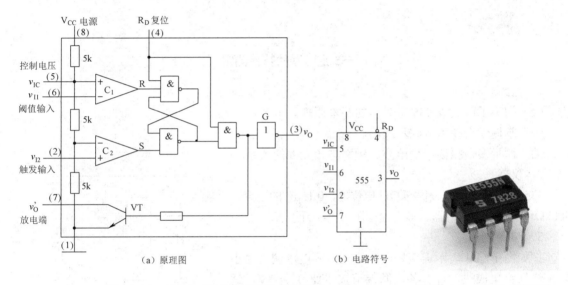

图 14.4.1　555 定时器的原理图和电路符号　　　　图 14.4.2　555 集成定时器

### 2. 基本功能

当 5 脚悬空时,比较器 $C_1$ 和 $C_2$ 的比较电压分别为 $\frac{2}{3}V_{CC}$ 和 $\frac{1}{3}V_{CC}$。

(1)当 $v_{I1}>\frac{2}{3}V_{CC}$,$v_{I2}>\frac{1}{3}V_{CC}$ 时,比较器 $C_1$ 输出低电平,$C_2$ 输出高电平,基本 RS 触发器被置 **0**,放电三极管 VT 导通,输出端 $v_O$ 为低电平。

(2)当 $v_{I1}<\frac{2}{3}V_{CC}$,$v_{I2}<\frac{1}{3}V_{CC}$ 时,比较器 $C_1$ 输出高电平,$C_2$ 输出低电平,基本 RS 触发器被置 **1**,放电三极管 VT 截止,输出端 $v_O$ 为高电平。

(3)当 $v_{I1}<\frac{2}{3}V_{CC}$,$v_{I2}>\frac{1}{3}V_{CC}$ 时,比较器 $C_1$ 输出高电平,$C_2$ 也输出高电平,即基本 RS 触发器 **R=1**,**S=1**,触发器状态不变,电路亦保持原状态不变。

如果在电压控制端(5 脚)施加一个外加电压(其值在 0~$V_{CC}$ 之间),比较器的参考电压将发生变化,电路相应的阈值、触发电平也将随之变化,并进而影响电路的工作状态。

另外，$R_D$ 为复位输入端，当 $R_D$ 为低电平时，不管其他输入端的状态如何，输出 $v_o$ 为低电平，即 $R_D$ 的控制级别最高。正常工作时，一般应将其接高电平。

表 13.4.1 555 定时器功能表

| 阈值输入（$v_{I1}$） | 触发输入（$v_{I2}$） | 复位（$R_D$） | 输出（$v_O$） | 放电管 VT |
|---|---|---|---|---|
| × | × | 0 | 0 | 导通 |
| $<\frac{2}{3}V_{cc}$ | $<\frac{1}{3}V_{cc}$ | 1 | 1 | 截止 |
| $>\frac{2}{3}V_{cc}$ | $>\frac{1}{3}V_{cc}$ | 1 | 0 | 导通 |
| $<\frac{2}{3}V_{cc}$ | $>\frac{1}{3}V_{cc}$ | 1 | 不变 | 不变 |

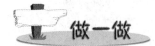

**555 定时器的特性测定**

1. 目的

（1）初步了解集成 555 定时器的基本原理。

（2）掌握学会使用双踪示波器。

（3）测量多谐振荡器输出波、频率与各元件的关系。

2. 仪器

555 定时器、两个量程 5kΩ 的电位器、0.15μF 的电容、400kΩ 电阻、双踪示波器、多用途稳压电源、万用表。

3. 步骤

按如图 14.4.3 所示连接好电路，把电源电压调到最小以免烧坏会集成块，打开各电源调节按钮使 $V_{CC}=3V$，调节电源 1 使 $U_{TH}$ 大于或等于 2V，此时调节电源 2 使 $U_{TL}$ 由大到小或由小到大，并观察万用表电压挡的电压，当电压发生突然变化时，记录 $U_{TL}$ 值及 $U_0$ 相应值。

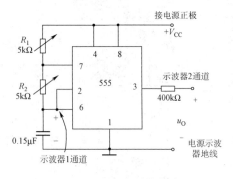

图 14.4.3 555 定时器电路图

## 第 2 步 应用 555 定时器

555 定时器是一种由模拟电路和数字电路相结合的中规模集成器件，它性能优良，适用范围很广，外部加接少量的阻容元件可以很方便地组成单稳态触发器和多谐振荡器，以及不需外接元件就可组成施密特触发器。因此集成 555 定时被广泛应用于脉冲波形的产生与变换、测量与控制等方面。

**知识链接**

施密特触发器是数字系统中常用的电路之一，它可以把变化缓慢的脉冲波形变换成为数字电路所需要的矩形脉冲。

## 1. 施密特触发器电路组成

将 555 定时器的 2 号脚和 6 号脚接在一起，就可以构成施密特触发器。我们简记为"二六搭一"，如图 13.4.4（a）所示。

## 2. 施密特触发器电路功能

$v_i$=0V 时，$v_{o1}$ 输出高电平。

当 $v_i$ 上升到 $\frac{2}{3}V_{CC}$ 时，$v_{o1}$ 输出低电平。当 $v_i$ 由 $\frac{2}{3}V_{CC}$ 继续上升，$v_{o1}$ 保持不变。

当 $v_i$ 下降到 $\frac{1}{3}V_{CC}$ 时，电路输出跳变为高电平。而且在 $v_i$ 继续下降到 0V 时，电路的这种状态不变。

图 13.4.5 中，$R$、$V_{CC2}$ 构成另一输出端 $v_{o2}$，其高电平可以通过改变 $V_{CC2}$ 进行调节。

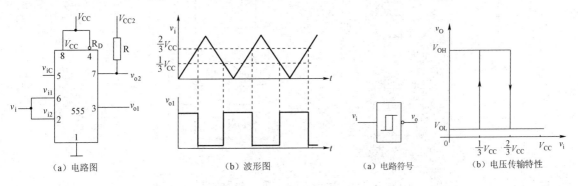

（a）电路图　　　　　　（b）波形图　　　　　　（a）电路符号　　　（b）电压传输特性

图 13.4.4　555 定时器构成的施密特触发器　　　图 13.4.5　施密特触发器的电路符号和电压传输特性

### 555 定时器构成的施密特触发器测试

一、目的
（1）了解施密特触发器的特点、电路组成和工作原理。
（2）掌握施密特触发器的应用。

二、器材
GAL 及 555 典型器件，实验板与导线。

三、步骤
（1）按图 13.4.6 所示连好线。
（2）施密特触发器能够把变化非常缓慢的输入脉冲波形，整形成为适合数字电路需要的矩形脉冲，具有滞回特性，抗干扰能力强。
（3）根据输入脉冲波形记录输出波形。

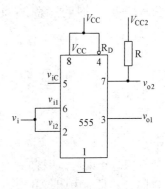

图 13.4.6　555 定时器构成的施密特触发器

想一想施密特触发器有何特点。

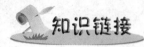

### 1. 单稳态触发器的电路组成及其工作原理

由 555 构成的单稳态触发器及工作波形如图 13.4.7 所示。将 555 的 6 号脚和 7 号脚接在一起,并添加一个电容和一个电阻,就可以构成单稳态触发器我们简记为"七六搭一,上 R 下 C"。

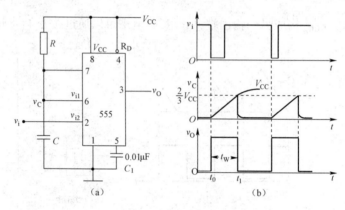

图 13.4.7　用 555 定时器构成的单稳态触发器及工作波形

### 2. 单稳态触发器的工作原理

当电路无触发信号时,$v_i$ 保持高电平,电路工作在稳定状态,即输出端 $v_O$ 保持低电平,555 内放电三极管 VT 饱和导通,管脚 7 "接地",电容电压 $v_C$ 为 0V。

当 $v_i$ 下降沿到达时,555 触发输入端(2 脚)由高电平跳变为低电平,电路被触发,$v_O$ 由低电平跳变为高电平,电路由稳态转入暂稳态。

在暂稳态期间,555 内的放电三极管 VT 截止,$V_{CC}$ 经 R 向 C 充电。其充电回路为 $V_{CC} \rightarrow R \rightarrow C \rightarrow$ 地,时间常数 $\tau_1 = RC$,电容电压 $v_C$ 由 0V 开始增大,在电容电压 $v_C$ 上升到阈值电压 $\frac{2}{3}V_{CC}$ 之前,电路将保持暂稳态不变。

当 $v_C$ 上升至阈值电压 $\frac{2}{3}V_{CC}$ 时,输出电压 $v_O$ 由高电平跳变为低电平,555 内放电三极管 VT 由截止转为饱和导通,管脚 7 "接地",电容 C 经放电三极管对地迅速放电,电压 $v_C$ 由 $\frac{2}{3}V_{CC}$ 迅速降至 0V(放电三极管的饱和压降),电路由暂稳态重新转入稳态。

当暂稳态结束后,电容 C 通过饱和导通的三极管 VT 放电,时间常数 $\tau_2 = R_{CES}C$,式中 $R_{CES}$ 是 VT 的饱和导通电阻,其阻值非常小,因此 $\tau_2$ 之值亦非常小。经过(3~5)$\tau_2$ 后,电容 C 放电完毕,恢复过程结束。

根据 555 定时器的功能特性，利用电容的充电需要一定的时间，经元件组合，可成为一个智能开关报警器，请查资料设计并做一个报警电路。

在数字电路中，常常需要一种不需外加触发脉冲就能够产生具有一定频率和幅度的矩形波的电路。由于矩形波中除基波外，还含有丰富的高次谐波成分，因此我们称这种电路为多谐振荡器。它常常被用做脉冲信号源。多谐振荡器没有稳态，只具有两个暂稳态，在自身因素的作用下，电路就在两个暂稳态之间来回转换。

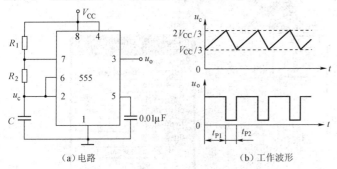

（a）电路

图 13.4.8 用 555 定时器构成的多谐振荡器

### 1. 多谐振荡器的电路组成

如图 13.4.8 为 555 定时器构成的多谐振荡器的电路图和工作波形。

### 2. 多谐振荡器的工作原理

接通 $V_{CC}$ 后，$V_{CC}$ 经 $R_1$ 和 $R_2$ 对 $C$ 充电。当 $u_C$ 上升到 $2V_{CC}/3$ 时，$u_o=0$，VT 导通，$C$ 通过 $R_2$ 和 VT 放电，$u_C$ 下降。当 $u_C$ 下降到 $V_{CC}/3$ 时，$u_o$ 又由 0 变为 1，VT 截止，$V_{CC}$ 又经 $R_1$ 和 $R_2$ 对 $C$ 充电。如此重复上述过程，在输出端 $u_o$ 产生了连续的矩形脉冲。

### 3. 多谐振荡器的应用

将振荡器 I 的输出电压 $u_{o1}$，接到如图 14.4.9 所示振荡器 II 中 555 定时器的复位端（4 脚），当 $u_{o1}$ 为高电平时振荡器 II 振荡，为低电平时 555 定时器复位，振荡器 II 停止震荡。

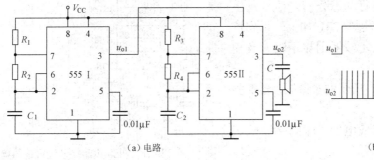

（a）电路

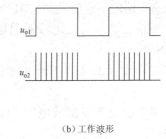

（b）工作波形

图 13.4.9 多谐振荡器的应用

多谐振荡器巧妙地运用了电容的冲放电及与非门的通断条件，把直流电转换成脉冲信号，

此脉冲信号如何转换成交流电？

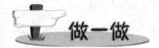

### 单稳态触发器和多谐振荡器

**一、目的**

（1）掌握用 555 构成单稳态触发器的方法及其功能。

（2）掌握由 555 构成的多谐振荡器的功能。

**二、实验电路**

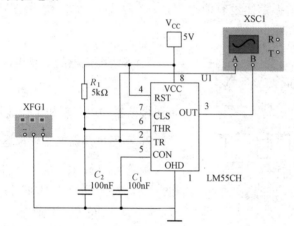
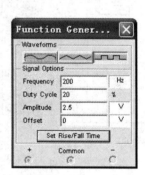

图 13.4.10　测试 555 单稳态触发器时间波形的电路

**三、步骤**

（1）建立如图 13.4.10 所示的实验电路，这是一个用信号发生器和示波器测量 555 单稳态触发器时间波形的电路。信号发生器按图设置。

（2）单击仿真开关进行动态分析。信号发生器在单稳态电路的下沿触发端 TRI 加上一系列持续时间很短的方波信号，示波器则显示输入及输出信号的波形。

（3）建立如图 13.4.11 所示的多谐振荡器实验电路。

（4）测量并记录输出低电平的时间 $t_1$、输出高电平的时间 $t_2$ 及振荡周期 $T$。

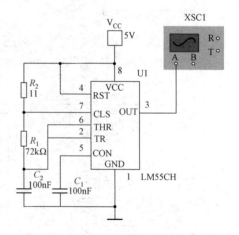

图 13.4.11　555 定时器多谐振荡器电路

说明 555 时基电路各个引脚的功能。

## 习 题

### 一、选择题

1. $N$ 个触发器可以构成能寄存_____位二进制数码的寄存器。
   A. $N-1$      B. $N$      C. $N+1$      D. $2^N$
2. 在下列触发器中，有约束条件的是_____。
   A. 主从 JK 触发器          B. 主从 D 触发器
   C. 同步 RS 触发器          D. 边沿 D 触发器
3. 一个触发器可记录 1 位二进制代码，它有___个稳态。
   A. 0      B. 1      C. 2      D. 3
4. 存储 8 位二进制信息要___个触发器。
   A. 2      B. 3      C. 4      D. 8
5. 下列触发器中，没有约束条件的是____。
   A. 基本 RS 触发器          B. 主从 RS 触发器
   C. 同步 RS 触发器          D. 边沿 D 触发器

### 二、判断题（正确打√，错误的打×）

1. D 触发器的特性方程为 $Q^{n+1}=D$，与 $Q^n$ 无关，所以它没有记忆功能。（　）
2. RS 触发器的约束条件 RS=0 表示不允许出现 R=S=1 的输入。（　）
3. 同步触发器存在空翻现象，而边沿触发器和主从触发器克服了空翻。（　）
4. 主从 JK 触发器、边沿 JK 触发器和同步 JK 触发器的逻辑功能完全相同。（　）
5. 对边沿 JK 触发器，在 CP 为高电平期间，当 J=K=1 时，状态会翻转一次。（　）

### 三、填空题

1. 触发器有____个稳态，存储 8 位二进制信息要_____个触发器。
2. 一个基本 RS 触发器在正常工作时，它的约束条件是 $\overline{R}+\overline{S}=1$，则它不允许输入 $\overline{S}=$____且 $\overline{R}=$_____的信号。
3. 触发器有两个互补的输出端 Q 和 $\overline{Q}$，定义触发器的 1 状态为_____，0 状态为_____，可见触发器的状态指的是_____端的状态。
4. 在一个 CP 脉冲作用下，引起触发器两次或多次翻转的现象称为触发器的_____，触发方式为_____式或_____式的触发器不会出现这种现象。

### 四、设计题

试用边沿 JK 触发器和门电路构成一个 4 人智力竞赛抢答电路（又称第 1 信号鉴别电路）。每人桌面上有一个按钮开关，当第 1 位抢答者按下按钮开关时，其对应的发光二极管发光，同时封锁后抢答者的信号通路。抢答结束后，由主持人复原电路，发光二极管熄灭，为下次抢答做好准备。

# 参 考 文 献

[1] 高永强，王吉恒．数字电子技术．北京：人民邮电出版社，2006
[2] 周绍敏．电工基础．北京：高等教育出版社，2006
[3] 苏永昌，熊伟林．电工与电子应用技术．北京：高等教育出版社，2005
[4] 张龙兴．电子技术基础．北京：高等教育出版社，2000
[5] 陈其纯．电子线路．北京：高等教育出版社，2006
[6] 程周．电工电子技术与技能（非电类少学时）．北京：高等教育出版社，2010
[7] 陶健．实用电工基础与测量．北京：科学出版社，2008
[8] 陈振源．电子技术基础．北京：高等教育出版社，2006